河蟹 生态养殖

主　编　廖伏初　何志刚　丁德明
编　者　王崇瑞　万译文　李　鸿　肖　维
　　　　洪　波　黄向荣　李小玲

CnS | K 湖南科学技术出版社

前　言

河蟹是我国最重要的淡水蟹类，其肉质细嫩，味道鲜美，营养极为丰富，深受市场消费者青睐。由于市场需求火爆，近几年养殖规模迅速增加，给养殖户带来了良好的经济效益。2015年全国河蟹养殖面积达1800万亩，产量达82.3万吨，产值达750亿元左右，河蟹养殖极具潜力。

随着河蟹养殖规模不断扩大，河蟹养殖水域的富营养化日趋严重，导致水质恶化，由河蟹养殖本身引发的环境问题逐渐突显，引起社会公众和行业主管部门的关注和重视。因此，在河蟹"养大蟹"的前提下，强调河蟹生态养殖非常重要，减少养殖用水氮、磷排放，提高河蟹品质和风味，对环境非常有益。

本书共九章，第一章概述河蟹养殖的发展史、我国河蟹的生产现状与问题、河蟹养殖发展思路；第二、第三章以河蟹生物学特性为着重点介绍河蟹生态养殖生态习性及技术；第四章介绍河蟹的人工繁殖与蟹种培育；第五至第七章，主要介绍河蟹大水面、池塘、河沟及稻田综合种养等各类型水域生态养殖技术；第八章介绍河蟹病害防治；第九章则介绍河蟹的运输。

本书借鉴和引用了大量养殖一线生产者的成功经验和致富案例，也融入了当前的养殖技术新成果和新模式，有利于推广河蟹生态养殖新技术，可作为养殖生产者、水产技术人员的参考书，希望能对从事水产事业的读者有所帮助。由于时间仓促，编者水平有限，书中难免存在不足之处，敬请读者批评指正。

编　者

2017 年 3 月 6 日

目　　录

第一章　概　述

　　河蟹，学名中华绒螯蟹，俗称螃蟹、毛蟹、清水蟹、大闸蟹等，属节肢动物门、甲壳纲、软甲亚纲、十足目、爬行亚目、短尾部、方蟹科、绒螯蟹属。河蟹在我国分布广泛，北至辽宁、山东、新疆，南起福建、广东等地均有河蟹分布和养殖。近二十多年来，河蟹养殖发展迅猛，河蟹生产也从最初的资源放流型增养殖发展至目前的生态高效养殖，形成了以长江中下游、辽河、闽江地区为产业带的规模化产业格局，涉及全国三十个省（直辖市）、自治区的重要水产品，目前已成为淡水渔业单品种产值最大的产业。在长江中下游河蟹主产区，养殖平均亩（1亩≈666.7米^2，全书同）效益达5000元以上，高的甚至达万元以上，涌现出一批技术高、经验丰富的养蟹专业户，极大地提高了当地渔农民的积极性，有效带动了当地农村发展，取得了巨大的经济效益和社会效益，是渔农民增收致富的一条有效途径。

　　但近年来随着河蟹养殖的规模化、集约化程度的提高，水资源紧缺、水环境恶化，养殖病害日趋严重，种质资源混杂，影响到了河蟹的规格与品质的提高，目前已成为制约河蟹跨越式发展的重大障碍。针对上述问题，广大水产科技工作者和养殖户不断创新养殖技术与模式，以提高河蟹品质、规格和效益，减轻养殖对环境的压力，维持河蟹产业的可持续发展。

第一节　河蟹养殖发展史

　　中国的河蟹养殖历史，经历了狩猎、增殖、养殖三个时期。从古代文人骚客诗词看，早在唐代之前，人们就懂得如何食用河蟹，并大赞河蟹之美味。清朝孙之騄著作《蟹录》记载："元成宗大德丁末，吴中蟹厄如蝗，平田皆满，稻谷皆尽，蟹之害稻，自古为然。"由此可见，元朝人们对河蟹嗤之以鼻，以至其横行稻田，如蝗虫一般给当时的农业造成了不少损失。且"吴中"应当是现今长江下游太湖流域，可见自古长江下游河蟹资源十分充足。据考证，我国食用蟹有6000多年的历史，但是在20世纪50年代前，人们食用的河蟹都是野生的，河蟹自然繁殖生长，天然繁殖的蟹苗洄游到江河、湖泊等淡水水域，完全依靠天然饵料生长发育，产量稳定，但数量不多。

我国河蟹养殖发展主要经历了以下四个阶段。

一、自然增殖阶段

20世纪50年代，我国河蟹依然处于天然捕捞时期，但是随着我国生产力的发展，全国兴修水利，江河中兴建闸坝，阻断了河蟹的天然洄游通道；与之同时，大力发展重工业，工业废水排放量增加，水体污染加剧和捕捞量不断增大，到20世纪60年代，我国河蟹年产量只有寥寥数千吨。

20世纪60年代开始，人们开始逐步探索河蟹人工增养殖技术。起初是在钱塘江和长江河口捕捞大眼幼体，运回内陆的湖泊进行放流，取得了初步效果。

20世纪70年代开始，全国广泛开展了对河蟹的人工繁殖、胚胎发育、溞状幼体和大眼幼体的发育、天然蟹苗苗汛规律及其捕捞方法、蟹苗的运输和放流技术等方面的研究。

由此可见，20世纪60～80年代，我国河蟹进入了捕捞天然蟹苗进行大湖放流增养殖时期，大量的开发利用天然蟹苗，尤其是长江口蟹苗，此阶段取得了极高的经济效益。一般投放蟹苗（千克）和产出商品蟹（千克）的比例是1：500～1000。如安徽省沱湖

（3400 公顷）在 1973～1982 年共投放蟹苗 1545 千克，于 1974～
1983 年共产出商品蟹 1210 吨，平均每千克蟹苗产出商品蟹 783 千
克，回捕率平均为 4.18%。先是安徽省、江苏省、湖北省取得了较
高的经济效益，同时积累了丰富的增养殖经验，随后内蒙古、新疆
维吾尔自治区也接连取得了成功。

　　但是这段时期过度捕捞蟹苗，也严重破坏了钱塘江和长江河口
的天然蟹苗资源，自 1981 年后，天然蟹苗资源一落千丈。另外，
由于内陆湖泊过量的放流河蟹，严重破坏了当地湖泊生态系统的平
衡，饵料资源受到影响，导致商品蟹产量下降，规格小，种质出现
退化。这期间，对河蟹形态和分类的基础研究、蟹苗资源的调查、
天然海水育蟹苗和河蟹系列的人工半咸水配方及其工业化育苗工艺
等围绕河蟹生产的一批科技成果的取得，为河蟹养殖业的纵深发展
打下了科学基础。

二、人工繁殖蟹苗和天然蟹苗人工增养殖阶段

　　20 世纪 80 年代，河蟹人工繁殖技术研究成功后，我国河蟹
增养殖苗种问题得到了基本解决，自此我国河蟹增养殖进入了飞
速发展时期。苗种获取方式发生转变，从天然捕捞转变到工厂或
土池人工培育大眼幼体，人工培育蟹苗规格整齐，比天然蟹苗经
济效益更高。经营模式发生转变，从国家拨款进行大湖人工增殖
放流以供渔民捕捞，转变成为集体或者个人承包湖泊进行增养殖
的独立经营承包模式。投喂方式也发生了转变，从曾经全放流完全
依靠天然饵料转变为人工投喂饵料配合以一定量的人工配合饲
料。养殖模式发生了根本的转变，从曾经的大湖大水面增殖放流
转变为小水面的大湖围网增养殖、池塘增养殖和稻田增养殖等养
殖模式。

　　在这期间，我国渔业界逐渐认识到中华绒螯蟹长江种群在品质
和生产性状上远远优于瓯江、辽河等其他水系的中华绒螯蟹种群。

同时在遗传、生化、生理等多学科开展了较为深入的基础理论和应用基础的研究。

三、河蟹增养殖高速发展阶段

20 世纪 90 年代以来，随着人民生活的逐步提高，我国河蟹养殖产业发展很快。河蟹从大水面粗养，发展到围栏精养、池塘养殖、稻田养蟹、鱼蟹混养、湖泊河沟围栏粗养等模式层出不穷。大闸蟹养殖发展规模之大、涉及范围之广、普及推广速度之快，可以说前所未有。1994 年以后，当年育苗、当年养成商品蟹获得成功，尽管商品蟹的规格小，但成本低，风险小，这一技术对于经济欠发达地区的农民是重要的致富途径。如江苏省的泗洪、洪泽、盱眙、宝应、兴化、建湖、射阳、盐都、东台，安徽省的当涂、天长，浙江省的萧山等地开始大规模养殖。

四、河蟹生态高效养殖阶段

随着养殖产量的不断提高，"吃蟹难"的问题已初步解决。但 2000 年左右小规格河蟹充斥市场，价格猛跌。2001 年在苏北渔区，50 克左右的小规格河蟹已下跌到每千克仅卖 10 元的"跳楼价"，而 150 克以上的河蟹最低价每千克却在 100 元以上。据当地水产部门估计，生产小规格蟹的养殖蟹户 70% 要亏本，这已经成为 2001 年河蟹市场变化最明显的特点。传统的养殖技术和养殖方式，已严重影响了河蟹产业的可持续发展。

自 2002 年开始，河蟹养殖业进入一个新的发展阶段——生态高效养蟹阶段，使我国河蟹养殖业走上了良性循环的发展轨道。其技术措施的核心，就是保持养蟹水体的生态平衡。养蟹效益明显提高，出现很多典型，如江苏高淳池塘生态养大闸蟹亩效益已超过 5000 元，金坛、宜兴等地微孔增氧生态养蟹的亩效益过 10000 元，苏州阳澄湖的网围生态养蟹亩效益已超过 30000 元。

第二节 我国河蟹的生产现状与问题

一、我国河蟹养殖产业现状

河蟹增殖始于20世纪60年代后期及70年代初期，当时依赖于天然蟹苗，对湖泊、河荡等大水面进行人工放流。到80年代中期，调整农业产业结构，从大水面的增殖，进一步发展为小水面的各种形式的精养，并收到较好的社会和经济效益。经过近20年的养殖，已经基本建立了一整套河蟹养殖技术体系。其主要核心技术包括：采用生态育苗技术，培育壮苗；推广综合强化大规模蟹种培育技术；采用生态修复技术，修复养殖水环境；推广"池塘＋湖泊"的接力式养殖模式；降低蟹种放养密度，采用稀养、混养和轮养；北方稻田种养新技术崛起，稻蟹共生，一水二用、一地双收等。

河蟹养殖从最初的资源放流型养殖，到目前的集约化高密度精养，从分散型向地域集约化发展，除黑龙江、青海、西藏等少数地域发展缓慢外，南到福建、广东，北至辽宁、山东、河北等地都有河蟹的养殖，已形成了以太湖、洞庭湖、洪泽湖、鄱阳湖、巢湖、阳澄湖等大中湖泊为基地，辽河、长江、闽江为产业带的区域集约化、规模化养殖格局。2012年，全国河蟹产量65万吨左右；2015年全国河蟹养殖面积达1800万亩，产量达82.3万吨，产值达750亿元左右。在河蟹生产大省的江苏，产量占到全国近一半，养殖面积400多万亩，产量32万吨，产值200余亿元。安徽省、湖北省河蟹总产量分别位居全国第二、第三位。

二、河蟹养殖产业存在的问题

1. 水质污染越来越严重

养好水产品主要靠水。近些年，工业"三废"和农药等污染越来越严重。因此，受污染严重的水域，河蟹死亡率大增。

2. 场地选建没有根据河蟹的特性来做养殖

河蟹要求蟹区水源充足，水深面阔、排灌方便，污泥少、水质清新，饵源充沛，深浅水区面积之比为3∶1以上，沉水植物、挺水植物和浮水植物搭配合理，总覆盖率为1/3以上。目前，多数养殖户都不能完全按要求来做。

3. 河蟹种质资源退化混杂

规模化的养蟹业需要大量优质高产的苗种。由于技术与市场价格的双重作用，现在用于繁殖育苗的河蟹亲本基本上都选自于本区域的养殖成蟹，不经严格淘汰，又没有采取必要的技术措施和手段，造成长江水系河蟹特有的品质逐步退化。每年异地大量引购蟹苗、蟹种，又造成了河蟹种质资源的混杂。

4. 饲料营养缺乏系统研究

20世纪80年代以来，我国渔用饲料工业发展很快，对我国水产养殖业的高产、稳产起了重要作用。目前，河蟹饲料业虽然发展较快，也有了一定的生产和销售规模，但河蟹饲料生产企业基本是以鱼用饲料生产为主，缺少严格意义上的河蟹营养需求和配方研究。另外由于成本的原因，河蟹饲料价格较高，市场应用情况不理想，制约了河蟹饲料业的发展。

5. 病害基础研究依然薄弱

近年来，河蟹每年仅病害发生造成的直接经济损失超亿元。为减少病害发生，江苏等部分河蟹养殖发达地区依托国家"十二五"科技支撑项目，在河蟹示范区建立了以预防为主的河蟹健康养殖技术体系，基本上控制了河蟹重大病害的大规模发生，但由于在河蟹病理和病原、快速诊断技术、防治药物等相关基础研究较薄弱、不系统和不同步，造成了目前河蟹病害时有发生的状况。

6. 河蟹加工工艺落后

河蟹加工制品品种单一，尚未形成系列化。目前我国河蟹产品仍以鲜活销售为主，深加工方面基本空白，没有形成一个完整的河蟹加工产业体系，制约了河蟹产品的综合利用和河蟹产业的均衡发展，亟待引入相关技术，增加加工制品的种类，创新加工工艺，有效推动河蟹加工产业向系列化方向发展。

7. 质量安全监测有待加强

在质量安全监测方面，虽然已经加大了监测力度，但目前有些环节重视不够，导致出口商品屡次受阻，造成较大的经济损失。2006年10月台湾地区卫生部门称在售台的阳澄湖大闸蟹中检出致癌物硝基呋喃代谢物，此事件一经报道，引起消费者对江苏大闸蟹的恐慌，严重影响了我国河蟹的正常出口、销售，损害了江苏河蟹品牌形象。

第三节　河蟹养殖产业的发展思路

一、河蟹养殖产业的发展方向

传统的阳澄湖大闸蟹养殖方式是我国经历数千年的生产实践而形成的产物。它对解决饥饿型或温饱型社会人民"吃鱼难"问题发挥了重要作用。也就是说，传统的水产养殖方式适应短缺型的时代需求。然而这种水产养殖，属资源密集型的污染产业，并非环境友好型、资源节约型的产业。

可以预计，21世纪的水产养殖业如果仍按传统的养殖生产工艺进行，它的发展将受到国家越来越多的限制，而且不可能吸引农村有文化、懂技术的青年一代从事养殖生产。

当前，我国渔业正处在转型的关键时期：由食物短缺型向富裕型转化（数量型向质量型转化）；由温饱型向小康型转化；由环境胁迫型向环境友好型转化；由资源破坏型向资源节约型转化；由传统阳澄湖大闸蟹养殖技术向现代养殖技术转化。这种转化没有号召，政府只是提出行为规范。这种转化是生产力发展的必然结果。我们要认清形势，转变观念，抓住机遇，乘势而上，主动发展以"生态、优质、高效"为主要内容的生态养殖。

二、河蟹养殖产业的发展思路

随着河蟹产业的快速发展，各种新问题不断涌现，特别是各种自然灾害的不断发生，对河蟹养殖业的负面影响逐步加大。要保持我国河蟹健康稳定发展，首先必须加强政府对科技的资金支持力度；其次，围绕河蟹产业链中的河蟹育苗、蟹种培育和成蟹养殖这三个关键环节，开展系统的试验研究工作，形成切实提高商品蟹规格、品质、效益的高效环保型生态养殖现代技术体系，为我国河蟹产业的可持续发展提供了技术支撑和保证，推动我国河蟹产业的健康可持续发展。

1. 加强政策支持力度，开展关键技术攻关

各级政府部门应设立河蟹产业发展专项资金，为河蟹产业共性、关键性技术研发提供持续而稳定的支持。根据我国河蟹产业发展的自身特点，加大河蟹重点任务和重大项目的支持力度，主动跟进，提供服务。对于限制河蟹产业发展瓶颈问题，积极引导科研单位开展关键技术攻关研究，切实解决阻碍河蟹产业健康稳定发展的问题。

2. 稳定高素质科研队伍，开展产学研联合攻关

通过各项河蟹项目的带动，形成一支相对稳定的河蟹育苗研究、蟹种培育技术研发、河蟹生态养殖研究、河蟹病害防治技术研究、河蟹饲料研发、河蟹加工储运技术研究等河蟹产业相关技术的产学研团队。通过科研单位、高校、水产技术推广单位和相关企业的产学研联合协作，保证科技成果得以在第一时间推广应用，提高科技转化的效率。

3. 延伸技术服务环节，发挥科技入户作用

加强科研、高校以及水产技术推广单位与示范区、养殖户以及河蟹专业合作社联系，对重点优势产区，配备专门的技术指导人员。充分发挥省、县级专家的科技创新能力，加强技术推广与管理工作。利用村级组织与养殖户之间的管理关系，召开村级科技入户培训和管理会议，提高科技新技术的入户率和到位率，同时也扩大科技入户在社会上的影响力。

4. 加大媒体宣传力度，开展河蟹品牌战略

充分利用电视、网络、报纸等现代媒体宣传推广新方法技术，缩短科技产业化的时间。通过对我国重点优势主产区河蟹养殖的标准化管理，生产高品质河蟹，根据不同地区的特点，进行产品包装和展销，形成适合各地区推广的品牌河蟹，并根据各地区文化、经

济背景差异，大力拓展与河蟹产业相关的餐饮、旅游和文化等产业发展，整合各产业链，形成一条龙的现代化产业模式，提高经济效益和社会效益。

5. 稳定出口创汇能力，适当扩大内需要求

通过高端河蟹养殖技术的开发，生产高品质品牌河蟹，严把质量关，增强河蟹的国际市场竞争力，加强我国河蟹出口创汇能力。在此基础上，大力开展经济适用型河蟹的生态养殖技术，在保证养殖环节的低碳、节水、达标排放的基础上，建立高效健康养殖模式，根据需要适当扩大生产能力，满足国内市场的需求。

6. 大力扶持龙头企业，促进企业研发能力

近年来，在国内市场发展下，我国河蟹企业集中度明显提高，大企业在行业中的中流砥柱作用日益明显。但目前我国的河蟹龙头企业大多并不具有全国辐射能力以及拥有全国营销网络，只是在某地区相对强势，无法带动全国河蟹产业的发展，因此要选择一些在河蟹优势产区或者在国际市场上有较大影响力的龙头企业，通过政策扶持、科技投入等方式，扩大其规模化和集约化进程，全面带动全国河蟹产业的发展速度。

7. 加强质量安全监控，建立灾害预警体系

为保障河蟹产品的质量安全，适应国际社会的要求和国内河蟹养殖经营企业品牌战略的推行，必须加强河蟹质量安全监控，建立河蟹质量追溯体系。另外，针对我国河蟹产业现状和发展需要，进行河蟹产业与灾害性气候关系研究，调查研究长期干旱、洪涝灾害、持续高温、低温冰冻对河蟹产业的影响，建立我国河蟹产业重大灾害性天气预警技术体系。

第二章　河蟹的生物学特性

河蟹又称螃蟹、毛蟹、清水大闸蟹，学名中华绒螯蟹（*Eriocheir sinensis* H. Milne～Eswards，1853），英文名 Chinese mitten handed crab。我国蟹类 500 多种，而河蟹是我国蟹类中产量最高的淡水蟹。

河蟹在动物分类学上隶属于节肢动物门（Arthropoda）、甲壳总纲（Crustacea）、软甲纲（Malacostraca）、真软甲亚纲（Eumalacostrcaca）、十足目（Decapoda）、爬行亚目（Raptantia）、方蟹科（Grapsidae）、弓蟹亚科（Varuninae）、绒螯蟹属（*Eriocheir*）。该属以螯足密生绒毛而得名。其肉味鲜美，营养价值很高，据分析每 100 克可食部分中，蛋白质含量为 14%，脂肪 5.9%，碳水化合物（糖类）7%，水分 71%，灰分 1.8%，维生素 B_2 0.71 毫克，维生素 A 5960 国际单位。此外还含有丰富的钙、磷、铁等微量元素，成为深受人们欢迎的珍贵水产品，同时也是出口创汇的水产品之一。

河蟹的适应性很强，在我国分布很广，北自辽宁的鸭绿江、南至广东的雷州半岛都有分布，甚至在远离海洋 1000 多千米的湖北沙市也能找到它的足迹。20 世纪 50 年代末到 60 年代，由于大规模的农田水利建设，在通海的江河兴建了水闸和大坝，阻断了河蟹的通道，影响了河蟹自然增殖，外加水环境的污染日趋严重，河蟹资源大幅度减少，蟹苗供应严重不足，放流蟹苗来源困难，致使河蟹产量锐减，导致市场河蟹价格昂贵。放流增殖工作在我国开始于 20 世纪 60 年代，70 年代初我国水产工作者在沿海河蟹苗资源调查的基础上开始了人工繁殖研究，经过十余年的努力，先后解决了亲蟹饲养运输、交配产卵、越冬孵化、幼体培育和蟹苗暂养等一系列技术问题。浙江水产研究所首先利用海水人工繁育蟹苗成功。随后安徽省滁县水产研究所利用人工半咸水人工繁殖蟹苗成功，从而结束了我国自古养蟹靠捕捞天然蟹苗的历史，为我国各地尤其是内陆地区进行河蟹的繁育、养殖开辟了广阔前景。

表 2 - 1 我国主要水系河蟹形态比较

体形	长江水系	瓯江水系	闽江水系	黄河水系	海河水系	辽河水系
头胸甲	不规则椭圆形	近似圆方形	近似圆形稍扁平	似圆形	近圆形较厚	方圆形体厚
背甲颜色	淡绿黄绿	灰黄深黑	酱黄	青黄	青黑黄黑	青黑黄黑
腹部颜色	银白色	灰黄有水锈	淡锈黄	青白色	白色	黄白色锈色
胸足颜色及刚毛特征	白色刚毛稀短、淡黄色	均黑色，刚毛短细少黄	腹淡黄色，刚毛短稀淡黄	腹部青白色，刚毛较粗	腹黄白色刚毛粗长密红黄	腹淡黄刚毛粗长密红黄
第四步足指节	长、细、窄	短、宽、扁	短、扁	短、扁、平	短、扁	短、扁
额齿和侧齿特征	较大而尖锐	较小而钝	较小	较大	较大	较大

要搞好河蟹的增养殖生产，必须了解河蟹的构造、生长、生态、生殖习性，以及对环境条件的要求，从而为其生长创造一个良好的生态环境，提高河蟹养殖的产量和质量。

第一节 河蟹的形态结构

几乎所有动物的形态都是体长大于体宽，其行动方向是体长平行——直走；而河蟹的形态却是体宽大于体长，所以它的行动方向与体宽平行——横行。河蟹的头部和胸部愈合，形成头胸部，腹部弯曲，紧贴头胸部下方。所以，其身躯扁平宽阔、呈圆方形。背部一般呈黑绿色、青绿色、黄绿色或灰黑色，腹部乳白色。五对扁长的胸足着生于头胸部两侧，左右对称。

一、外部形态

河蟹头胸甲明显隆起，额缘有 4 个尖齿。头胸甲上与第 3 侧齿相连的点刺状凸起明显，第 4 侧齿明显。雌蟹腹脐圆形，雄蟹腹脐呈尖三角形。雌性具腹肢 4 对，位于第 2～5 腹节，双肢形，密生刚毛，第 5 腹节上有 1 对生殖孔。雄性第 4 腹节上有 1 对圆形交接器。额两侧具复眼，腹面近于额下长有第 1 触角，两眼内侧有细小的第 2 触角。头胸部两侧有 5 对胸足，第 1 对为螯足，后 4 对为步足。螯足钳掌与钳趾基部内外均有绒毛。步足趾节呈尖爪状。性成熟个体头胸甲呈青灰色，腹部灰白色，螯足绒毛呈棕褐色，步足刚毛呈金黄色。

1. 头胸部

河蟹的头胸部是河蟹身体的主要组成部分，由背腹部两块硬甲所包袱，背甲，又称头胸甲，俗称蟹斗；腹甲，俗称蟹肚。背甲中央隆起，表面起伏不平，形成六个与内脏相对应的区域，可分为胃区、心区、左右肝区和左右鳃区，中华绒螯蟹在胃区前面有三对疣状突起，呈品字形排列。背甲前缘平直，有四个"U"形的额齿，其中间一个凹陷得最深；左右前侧缘各有四个齿，其中第一侧齿最大，第四侧齿最小。头胸甲前端折于头胸部之下，有肝区、颊区和口前部之分。前端两侧眼眶中生有一对具柄的复眼，复眼内侧有两对附肢，分别为第 1 和第 2 触角。头胸部的腹面被腹甲所包被，通常呈灰白色，其中央有一凹陷的腹甲沟，两侧由对称的 7 节胸板组成，前 3 节愈合。河蟹的生殖孔则开口在腹甲上：雌性生殖孔位于

第5节，雄性则位于最末端的第7节。

2. 腹部

河蟹的腹部已退化成扁平的一片，共由7节组成，折贴于头胸部之下，俗称为脐。在幼蟹阶段，脐的形态为狭长的三角形，以后随着生长和性别形态有明显差异：雄性呈三角形，俗称尖脐；雌蟹则宽大呈半圆形，成熟脱壳后，则遮盖整个腹部腹甲，俗称团脐。腹部四周密生绒毛，其内侧着生腹脐，雌雄各异：雌蟹腹脐4对，位于第2～5腹节上，由前向后逐渐变小：呈双肢形，内肢刚毛细长，供黏附卵粒用。雄蟹腹肢两对，单肢形，已演变成交接器，着生在第1～2腹节上：第1对腹肢呈管状，顶端着生粗短刚毛；第2对为实心棍状物，长度仅为第1对腹肢的1/5。

3. 胸足

河蟹具5对胸足，对称伸展于头胸的两侧。所有的胸足均可分为7节，各节分别称为底节、基节、座节、长节、腕节、掌节和趾节。第1对胸足已演化为螯足，后4对为步足。螯足强大，呈嵌状，掌部密生绒毛，成熟雄蟹尤甚。螯足具捕食、掘穴和防御的功能。而其他4步足则具有爬行、游泳和掘穴的功能。

图2-1　中华绒螯蟹

二、内部结构

1. 消化系统

消化系统包括口、食道、胃、中肠、后肠、肛门。口位于额区下沿中部，有 1 对大颚、2 对小颚和 3 对颚足层叠而出一套复杂的口器。河蟹的食道很短，其末端通入膨大的胃。河蟹的胃是一个特殊装置，其外观呈三角形的囊状物，被灰白薄膜所包裹，内部具一角质化的咀嚼器，在肌肉收缩下能够转动，将进入胃内的食物咀嚼或磨碎，所以这一咀嚼器又称为胃磨。河蟹有了这一胃磨，可大大提高食物消化率。经过贲门胃磨研碎的食物，被送到幽门胃，由幽门胃经过滤选择，并与消化液混合成模糊状，再送到中肠消化吸收，消化不了的食物则通过蟹脐中央的长管——后肠，从脐部末端的肛门排出体外。肝脏、胰是河蟹重要的消化腺，橘黄色，富含脂肪，味道鲜美（俗称蟹黄）。它分为左右两叶，由众多细枝状的盲管组成，有一对肝管通入中肠，输送消化液。

2. 循环系统

心脏位于背甲之下，头胸部中央，呈肌肉质，略呈长六角形，俗称"六角虫"。心脏外包一层围心腔壁，并有系带与腔壁相连。从心脏发出的动脉有 7 条，分布到体内各个部位。河蟹的循环系统是开放式的，即由心脏将血液压出，经动脉到微血管，流入细胞间隙，再汇集到胸血窦，经过鳃血管，在鳃内进行气体交换，然后再汇入心腔，从心腔的 3 对心孔回到心脏，这样循环往复。河蟹的血液无色，仅由淋巴和吞噬细胞（即血细胞）组成，而血清素则溶解在淋巴液内。

3. 呼吸系统

河蟹的鳃位于头胸部两侧的鳃腔内，呈灰白色，共有 6 对海绵状鳃片。鳃腔具有进、出水孔，进水孔位置在螯足基部，出水孔位置在口器附近。血液从鳃中的血管中流过，溶解在水中的氧气和血液中的二氧化碳，通过扩散进行气体交换，完成呼吸过程。水流在鳃腔内不断循环，保证了河蟹所需要的气体交换。

4. 神经系统

河蟹具有两个中枢神经系统：脑神经节发出触角神经、眼神经、皮膜神经等，并通过内脏器官；胸神经节向两侧发出神经分布到 5 对胸足，向后发出到腹部，为腹神经，分裂为众多分支，故其腹部感觉尤其灵敏。河蟹有 1 对复眼，每一个复眼由许多小眼组成，其视力相当好。复眼有眼柄，即可直立，又可横卧，活动自如。此外，河蟹有平衡器的感觉毛，平衡器能校正身体的位置。身体和附肢上的刚毛也有触觉功能。

5. 生殖系统

河蟹的性腺位于头胸部的背甲下面，雌雄异体。雌性生殖器官包括卵巢和输卵管两个部分。卵巢由相互连接的左右两叶组成，成"H"形，成熟时呈酱紫色。它是河蟹最可口的部分，俗称"红膏"。卵巢有 1 对很短的输卵管，其末端各附一纳精囊，开口于腹甲第 5 节的雌孔。雌孔上有三角形骨质突起，交配时便于雄蟹交接器的固定，纳精囊原为空瘪皱褶的盲管，交配后其内储满精液，膨大呈乳白色的球状物。雄性生殖器官精巢呈乳白色，左右两个，位于胃的两侧，两叶精巢的下方各有一输精管。输精管前端细而盘曲，后渐粗大，肌肉发达，称射精管。射精管在三角膜下内侧与副性腺汇合后的一段管径变细，穿过肌肉开口于腹甲第 7 节的皮膜突起，称为阴茎，长约 0.5 厘米。副性腺的分泌物黏稠，呈乳白色。精巢、射精管、输精管和副性腺俗称为"白膏"。

6. 排泄系统

河蟹的排泄器官为触角腺，又称绿腺，为一对卵圆形囊状物，在胃的上方，开口于第 2 触角的基部，由海绵组织的腺体和囊状的膀胱组成。

第二节　河蟹的分类与自然分布

一、河蟹的分类地位

河蟹分类学上隶属于节肢动物门、甲壳纲、十足目、方蟹科、弓蟹亚科、绒螯蟹属。绒螯蟹属的形态特征是螯足密生绒毛，额平直，具四个额齿；额宽小于头胸甲宽的1/2。我国的绒螯蟹属主要有四种，即中华绒螯蟹、日本绒螯蟹、狭额绒螯蟹和直额绒螯蟹。后两种个体很小，产量很低，经济价值不大；而前两种个体大，产量高，肉质鲜美，经济价值大。所以，实际上河蟹是中华绒螯蟹和日本绒螯蟹的总称。

图2-2　中华绒螯蟹（引自徐兴川，2000）

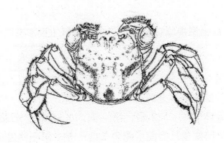

图2-3　日本绒螯蟹（引自张列士等，2002）

图 2-4　狭额绒螯蟹（引自徐兴川，2000)

图 2-5　直额绒螯蟹（引自徐兴川，2000)

二、两种河蟹的外形特征比较

中华绒螯蟹与日本绒螯蟹初看相近，实际上它们在头胸甲形状、额缘的额齿形状、额后端疣状突起数量、第 4 侧齿以及第 2 步足的长节长短等方面有明显差异。近年来，因为大规模养蟹造成不同水系的河蟹种群混杂，形成大批杂种蟹，其形态特征则介于两者之间。

表 2-2　长江水系中华绒螯蟹与日本绒螯蟹主要形态区别

形态特征	日本绒螯蟹	长江水系中华绒螯蟹
头胸甲外形	亚方形，头胸甲平扁而不隆起，体高为体宽的 0.5 倍，额缘为体宽的 0.25 倍，第一侧齿至前侧角长为前后侧角长的 2 倍	亚圆形，近六边形，头胸甲隆起，体高为体宽的 0.54～0.57 倍。额缘为体宽的 0.22 倍，第一侧齿至前侧角长为前后侧角长的 1.5 倍

续表

形态特征	日本绒螯蟹	长江水系中华绒螯蟹
额齿形态	4枚，低平，呈波浪形，中间两额齿圆钝，其顶端超过第一、第四额齿，中间两额齿夹角为远大于90°的钝角	4枚顶端尖锐，各齿等长，中间两额齿缺刻深，呈"U"形，其夹角为小于90°的锐角
疣状突起	4个，包括额后叶2个，前胃叶外叶2个，其上无前胃叶内侧栉状棘突	6个，额后叶2个，前胃叶4个，其上均具8～10个栉状棘突
体色	头胸甲青绿色，具细网状图纹，其间具一圆形中央色斑	墨绿色或古铜色，活体头胸甲无色素带或中央斑块
第5对步足	扁宽呈桨状，宽为长度的0.6倍	扁宽，但不呈桨状，宽为长的0.38～0.4倍

三、河蟹的自然分布

研究表明：中华绒螯蟹与日本绒螯蟹分布区域性极为明显。中华绒螯蟹分布在我国中部沿海通江河流地区。它们在瓯江、闽江水系，两种绒螯蟹的分布有交叉和重叠现象。

四、两种河蟹的分类地位

中华绒螯蟹与日本绒螯蟹是同一物种还是不同物种，争论了20多年。近年来研究表明，中华绒螯蟹和日本绒螯蟹很可能属同一种、不同地理亚种（地方种）。生产上可按水系称其为种群。其理由如下：

1. 对两种河蟹形态进行框架分析表明，它们的遗传距离较近。对长江水系中华绒螯蟹、广西南流江水系的日本绒螯蟹（又称合浦蟹）、绥芬河水系的日本绒螯蟹（又称俄罗斯蟹）、辽河水系的中华绒螯蟹和杂交蟹（辽河水系中华绒螯蟹×绥芬河水系日本绒螯蟹）共5种河蟹，其体高、体长、体宽、中额齿间距、第2步足趾节长等17个参数的可测量性状，进行了大量框架参数测定，证实了上述结论。

2. 聚类分析表明可将辽河蟹与杂交蟹聚在一起，南流江蟹与绥芬河蟹聚在一起。长江蟹则单独为一支，与它们保持一定距离，然而这5种蟹的遗传距离均较近。

3. 判别分析比较它们的主要形态特征既有相近似之处，又有一定的距离。长江蟹、南流江蟹、绥芬河蟹、辽河蟹和杂交蟹的判别准确率分别为72.5%、88.2%、81.6%、72.5%和59.4%，其整体判别率为71.5%。

4. 两种河蟹能够自然交配，并能正常繁殖后代。辽宁省盘山县河蟹研究所将辽河水系中华绒螯蟹和绥芬河水系日本绒螯蟹混在一起，加海水进行人工促产，结果两者能自然交配，形成杂种。所产生的 F_1 代正常生长，且性腺发育良好，并在2006年6月成功繁育出 F_2 代。由此表明，它们之间不存在生殖隔离。

五、各类河蟹种群的生长特点

河蟹在全国繁殖成功后，实践表明不管是中华绒螯蟹，还是日本绒螯蟹，它们在原产地的各水系中都能生长成大规格的优质商品蟹。一旦移植到原来生态条件差异较大的环境下，生长速度显著变慢，说明不同水系的河蟹，其生长的地域性十分突出。依它们的生长特点区分，不管是中华绒螯蟹，还是日本绒螯蟹，它们都能够分为北方和南方两大种群。

1. 中华绒螯蟹

（1）南方种群以长江水系中华绒螯蟹为代表。它们在长江水系成长快，规格大，最大个体达860克/只，其肉质鲜美，膏脂丰满。然而将它们移植到珠江水系，当年性成熟，个体小，俗称"珠江毛蟹"。

（2）北方种群以绥芬河水系的日本绒螯蟹为代表，其抗逆性强，生长快，最大个体 440 克以上。然而将它们移植到长江水系，生长慢，个体小，品质差。特别是辽河蟹移植到南方后，不但提早一个月开始生殖洄游，而且在生殖洄游时，其定位系统紊乱，不是顺水向东爬行，而是放射状爬行，所以回捕率极低，仅 5%～10%。

2. 日本绒螯蟹

（1）南方种群以南流江水系的日本绒螯蟹为代表（又称合浦蟹）。它们在南方水系生长快，规格大，最大个体可达 400～500 克/只。然而将它们移植到长江水系，生长慢，个体小，仅 40～65 克/只。

（2）北方种群以绥芬河水系的日本绒螯蟹为代表。它们在绥芬河以北地区的水体中生长快，规格大，当地称为"俄罗斯大蟹"，最大达 600 克以上。然而将它们移植到辽河水系，生长慢、个体小、生长规格仅 50～80 克/只。由此可见，生产上必须严禁不同水系的大闸蟹异地养殖。它们移植到异地后，极易与当地的河蟹杂交，造成种质混杂，经济价值下降。遗憾的是，我国近 10 多年来的"大养蟹"，将不同水系或不同种群的蟹苗蟹种移植到异地养殖，导致各水系绒螯蟹种质资源的混杂，造成重大损失。

第三节　中华绒螯蟹新品种

中华绒螯蟹在我国主要自然分布于长江、辽河、瓯江三大水系，其中尤以长江水系中华绒螯蟹群体生长快、个体大、抗病力强。由于河蟹主产区（长江中下游地区）不同水系河蟹的无序引入和育苗生产上的"逆向选择"及累代繁育，造成长江水系河蟹种质严重混杂和退化。长江水系河蟹种质的混杂与退化导致其特有的品质特点逐步退化，造成养殖的河蟹性早熟率高、规格小、产量低、发病率高，养殖经济效益持续低滑，已严重制约着我国河蟹养殖业的可持续发展。鉴于目前河蟹种质混杂和退化严重，极有必要基于现有长江水系河蟹种质资源开展遗传育种工作，选育出优质高产抗逆性强的河蟹良种，以满足养殖长江水系河蟹原良种的需要，确保我国河蟹产业可持续发展。下面主要介绍"长江1号""长江2号""光合1号""江海21号"及"诺亚1号"5个优良的中华绒螯蟹养殖新品种。

一、长江 1 号

中华绒螯蟹"长江1号"由江苏省淡水水产研究所历经10年，成功培育而出。获得农业部颁发的水产新品种证书（品种登记号：GS-01-003-2011）。这是2011年全国水产原种和良种审定委员会审定通过的9个新品种之一，是江苏省培育出的第一个河蟹新品种，也是我国审定通过的第一个淡水蟹类新品种，对我国淡水虾蟹类科研工作的进一步发展具有重要意义。

"长江1号"是以体形特征标准、健康无病的长江水系原种中华绒螯蟹为基础群体，以生长速度为主要选育指标，经连续5代群体选育而成。该品种生长速度快，2龄成蟹生长速度提高16.70%；形态特征显著，背甲宽大于背甲长呈椭圆形，体形好；规格整齐；雌、雄体重变异系数均小于10%。目前已在江苏省内进行大规模推广示范养殖。

（一）"长江1号"选育

1. 亲本来源

2000年11月，根据实际情况，参照外部形态特征、平均规格大小、性腺发育状况等生物学指标，从江苏省高淳县国家级长江系中华绒螯蟹原种场捕获的成蟹中选择原种亲蟹，再经一级选择的40%亲蟹中，以体格健壮、附肢齐全、性腺发育良好为标准再选择，最终选择长江水系原种亲蟹1000组（♀∶♂=3∶1），建立"长江1号"选育的基础群体。

图2-6 中华绒螯蟹"长江1号"

2. 技术路线

以长江水系河蟹原种蟹为群体定向选育基础群体，采用群体继代选育法组建保种性选育核心群，结合现代育种技术，进行定向对比养殖培育，选育出生长速度提高10%以上，个体平均规格150克以上，具有长江水系河蟹优良性状的河蟹新品种。在多个世代封闭纯繁选育过程中，为防止近交衰退，每世代亲蟹采用大群体选留，即每年11月份从选育成蟹中按照♀：♂＝3：1（从F4代始按♀：♂＝2：1）选择形态特征明显的大规格个体4000只作为亲本，雌雄分开进行强化培育。在当年12月份进行第二次筛选，选择体格健壮、附肢齐全、性腺发育良好的亲蟹，按照♀：♂＝2：1进行定向交配。对交配成功的亲蟹进行第三次筛选，选择2000只抱卵蟹进行越冬。次年4月上旬再优选1000～2000只抱卵蟹进行苗种培育，每代保持300只抱卵蟹育苗用于遗传育种。从蟹苗培育期到成蟹养殖期，对选育系每一世代共进行5次选择，分别在30、60、

220、320、540 日龄时选择 1 次，总选择率控制在 0.3‰以下。主要选择指标：①形态特征显著。主要为额缘具 4 个额尖齿，额齿间缺刻深，居中一个特别深，呈"U"形；性成熟亲蟹符合长江水系河蟹青背、白肚、金爪、黄毛的主要特征。②成蟹养殖生长速度快。③苗种性早熟率低。

采用平行分布对比养殖法，每世代进行选育系与对照系的 1 龄蟹种和成蟹生长性能对比养殖试验。1 龄蟹种采用完全独立平行的面积为 2 亩对比养殖池，2001～2009 年分别在江苏高淳县相关蟹种培育基地，均分 6 个池塘进行对比养殖，每世代重复 3 次，养殖饲养技术操作规程相同。2002～2008 年 2 龄成蟹对比养殖采用完全随机区组设计，在江苏金坛将面积为 122 亩的池塘均分为 4 个区进行对比养殖，每世代重复 2 次。2010 年开始则采用平行网隔对比养殖法进行成蟹对比养殖试验，在江苏河蟹遗传育种中心高淳基地，将 3 个面积为 10 亩的长方形池塘用 10 号聚乙烯网片从中隔离成 2 个各自独立且面积相同、水体相通、养殖环境相同的池塘作为育种单元，平行重复 3 次。养殖方式以单养为主，放养蟹种时间、平均规格力求差异不显著，养殖饲养技术操作规程相同。

3. 选育结果

(1) 种质特性

"长江 1 号"经农业部淡水鱼类种质监督检验测试中心鉴定，形态特征、细胞学遗传学特征、分子遗传学特征、生化遗传学特征符合中华人民共和国国家标准《中华绒螯蟹》（GB 19783—2005）。"长江 1 号"生长速度快、养殖产量高，平均规格 7.69 克。蟹种经 210 天的养殖，平均规格可达 170 克以上的优质商品蟹，生长速度比普通河蟹提高 16.7％。养殖成活率 70％以上，平均产量 70 千克/亩以上，平均增产 10％～15％；遗传性状稳定、群体规格整齐；群体内个体间体重变异较小，商品蟹规格大而整齐，雌、雄体重变异系数分别为 8.44％、8.65％。

（2）遗传学特性

利用 10 个微卫星标记对河蟹长江水系天然群体、"长江 1 号"
F$_4$ 代 A 级和 B 级群体以及江苏射阳群体进行遗传多样性分析，发
现"长江 1 号"的遗传多样性指数均高于天然群体，4 个群体的遗
传多样性均处在较高水平，各群体间遗传多样性亦无显著性差异。
聚类分析结果发现，天然群体、F$_4$ 代 A 级和 B 级群体选育群体聚
为一支，而射阳群体单独聚为一支，表明"长江 1 号"与长江水系
天然群体间没有发生显著性遗传分化。

中华绒螯蟹特殊的生活史（2 年的生命周期），使得中华绒螯
蟹的遗传育种每世代就必须培育 2 年。通过 2 世代 4 周年的生产性
对比养殖试验，结果表明，"长江 1 号"选育中华绒螯蟹，无论是 1
龄蟹种培育存活率，还是优质大规格蟹种的选择利用率均高于对照
系；无论是成蟹养殖的单产水平、生长速度，还是平均规格都优于
对照系。因此，认为"长江 1 号"选育中华绒螯蟹是具有良好推广
前景的水产养殖良种。

"长江 1 号"以体形特征标准、健康无病的长江水系原种中华
绒螯蟹为基础群体，以生长速度为主要选育指标，经连续 5 代群体
选育而成，是我国第一个长江水系河蟹新品种。该品种生长速度
快，2 龄成蟹生长速度提高 16.7%。形态特征显著，背甲宽大于背
甲长呈椭圆形，体形好；规格整齐，雌、雄体重变异系数均小于
10%。"长江 1 号"保持了长江水系河蟹固有的生长速度快、平均
规格大、养殖成蟹群体整齐、养殖成活率高、发病率低的遗传特
性，形成了优良的生物学品质。新品种"长江 1 号"河蟹的育成和
推广应用，是实现河蟹养殖品种的更新换代、扭转河蟹种质混杂和
退化的重要途径，可实现养殖河蟹产量、规格双提高，获得更高的
市场价格，取得更大的经济效益、社会效益和生态效益。对全面提
升河蟹这一品种，在江苏渔业增效、渔民增收过程中的产业优势地
位具有重要的现实意义。

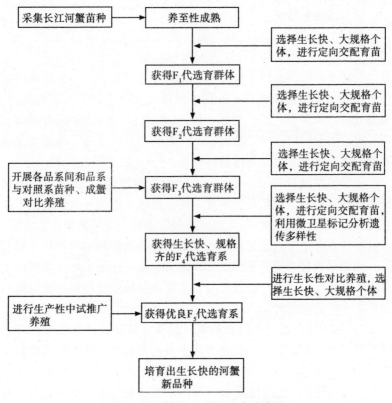

图 2-7　"长江 1 号"选育路线图

（二）"长江 1 号"主养

1. 池塘条件

塘口东西向，水源充足，水质良好，池底淤泥深度 10～20 厘米，水深 1.5 米左右，面积一般以 10～30 亩为宜，每池有独立进排水系统，进水管道用筛绢网过滤，池外用铝塑板围栏，埂坡用聚乙烯网护坡。

2. 池塘清整和苗种放养

用生石灰水 50 千克/亩化浆泼洒，带水消毒，10 天后解毒 1

次，然后放干水曝晒。苗种放养在晴天、气温 20℃ 左右的天气下苗，选择规格为 60～100 只/千克的大规格"长江 1 号"蟹种，蟹种要求规格整齐，体质健壮，无病无伤，放养量为 600 只/亩左右。放苗前，先进行缓苗处理，将蟹苗连同网袋一起放入水中浸泡 1～2 分钟，取出放置 3～5 分钟，如此反复 2～3 次，待充分吸水后，放入 3%～4% 的食盐水中浸洗蟹种 3～5 分钟达到消毒效果，最后打开网袋，将扣蟹放在岸边陆地上，让河蟹自己爬入池水中。

3. 栽种水草

放苗前 15 天，加水至 40 厘米左右，铺设苦草和轮叶黑藻，水草不要太厚，阳光要能透射到水体，占池水面的 60%～70%，并用绳子和木桩固定，防止漂移成堆。轮叶黑藻为河蟹喜食的一种水草，其生长速度较快，应注意避免其生长过于茂盛而导致缺氧，苦草被夹断后易漂浮腐烂，须及时捞出，以防败坏水质。

4. 投放螺蛳

每亩水面投放活螺蛳 750 千克，母螺蛳占总螺量的 60% 以上，分 3 次进行投放：第 1 次在 2 月中旬，投放量 250 千克/亩；第 2 次在清明时分，投放量为 250 千克/亩；第 3 次投放在 8 月，投放量为 250 千克/亩。

5. 微孔增氧

架设微孔增氧设施，避免因蟹池中缺氧及硫化氢、亚硝酸盐等有害物质的大量累积而危害河蟹健康生长。开启时间为 5、6 月份闷热天气和连绵阴雨天气晚上；7 月份晴天 14：00 以后开启；阴雨天在半夜开启。此外，也可使用粒粒氧（有效成分：过氧碳酸钠），平时也应使用维生素 C 以提高螃蟹应激能力。

6. 水质调控

河蟹对水质要求相对较高，在养殖过程中应确保水质"肥、活、嫩、爽"，I 期至 VI 期幼蟹每次变态完成后，加注新水 1 次，并排除老水一部分，水位掌握在 50 厘米左右，期间用底净宝（有效成分：改底活菌、吸附剂、络合物等复合物）改底 1 次，防止残饵和粪便污染底质和水质。为防止蟹池水质过肥，6 月份每亩放养花白鲢夏花 30～40 尾，吃食部分浮游动物和浮游植物，同时经常使用 EM 菌、光合细菌等复合菌以改良水质和底质。在大量蜕壳时须换水 1 次，平时根据水质情况 10 天左右换水 1 次，20 天左右按50 千克/亩泼生石灰水 1 次来调节 pH 值，泼生石灰水时注意蜕壳高峰时不要使用。每蜕壳一次提高水位 5～10 厘米。

7. 饵料投喂

饵料投喂一般按照"荤素搭配，两头精中间粗"的原则，投喂量要根据个体增重、温度的升高逐步增加。蟹种放养初期投喂蛋白含量高（含量在 35% 左右）的全价配合颗粒饲料，中期颗粒饲料蛋白含量在 32% 左右并辅以一定量的植物性饵料，后期温度在 30℃以内时，以不同粒径、蛋白质含量 32% 的颗粒饵料为主，30℃以上温度时降低蛋白质含量的颗粒料，并辅以部分豆粕及浮萍等青饲料，同时采用提网观察蟹吃食情况，以投喂后 3～4 小时能吃完为准。

8. 病害防控

蟹种投放后在水温达到 18℃左右时，用硫酸锌粉彻底杀灭纤毛虫 1 次，隔天用碘制剂、氯制剂消毒剂进行消毒，杀虫剂、消毒制剂用量参考说明书，中后期用生物消毒制剂进行消毒，期间也可用生石灰 1～2 次，用量 10 千克/亩。

（三）"长江 1 号"混养

虾蟹混养在蟹池可套养一定量的青虾，一般套养量为 5 千克/亩，放养规格为 1000 尾/千克。合理的套养不仅可以增加食物链来进行水质改良，也可以在不影响河蟹产量的情况下增加一定的经济效益，一般每亩增加青虾产量 30 千克以上。

全年养殖以优质养殖蟹种——中华绒螯蟹"长江 1 号"为主导，重点围绕"种、草、水、饵"进行。优良的苗种配以合理的放养规格和养殖密度，实现了河蟹产量和规格的突破。复合型的水草种植不仅给河蟹生长提供了一定量的植物性饲料，也给河蟹营造了良好的生长环境，每日翻动水草 2 次，防止"懒蟹"藏匿不出、不吃不长，通过翻动也有效阻止水草疯长后阻风阻光，及时捞除腐烂水草，以防败坏水质。水的养护依靠生物肥料、微生物制剂和螺蛳的高效调控，确保水质长久保持"肥、活、嫩、爽"，合理地施用生物肥料和微生态制剂不仅能增加水体中的营养量，为河蟹生长补充一定的营养成分，还能抑制有害菌，提供对河蟹生长有利的有益菌。螺蛳的投放不仅能给河蟹提供优质的高蛋白天然饲料，还可净化水质，降解养殖污染和减少饵料的投喂量。有增氧条件的池塘，在天气突变时采用增氧措施，也可使用粒粒氧，平时也应使用维生素 C 增强螃蟹应激能力。饵料投喂做到"两头精，中间粗"，科学合理的投喂既可减少饵料不必要的浪费和节约成本，又能减少残余饵料对池水的污染。

（四）中华绒螯蟹"长江 1 号"养殖实例

"长江 1 号"的特点为生长速度快、养殖成活率高。经过多年的对比试验表明，"长江 1 号"成蟹的生长速度比普通河蟹提高16.7%，经过 200 多天的养殖，成蟹的平均规格在 175 克/尾以上，养殖成活率高于 70%。150 克/尾左右的单只亲蟹可繁育优质蟹苗30 万尾以上，适宜扩繁制种和大规模推广养殖。2012 年在江苏省高淳县永胜圩陈乙荣养殖户的河蟹养殖基地开展了中华绒螯蟹"长江 1 号"池塘生态养殖，亩产河蟹 82.5 千克、鳜鱼 7.5 千克，亩效益 7981 元。现将其养殖情况总结如下：

1. 池塘养殖条件及方法

（1）池塘条件　陈乙荣塘口面积为 50 亩，分为 5 个塘口，每个塘口 10 亩，呈长方形，东西走向，淤泥深度为 20 厘米左右，进排水方便，水源充足，水质良好。四周用水泥板护坡，水深 1.5 米左右。

（2）池塘清整　在池塘底最低的地方圈养 15%左右的面积，经曝晒后用漂白粉清塘,每亩用量为 15 千克,有效氯含量 32% 以上,池塘经曝晒后呈龟裂状,可走人而不陷入,四周用 60 厘米的钙塑板建立起防逃设施。

(3) 苗种放养 选放规格为 100~140 只/千克自行培育出的大规格 "长江 1 号" 苗种,蟹种放养量为每亩 600 只,共 30000 只,在 2012 年 2 月 20 日前每个塘口一次性放入,蟹苗要求规格整齐、行动敏捷、体态完整。5 月份投放 5 厘米鳜鱼苗种 1500 尾。

(4) 水草种植 在网圈外种植苦草、伊乐藻和轮叶黑藻,池塘底最低处的网圈内种植伊乐藻,确保蟹池内水草的覆盖面积为 80% 以上,轮叶黑藻为河蟹喜食的一种水草,其生长速度较快,但也应注意避免其生长过于茂盛而导致缺氧,捞草劳动强度过大,伊乐藻在高温季节易死亡腐烂,须及时捞出,不然容易损坏水质,因此蟹池内适宜多种水草搭配种植。

(5) 投放螺蛳 分 3 次投放,第一次在 2 月下旬,投放量 250 千克/亩;第二次在 4 月上旬,投放量为 250 千克/亩;第三次在 7~8 月,投放量为 250 千克/亩。

(6) 微孔增氧 铺设微孔增氧设施,保持池水有足够的溶氧量,避免在生产中因缺氧造成硫化氢、亚硝酸盐等有害物质的大量累积,危害河蟹健康生长。开启时间:进入 5 月份以后即开启,5 月、6 月在闷热天气和连绵阴雨天气晚上开启,7 月份晴天下午 2 点以后开启,阴雨天在半夜开启。

(7) 青苔防控 用防控青苔的有效药物青苔杀手(有效成分:二甲基三苯基氯化磷)防控效果较好,网圈外在青苔刚开始出现时用青苔杀手泼洒,网圈内用改底进行调控,这样既做到了有效防控青苔,又不影响水草的生长和河蟹的健康生长。

(8) 水质调控 在养殖过程中应使水质做到 "肥、活、爽",前期即第一、第二次蜕壳时使池水透明度在 30 厘米以上,第三、第四次蜕壳时使池水透明度在 50 厘米以上,第五次蜕壳时水的透明度应在 60 厘米以上。水质调控前期以无机肥和有机肥相互掺和使用，中后期以生物肥料配加微生物制剂，并每隔 10 天左右进行一次底质改良，增加池塘自净能力，减少水中有害物质的形成。

（9）饲料投喂　饲料投喂做到两头精、中间粗，蟹种放养初期投喂高蛋白含量的全价配合颗粒饲料，蛋白含量在 35% 左右，中期在 32% 左右，并辅以一定量的植物性饵料，后期以动物饲料小杂鱼为主，再配以蛋白含量 35% 的颗粒饲料，投喂时通过第二天巡塘时观察池塘中的饲料残余状况进行适当调整，做到确保河蟹吃饱、吃好。饲料在投喂时做到"四定"原则，合理科学地投喂饲料不仅可以减少饲料不必要的浪费和节约成本，又能减少残余饲料对池水的污染。

（10）病害防治　在河蟹第一次、第二次蜕壳前，用硫酸锌粉杀灭纤毛虫，隔天用碘制剂、氯制剂进行消毒，杀虫消毒制剂用量参考说明书而定，中后期用生物消毒制剂进行消毒，期间用一两次生石灰化水泼洒，用量为 10 千克/亩。

2. 养殖结果

（1）投喂情况　全年活螺蛳投入量 900 千克/亩，投喂小杂鱼 15000 千克，计 6.6 万元；颗粒料 2000 千克，小麦、麦麸、玉米等植物性饲料 10000 千克，计 3.6 万元；螺蛳 45000 千克，计 6.3 万元，以上饲料成本合计 16.5 万元。塘租费 850 元/亩，计 4.25 万元，苗种成本 3.2 万元，水电费 0.5 万元，肥料、水草等 0.5 万元，微生态制剂、生石灰 1.05 万元，人员工资（临时工工资）2 万元。共投入成本 27.995 万元，亩均成本 5599 元。

（2）收获情况　收获成蟹 4125 千克，平均规格 195 克/只，平均售价 160 元/千克，亩均产量 82.5 千克，河蟹销售收入 66 万元，鳜鱼销售收入 1.9 万元，总收入 67.9 万元。按实际到账收入计算效益，总效益为 39.9 万元，亩效益 7981 元。

3. 养殖小结

（1）在整个养殖过程中都是围绕"种、草、水"做文章，优质的养殖蟹种占主导地位，合理的放养规格和养殖密度决定了产量和规格。

（2）复合型的水草种植不仅给河蟹生长提供了一定量的植物饲料，也给河蟹营造了良好的生长环境并增加了水中的溶氧量，做到及时补充和除水草，确保水草在池塘中的覆盖面积在40%左右。

（3）水的养护不仅靠肥料、微生物制剂，螺蛳也要适当地控制，使水能长久保持肥、活、爽，合理施用生物肥料不仅能调节水质、水色，也能增加水体中的营养量，使河蟹在生长过程中能补充一定的营养成分。

二、长江2号

中华绒螯蟹新品种"长江2号"是由江苏省淡水水产研究所以2003年从荷兰引回的莱茵河水系中华绒螯蟹为基础群体，采用群体选育技术，以生长速度、个体规格为选育指标，经连续4代选育而成，2014年3月获农业部颁发水产新品种证书（品种登记号：GS-01-004-2013）。该品种在相同养殖条件下，与未经选育的长江水系中华绒螯蟹相比，养成生长速度提高19.4%，平均个体规格增加18.5%；成蟹养殖群体规格整齐，雌雄体重变异系数均小于10%，遗传性状稳定，具有纯正长江水系中华绒螯蟹"青背、白肚、金爪、黄毛"的典型特征。

（一）品种特性

1. 生物学特征

"长江2号"其头胸甲明显隆起，额缘有4个尖齿，齿间缺刻深，居中一个特别深，呈"U"形或"V"形，侧缺刻深。头胸甲上与第三侧齿相连的点刺状凸起明显，第四侧齿明显。雌蟹腹脐圆形，雄蟹腹脐呈尖三角形。雌性具腹肢4对，位于第2至第5腹节，双肢型，密生刚毛，第5腹节上有1对生殖孔。雄性第4腹节上有1对圆形交接器。额两侧具复眼，腹面近于额下长有第1触

图 2-8　中华绒螯蟹"长江 2 号"

角，两眼内侧有细小的第 1 触角。头胸部两侧有 5 对胸足，第 1 对为螯足，后 4 对为步足。螯足钳掌与钳趾基部内外均有绒毛。步足趾节呈尖爪状。性成熟个体头胸甲呈青灰色，腹部灰白色，螯足绒毛呈棕褐色，步足刚毛呈金黄色。

2. 品种特点

（1）生长速度快、养殖产量高　"长江 2 号"选育群体平均日增重率比未经选育的莱茵水系河蟹提高 19.4%，平均规格增大18.5%，平均规格可达 192 克，平均亩增产 10%～38%。

（2）体形好、形态特征显著　背甲宽大于背甲长，体形宽且呈椭圆形。额缘 4 个额齿尖，额齿间缺刻深，居中一个特别深。性成熟河蟹背甲呈淡青色，腹部呈灰白色。螯足绒毛呈棕褐色，步足刚毛呈金黄色。具有长江水系河蟹青背、白肚、金爪、黄毛的典型特征。

（3）遗传性能稳定　"长江 2 号"养殖群体规格整齐，群体内个体间体重变异较小，雌、雄体重变异系数分别为 8.57% 和8.79%，体宽、体长的变化率分别为 0.63% 和 2.65%。

（二）产量表现

1. 区域生长实验

2009 年，"长江 2 号" F_3 代选育系成蟹生长对比养殖试验结果表明，经过 210 天养殖，"长江 2 号"的雄、雌蟹平均规格为 211 克和 152 克，平均产量在 119 千克/亩，平均规格比对照池大 13.0%，平均亩产量高 20.2%。

2011 年，"长江 2 号" F_4 代成蟹养殖生长性能对比试验结果表明，"长江 2 号"的雄蟹、雌蟹平均规格为 219 克和 165 克，平均亩产 123 千克，平均规格比对照池大 18.5%，平均亩产量高 27%。

2. 中试养殖实验

2011 年和 2013 年在江苏高淳、金坛和安徽当涂等地对选育系河蟹与未经选育的长江水系河蟹进行了中试养殖试验，养殖形式为池塘主养河蟹，选育系河蟹养殖面积为 6389 亩，对照组未经选育的长江水系河蟹养殖面积 2247 亩。中试试验结果表明："长江 2 号"具有生长速度快、平均规格大、成蟹群体整齐，增产效果明显，是具有良好推广养殖前景的优良河蟹品种。

（三）养殖要点

养殖环境要求：水温：适宜水温 15～30℃，最佳水温 22～25℃；溶氧：溶氧≥5 毫克/升；pH：适宜 7.0～9.0，最佳 7.5～8.5；透明度：适宜 30～50 厘米，最佳 50 厘米以上；氨氮≤0.1 毫克/升；硫化氢不能检出；土质与底泥：黏土最好，黏壤土次之，淤泥厚度＜10 厘米；底泥总氮：底泥总氮＜0.1%。

1. 养殖模式

充分利用池塘水体空间，科学合理进行混、套养殖，是提高蟹池综合效益的有效途径。依据养殖水域环境、经济状况、技术水平及养殖目标的不同，宜采用不同的养殖模式。

（1）套养青虾　蟹池在 5 月份前较空闲，主要为水草生长，利用此阶段进行轮养青虾将较好地提高池塘综合产出效益。具体做法是：在池塘清整消毒后，即 1～2 月份，亩放规格 1000～2000 尾/千克的虾种 5～10 千克。另外，在秋季可再放养 2～3 厘米的青虾苗 3 万～4 万尾。

(2) 套养鳜鱼、沙塘鳢 鳜鱼、沙塘鳢是以底层小杂鱼为主要摄食对象，为合理利用蟹池底层小杂鱼类，于 5 月底至 6 月初，每亩放养 5～7 厘米/尾经强化培育的鳜鱼种 10～30 尾；或每亩放养 1～2 厘米沙塘鳢 100～200 尾。

(3) 套养鳙鱼、鲢鱼 在 2～3 月份，每亩放养鳙鱼、鲢鱼鱼种各 10 尾。

2. 养殖配套技术

(1) 养蟹池条件与设施 养蟹池选择与改建方法是养蟹池四周挖蟹沟，面积 30 亩以上的还需要挖"井"字沟。池塘蟹沟宽 3 米，深 0.8 米；形状以东西向长，南北向短的长方形为宜；池塘面积 5～80 亩，以 10～30 亩为宜，水深为 1～1.5 米。

(2) 蟹种放养前准备工作 冬季排干池水，对池塘进行清整，清除表层 10 厘米以上的淤泥，晒塘冻土；放养前 7～10 天，采用生石灰消毒，生石灰采用当场溶化后均匀泼洒在池塘中。水草以多品种搭配为宜，在扣蟹放养前，种植伊乐藻，并在种植轮叶黑藻或苦草区用网片分隔拦围，保护水草萌发。放种前一周加注经过滤的新水至 40～60 厘米。清明节前投放螺蛳，使螺蛳及早适应池塘环境，及早繁殖幼螺作为蟹种的开口饲料。河蟹、青虾混养的池塘，为保证春季虾产量，要解决肥水的问题，须分次投放螺蛳，确保水质肥度。设置河蟹暂养区，一方面保证全池水草生长，另一方面有利于蟹种的集中强化培育。

(3) 蟹种放养 蟹种质量要求体质健壮、爬行敏捷，附肢齐全、无病害、规格整齐，大小 100～200 只/千克为好。蟹种消毒为将蟹种放入浓度为 3%～4% 的食盐水溶液中，浸洗 3～5 分钟后才放养。放养时间以 3 月上旬为宜。放养密度为每亩 600～1500 只，一般以每亩 600～800 只为宜。放养方法：池塘面积较小的，采用一次性放养；对面积大的养蟹池塘，可在塘内先用网布进行小面积围栏，将备齐的蟹种先放入围栏区内或深沟内，进行强化培养，并保护水草，待水草长出后或蜕壳数次后再分级放开。

（4）养殖管理

①饲料投喂。河蟹脱壳的关键因素是有效营养积累和有效温度积累，只有两者达到较适宜的程度，才能提升成活率。食物投喂不足则可能伤害水草，为保护水草正常生长，则要多施肥、多投喂植物性饲料并添加脱壳素以及专用营养物质使草类快速生长。到了4月中旬，一些池塘中河蟹开始脱壳，这时要注意在饲料内和池塘水体内添加矿物质。饲料投喂地点应多投在岸边浅水处，也可少量投喂在水位线附近的浅滩上。每亩最好设4～6处固定投饲台，投喂时多投在点上，少分散撒在水中，实行定点投喂，点、线、面结合，以点为主。

②水质调控。养殖前期温度较低，养殖水位要低一些，可以增加积温。5月上旬前保持水位0.6米，7月上旬前保持水位0.8～1米，7月上旬后保持水位1.2米。pH值控制在7.5～8.5。应保持水中溶氧经常在5毫克/升以上，透明度以35～40厘米为宜。要保持较好的水质，主要的人工措施是定期换水，5～6月每隔7～10天换水一次，7～9月每隔5～7天换水一次，每次先排出部分池水，再补充新水，水温35℃左右的高温酷暑季节可每天加注1～3小时为宜，保持池水鲜活。在泼洒生石灰7～10天后，还可施些可溶性的磷酸盐如磷酸二氢钙，一般每亩1米水深2千克左右，以保持水中pH为7.5～8.5及钙磷的平衡，促进河蟹正常脱壳，适宜河蟹生长。

③底质改良。池塘底泥是水草生长基质，底质条件的好坏决定了水草生长状况。在生产中可采取多种措施来改良、改善底质，以满足河蟹生活生长的需要。定期使用底质改良剂，经常开动微孔增氧设备，促进池泥有机物氧化分解。养殖前期每隔15～20天、中后期每隔10天施用一次分解型底质改良剂，少用或不用吸附型底

质改良剂（多以沸石粉为主要原料，可吸附水体中大量的氨等有害物质）。在施用分解型底质改良剂的同时，配合使用益生菌，使池底和水体得到改善，生态环境得到修复。饲料中定期添加益生菌，保证河蟹肠道中益生菌优势，促进饲料营养吸收转化，降低粪便中有害物质含量，从源头上控制排泄物对底质和水质的污染。

④日常管理。养殖过程中需早晚坚持巡塘，密切观察河蟹摄食情况，及时调整投饲量，并注意及时清除残饵，对食台定期进行消毒，以免引起河蟹生病。定期检查、维修防逃设施。遇到大风、暴雨天气圃要注意，以防损坏防逃设施而逃蟹。严防敌害生物危害，采取工具捕捉、药物毒杀等方法彻底消灭老鼠、水蛇。

适宜区域："长江2号"适宜养殖区域为我国长江中下游地区的池塘、湖泊、水库、沟渠、稻田以及其他人工可控的水体。

三、光合1号

(一) 品种介绍

中华绒螯蟹"光合1号"是辽宁盘锦光合蟹业有限公司从2000年开始以辽河入海口野生中华绒螯蟹3000只为基础群体（雌雄比为2：1），以体重、规格为主要选育指标，以外观形态为辅助选育指标，经连续6代群体选育而成。获得农业部颁发的水产新品种证书（品种登记号：GS-01-004-2011）。

"光合1号"适应人工养殖条件，在稻田人工养殖环境下成活率大幅高于野生苗种。规格大，和辽河野生种比较，养殖成蟹平均规格明显大于未选育群体。适应多种水域环境，在稻田、苇塘、水库环境下均表现出优良的生长性能。适应在北方温带地区养殖、生长速度快，在黑龙江、吉林、辽宁、内蒙古地区养殖，均能够正常生长、越冬，在九月中旬前95％以上个体能达到性成熟，可以及时供应市场。该品种规格大，成活率高。选育群体的成蟹规格逐代提高，同辽河野生中华绒螯蟹相比，成蟹平均体重提高25.98％，成活率提高 48.59%。

图 2-9　中华绒螯蟹"光合 1 号"品种图

（二）品种特性

"光合 1 号"河蟹具有以下优点：

1. 适应人工养殖条件，在稻田人工养殖环境下成活率大幅高于野生苗种。

2. 规格大，和辽河野生种比较，养殖成蟹平均规格明显大于未选育群体。

3. 适应多种水域环境，在稻田、苇塘、水库环境下均表现出优良的生长性能。

4. 适应在北方温带地区养殖、生长速度快，在黑龙江、吉林、辽宁、内蒙古地区养殖，均能够正常生长、越冬，在九月中旬前 95% 以上个体能达到性成熟，可以及时供应市场。

（三）品种培育情况

1. 亲本来源

辽河入海口附近野生中华绒螯蟹。

2. 选育技术路线

　　"光合1号"河蟹新品种选育过程采用了群体选育技术进行，其选育技术路线参见图2-10。

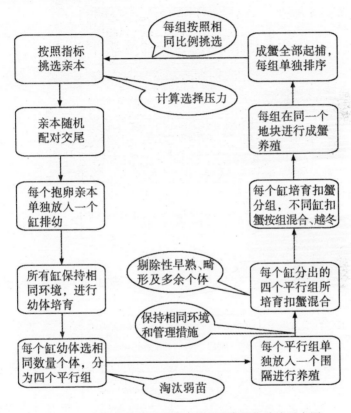

图2-10　中华绒螯蟹"光合1号"选育技术路线示意图

3. 选育目标

　　以规格为主要选择目标，即选择群体中达到性成熟阶段时背甲最宽、体重最大的部分个体；以形态特征为辅助选育指标，选用头胸甲隆起、呈不规则椭圆形，背甲分界明显、额缘齿尖锐，壳青、腹白个体。

4. 选育过程

"光合 1 号"选育过程参见图 2-11。

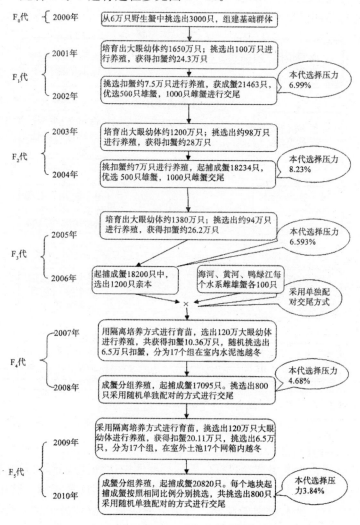

图 2-11　中华绒螯蟹"光合 1 号"选育过程示意图

（四）中试情况

"光合1号"河蟹选育初始目的就是为了选育出适合北方地区自然环境的优良河蟹品种，所以中试地点选择了我国北方河蟹主产区盘锦地区，以及大水面较多的吉林、黑龙江、内蒙古地区。

1. 成蟹稻田、苇塘养殖方式

2008年、2010年，辽宁大洼荣兴农场引入"光合1号"扣蟹进行稻田成蟹对比养殖试验，盘锦赵圈河水产养殖股份有限公司引入"光合1号"扣蟹进行苇塘成蟹养殖对比试验，其中选育组和未选育组养殖面积均为45公顷。结果显示，稻田养殖、苇塘养殖方式，选育组单产水平、平均规格比未选育组均有较大提高，具体数据见表2-3和表2-4：

表2-3　　　光合1号选育组与对照组产量情况表

地点	时间	选育组		对照组	
		总产量（千克）	单产（千克/公顷）	总产量（千克）	单产（千克/公顷）
荣兴农场	2008年	11700	260	9706.5	215.7
	2010年	13164	292.5	10462.5	232.5
赵圈河	2008年	8385	186.3	7311	162.5
	2010年	8979	199.5	7558.5	168.0

表2-4　　　光合1号选育组与对照组体重表

地点	时间	选育组体重（克）	对照组体重（克）
荣兴农场	2008年	91.4±25	78.5±22.5
	2010年	95.0±23.3	78.8±23.7
赵圈河	2008年	86.0±23.5	77.5±24.3
	2010年	85.6±22.0	75.0±23.4

2. 成蟹稻田大规模养殖效果

盘锦大洼王家乡和营口二道村养殖户2008年引入"光合1号"河蟹进行稻田、池塘大面积养殖，养殖面积6000亩，效益达到516万元。2010年大洼县王家乡养殖面积达到4500亩，产值420万元；营口市二道沟镇二道沟村养殖面积4500亩，共创产值580万元。通过两年养殖结果显示，"光合1号"河蟹在大面积养殖中表现出了成活率高、生长速度快，规格大、适应性强的特点，养殖效益明显高于未选育河蟹，完全适合在稻地、池塘养殖。

3. 扣蟹养殖方式

2009年辽宁大洼荣兴农场引入"光合1号"蟹苗进行稻田扣蟹对比养殖试验，对比养殖结果显示，选育组比对照组平均规格小8%，单产水平是对照组的151%，成活率是对照组的164%，2龄蟹（性早熟蟹）比例只有对照组的30%，体现出选育组河蟹在扣蟹阶段即表现出了较好的选育效果。

4. 成蟹大水面养殖方式

2008年在内蒙古奈曼旗、黑龙江密山市、吉林省大安市当地水库引入"光合1号"河蟹进行大水面放养，养殖面积达到18.3万亩，创效益1210万元。和以前养殖情况比较，新品种河蟹能够适应当地大水面养殖条件，生长速度较快，至8月底抽样检查95%以上能够达到商品规格，而且养成规格大，活力强，耐运输，肉质鲜美，平均售价高，养殖效益明显，能够充分利用当地自然资源优势，适宜于进行大水面养殖。

2010年内蒙古奈曼旗孟家段水库养殖"光合1号"河蟹面积1.8万亩，雌蟹平均规格达到92克，比当地养殖户养殖河蟹规格提高23%；活力好，耐运输，平均售价高，2010年运输至沈阳，平均售价比同规格河蟹高10%～20%。黑龙江小兴凯湖进行"光合1号"河蟹大水面放养，养殖面积达到4.2万亩，起捕成蟹9万千克，创产值 450 万元，直接经济效益达 360 万元。

通过在上述地区两代养殖效果表明，"光合 1 号"河蟹能够适应我国北方地区气候条件，通过不同养殖方式表明，"光合 1 号"河蟹表现出了成活率高、生长速度快，规格大、适应性强的特点，显著地优于常规养殖的河蟹。

四、江海 21 号

中华绒螯蟹新品种"江海 21 号"于 2016 年 3 月获农业部颁发水产新品种证书，品种登记号为 GS-02-003-2015。"江海 21 号"是由上海海洋大学与上海市水产研究所等单位，以 2004 年和 2005 年从长江干流南京江段采捕的野生中华绒螯蟹、从国家级江苏高淳长江水系中华绒螯蟹原种场和国家级安徽永言河蟹原种场收集的中华绒螯蟹为保种群体，按照配套系聚合育种的技术路线，在奇数年和偶数年分别构建基础群体，以生长速度、步足长和额齿尖为选育指标，采用群体选育技术，经连续 4 代选育出的 A 选育系（步足长）为母本、B 选育系（额齿尖）为父本，杂交获得的 F1 代，即为中华绒螯蟹"江海 21 号"。外额齿尖，内额齿间缺刻呈"V"字形，90% 以上个体第 2 步足长节末端达到或超过第 1 侧齿。在相同养殖条件下，与普通中华绒螯蟹相比，16 月龄蟹生长速度提高 17.0% 以上，具有生长速度快、形态性状好、群体产量高等特点，目前已在全国 14 个省市区养殖，年养殖面积超过了 15 万亩。适宜在我国各地人工可控的淡水水体中养殖。

（一）"江海 21 号"选育背景

河蟹是我国特有的重要水产经济生物和重要的出口创汇水产品，也是我国最具文化底蕴的水产品，富有丰富的文化内涵，其养殖业堪称独立于世界水产养殖业之林的一朵奇葩，是我国水产养殖中最具活力和发展前景的支柱产业之一。全国许多地区将河蟹产业作为调整农业产业结构、增加农民收入、发展农村经济、建设和谐

图 2-12　中华绒螯蟹"江海 21 号"

社会的支柱产业。然而，支撑如此巨大产业的河蟹种源基本上也是未经遗传改良的野生群体。更为严重的是，这些野生群体的种质混杂和衰退严重，养殖性能衰退明显。近年来，全国各地对河蟹良种的呼唤及需求极为强烈，开展河蟹育种工作十分必要而迫切。自 2011 年以来，我国虽然选育出，并经全国水产原种和良种审定委员会审定通过了 3 个河蟹良种，但与其庞大的产业规模与巨大的苗种需求相比，河蟹的良种数量实在太少，对产业发展的贡献仍然十分微小。

　　由于河蟹的性成熟年龄为 2 龄，一生只繁殖一代，繁殖后亲本即死亡，亲本不能进行重复利用，这给河蟹育种增加了难度，稍有不慎就会造成选育断代，前功尽弃。上海海洋大学王成辉教授根据河蟹的生物学特点、生活史特征和选育目标，为更加有效利用育种性状的加性效应和显性效应，实行配套系聚合育种的技术路线。首先构建奇、偶年奠基群体，按相关选育标准进行分类，建立 A、B 两个选育系；继而采用群体选育方法，对各选育系进行平行选育和提纯，并从选育到一定世代（选育系进行至 F4）开始进行选育系间的配套效果分析，最后筛选最佳配套组合用于生产优良苗种供生产性养殖。

（二）"江海 21 号"品种特性

1. 形态特征

步足长：90％以上个体的第二步足长节末端达到或超过第一侧齿；四个额齿尖，内额齿间缺刻较深、呈"V"形；"青背、白肚、金爪、黄毛"的长江原种基本特征更清晰。

2. 生长性状

个体增重速度快，在相同养殖条件下，与普通中华绒螯蟹相比，奇、偶年群体在 16 月龄的生长速度提高 17％以上。

3. 分子遗传学特性

微卫星分子标记分析的平均观察杂合度（HO）为 0.5476 以上，比双亲的平均观察杂合度高 14.49％；近交系数（FIS）为 0.294，比双亲的平均近交系数低 26.79％。

（三）"江海 21 号"人工繁殖技术

1. 亲本选择

（1）亲本来源　亲本应来源于育种单位的配套选育系 A 和选育系 B。

（2）亲本选择　每年 11 月中下旬，从亲蟹培育场筛选体质好、活力强、无残肢、体表洁净、肥满度适中、性腺发育良好的配套选育系 A 的母本和选育系 B 的父本。A 系母本的选择标准是第 2 步足长节达到或超过第 1 侧齿（俗称"腿长"），体重规格为 125 克/只以上；B 系父本的选择标准是背甲前面的 4 个额齿尖，中间两额齿间的凹陷较深，体重规格为 175 克/只以上。雌雄比例为 2～3∶1。

（3）亲本运输

亲本包装：用传统的网丝袋包装，要求亲蟹腹部朝下，密度为雄蟹以不超过 20 只/袋为宜，雌蟹以不超过 30 只/袋为宜。亲蟹运输：运输过程中避免大风和突然降温造成死亡率上升，同时防止亲蟹挤压受伤。以夜晚运输为宜。

2. 池塘生态育苗

（1）育苗地点与条件　育苗地点：选择海水盐度相对稳定（18‰～25‰），水质无污染、淡水资源也较为丰富，交通、供电方便的沿海池塘进行育苗。

（2）育苗池塘条件　面积大小适中，最好为 2～4 亩，池深 2.0～2.5 米，坡比 1∶3。每年冬季对池塘进行整修和清塘，最好用推土机对底泥和池壁进行混合后重新整理。每个育苗池底部最好铺设微孔增氧系统。

3. 亲蟹交配与抱卵

（1）亲蟹交配　亲蟹交配池可用育苗池代替。

亲蟹下塘前 7～10 天，应向交配池塘加入盐度约为 20‰左右的海水，水深 1.0 米。用漂白粉（50 毫克/升）对水体进行消毒。同时准备相应池塘作为越冬用的蓄水池以备交配池换水用，以减少水体盐度等变化造成的应激反应。

亲蟹运到交配池后，可用 5% 的食盐水消毒后直接放入交配池，放养量为 1000 只/亩。放入的亲蟹在海水的刺激下进行交配和抱卵。

（2）抱卵蟹的饲养管理

①饲料投喂：投喂的饲料主要为小黄鱼、梅童鱼和大眼银鱼等天然动物性饲料。交配期间（亲蟹下池后 30 天内）每日投喂，饲

料投喂量为亲蟹体重的 3％～5％。抱卵蟹期间，根据天气情况，合理投喂，如气温低于 0℃，基本不投喂；0～10℃时 4～5 天投喂一次；10℃以上时 2～3 天喂一次。

②水质管理：亲蟹入池 10 天后进行第一次换水，排干全部老水，加入经消毒处理的蓄水池水。其作用一是保持越冬池水的水质；二是刺激亲蟹交配，提高抱卵的成功率。第 20 天进行第二次换水，排干全部老水，加入经消毒处理的蓄水池水。一个月左右后排干池水取出全部雄蟹。此后，每隔 1 个月换水一次，换水量根据水质状况进行。

4. 溞状幼体培育

（1）育苗池准备　向育苗池中加入盐度为 20‰左右的海水，在挂笼前 20 天左右（长江流域通常为 3 月下旬），使用 3～4 毫克/升敌百虫，茶籽饼 40 毫克/升，杀死育苗池中的甲壳类和野杂鱼类。挂笼前 2 周使用漂白粉 80～100 毫克/升消毒，杀死育苗池中有害微生物和各种敌害生物，保证刚孵化出溞状幼体具有良好的生长环境。

（2）饵料生物培养

①藻类培养：在挂笼前 15 天，在饲料培养池中，每亩使用 2.5～3.0 米³ 发酵鸡粪，培养以小球藻为主的单胞藻。

②轮虫培养：在藻类培育的基础上，适量接种轮虫，培养批量轮虫，以便育苗期间定期采收轮虫喂养溞状幼体。

（3）抱卵蟹的挂笼与布苗　在 4 月中旬左右，将抱卵蟹取出，观察其胚胎发育情况，一是看胚胎颜色转为淡黄色时，二是通过计数"心跳"频率为 130～140 次/分钟时，即可挂笼布苗。挂笼密度为 35～40 只/亩。

挂笼后 2～3 天，溞状幼体脱离母体进入水体，将母本取出，进入溞状幼体孵化阶段。

（4）溞状幼体孵化与管理

①饲料投喂：Z1 阶段以投喂小球藻和酵母为主，适量投喂轮虫。Z2～Z5 阶段全程投喂轮虫。每天 5：00 观察育苗池中轮虫的密度，确定当日轮虫的投喂量。

轮虫每日投喂两次：7：00 投喂 60%，16：00 投喂 40%。以 2～3 小时摄食完为宜。

②水质管理：溞状幼体期间水深维持在 1.8～2.0 米，通过加水保持水位相对稳定。水体的透明度维持在 50 厘米左右为宜，溶解氧含量不低于 6 毫克/升。在天气恶劣的条件下，水体溶解氧含量偏低时，可使用化学增氧片。

在温度适宜的条件下，溞状幼体经 20 天左右即可变态为大眼幼体。变齐后经过 3～5 天即起捕淡化，起捕可采用密拉网起捕或灯光诱捕。

5. 大眼幼体淡化

（1）淡化池条件　淡水池通常为水泥池，规格以 5.0 米×4.0 米×1.5 米为宜。淡化前 1 天，淡化池注水 10～20 厘米，用高锰酸钾 10～20 毫克/升进行池壁和池底消毒。清洗后注入 1.0 米深的海水，盐度同溞状幼体培苗池。

（2）入池淡化　淡化密度为 100 千克/池大眼幼体。5 小时后加入淡水 50 厘米，使淡化池水深保持在 150 厘米。

（3）淡化方法　采用盐度逐渐稀释的淡化方法。淡化期间每 8 小时换一次淡水，一天 3 次，每次换水量为 1/3。

淡化期间每 2 小时投喂一次新鲜或冰冻轮虫，投喂量为 2 千克/次。

淡化时间为 3～5 天，当盐度下降到 3‰以下，大眼幼体由黑转为淡黄色时即可出池运输。

（4）大眼幼体质量鉴别　体色淡黄或金黄色，规格为 14 万只/千克左右，抓在手中松开后，四处逃窜为最佳。

6. 大眼幼体运输

（1）装箱　蟹苗箱的规格为 45 厘米×30 厘米×8 厘米，每箱装 1 千克。

（2）注意事项　蟹苗以在夜晚运输，太阳出来前到达下塘地点为宜；以空调车或加冰运输，温度控制在 10～18℃为宜；若发生其他情况，运输时间最多不超过 24 小时；下雨及大风天气不宜运输蟹苗。

（四）"江海 21 号"蟹种培育技术

1. 蟹种培育条件与准备

（1）池塘条件　池塘面积以 3～5 亩，水深 0.8～1.5 米为宜。水源方便，水量充足，水质清新无污染，进排水系统畅通，四周用白色聚丙烯塑膜、铝片或钙塑板等材料构建防逃墙，高 0.3～0.4 米，内侧光滑，无支撑物，拐角处呈圆弧形。

（2）蟹苗下塘前准备

①池塘清整与消毒：老塘要排干池水，曝晒池底，清除杂物和淤泥，填补漏洞和裂缝，修整池埂及进排水口。新池塘要按照池塘条件做好清整工作。

蟹苗下塘前 15 天（通常为 5 月上旬），用生石灰（50～75 千克/亩）或漂白粉（10 千克/亩）进行干法清塘。

②池塘肥水：清塘后 1 周，向蟹种培育池注水 0.3～0.4 米，注水时进水口用 60 目网片包扎进水口，防止外界敌害生物进入，然后用有机肥（如发酵的鸡粪或猪粪）或商家生产的生物复合肥进行池塘肥水。

③水草移栽：通常在 5 月中旬，蟹苗下塘前一个星期左右，向蟹种培育池塘移植水花生。水花生下塘前应清洗干净，并最好在阴凉干燥处晾放 24 小时以上，去除鱼卵、螺类等水生动物。水花生投放面积约为池塘的 1/4～1/3，并用尼龙绳整齐固定水花生，使水花生在池塘不仅能有序生长，而且还能美化池塘，有效地为河蟹提供生长、蜕壳等场所。

2. 蟹苗放养

(1) 放养密度　每亩放养蟹苗 1.2～2.0 千克为宜。

(2) 放养方法　蟹苗放养时温差控制在 3～5℃，将蟹苗均匀洒在池塘四周的水面或水草上。

3. 仔蟹阶段饲养管理

(1) 投饲管理　从蟹苗下塘到仔 IV 期，以池塘中的天然饲料生物为主，当饲料生物数量下降时，通过施用肥水王等肥料来培育池塘中的饵料生物。从仔 V 期开始，投喂蛋白含量为 42% 左右的河蟹小粒径配合饲料，经过半个月投喂后转为幼蟹饲养阶段。

(2) 水质管理　蟹苗下塘后，每 3 天加水一次，每次加水 3～5 厘米，防止水温变动较大，影响仔蟹的生长和存活。

4. 幼蟹阶段饲养管理

(1) 投饲管理

①饲料来源：商业公司生产的幼蟹用全价配合饲料。由于幼蟹培育质量对成蟹养成有较大影响，建议不用自制饲料或低值饲料。

②投饲量：幼蟹体重的 5%～8%。

③投饲方法：傍晚太阳下山时投喂，需整个池塘均匀投喂。

(2) 水质管理　保持蟹塘池水的透明度以 40～50 厘米为宜。当透明度低于 40 厘米时，排出 1/3 或 1/2 底层水，注入新水。注入的新水在增加溶氧的同时减少了池水中的有机物含量，这是改良水质的最直接、有效的办法。

每月定期用生物制剂或底质改良剂进行水质改良，使用方法可按产品说明书。

(3) 日常管理　日常管理上坚持做好"四查""四勤""四定"和"四防"工作。四查：即查蟹种吃食情况、查水质、查生长、查防逃设施。四勤：即勤巡塘、勤除杂草、勤做清洁卫生工作、勤记录。四定：即投饲要定质、定量、定时、定位。四防：即防敌害生物侵袭、防水质恶化、防蟹种逃逸、防偷。

5. 蟹种起捕

蟹种起捕可采用如下两种方法：一是冲水起捕法。在清晨或上午给池塘排水，傍晚时向池塘冲水，在冲水口放一个水缸，利用幼蟹逆水爬行自动掉入水缸后，用抄网捞取幼蟹即可。二是草堆起捕法。在蟹种池塘内均匀放置用水花生等堆积的草堆，然后用抄网起捕草堆下的蟹种即可。

（五）"江海21号"成蟹池塘养殖

1. 池塘条件

池塘形状规范，塘埂坚实不漏水，池埂坡比1：3，池底平坦少淤泥，池塘进排水系统完善。面积10～40亩均可，平均水深1.0～1.5米。

2. 蟹种放养

（1）放养准备　在冬季，清除池塘过多的淤泥，并经阳光暴晒1个月。蟹种放养前一个月，每亩用生石灰100～150千克，化浆后全池泼洒。

（2）蟹种放养

①蟹种质量要求：规格整齐、肢体健全、反应敏捷、行动迅速、体表无附着生物和寄生虫、无病斑、无早熟，规格一般以100～160只/千克为宜。

②放养时间：春节前后。

③放养数量：根据养殖规格与产量情况，合理确定放养密度，一般以600～1200只/亩为宜。

3. 水草种植

（1）水草种类　当前成蟹养殖的主要水草种类有伊乐藻、轮叶黑藻和苦草。

（2）种植方法

①伊乐藻的种植时间和方法：通常在1月下旬至2月初，水温在5～10℃为伊乐藻的最佳种植时间。将池塘水排干，施有机肥

50～100 千克/亩用于草体生长。种植时每 5 列为一组，列间距 1 米，组间距 5 米，每株草 1.5～2.0 千克，株间距 1 米。伊乐藻全部种植好后再加水 30 厘米。

②轮叶黑藻的种植时间和方法：4 月初水温为 10～15℃时，每 5 列为一组，列间距 1 米，组间距 5 米，每株草 1.5～2.0 千克，株间距 1 米，全部种植好后加水，将水草淹没即可。

③苦草的种植时间和方法：4 月中旬水温为 10～15℃时，把苦草种籽浸泡、搓捻、拌入泥土或黄沙，沿着池塘周边和塘底水位浅的部分均匀播撒，每亩 0.5 千克。

4. 饲养管理要点

（1）投饲要点　饲料种类包括螺蛳、配合饲料、粗饲料（如玉米）和野杂鱼等四大类。螺蛳应在清明前投放，每亩 500 千克左右。前三次蜕壳应投喂蛋白含量在 34%～42% 的全价配合饲料；后两次蜕壳（高温季节期间）可适当投喂粗饲料，但最后一次蜕壳应以全价配合饲料为主，以提高蜕壳后的增重量；最后一次蜕壳完成后，可投喂野杂鱼等动物性饲料。有条件的地方可全程投喂野杂鱼。

（2）水草管理要点　水草种植初期要控制好水位，一般超过水草 5～10 厘米即可，对水草长势不好的池塘要及时进行补种。

高温季节要对伊乐藻进行割茬，保持藻体距水面 30 厘米左右；轮叶黑藻高温季节会出现过密情况，采取打通道的方法疏通。池塘的水草覆盖率以 60%～70% 为宜。

养殖后期应及时清除过多的水草，减少水草覆盖面积，便于捕捞及保持河蟹品质。

（3）水质管理要点　整个饲养期间，始终保持水质清新，溶氧充足，透明度保持在 30 厘米以上。适时采用底部增氧设施进行增氧，根据水质情况定期使用微生物制剂调节水质。

当池塘水质不良时，应及时加注新水，使池水长期保持在 1.2 米左右，特别是 7～8 月高温季节，可适量加水，增加池水深到 1.5

米左右，防止水草败死影响水质。

五、诺亚1号

2017年4月，中华绒螯蟹新品种"诺亚1号"获农业部颁发水产新品种证书，品种登记号为GS-01-005-2016。"诺亚1号"是由中国水产科学研究院淡水渔业研究中心与江苏诺亚方舟农业科技有限公司等单位选育而得。

图2-13　中华绒螯蟹"诺亚1号"雌性

"诺亚1号"亲本来源于长江干流江苏仪征段中华绒螯蟹野生群体。2004年底，从长江干流江苏江段收集获得中华绒螯蟹野生群体，从中挑选出选育基础群体。挑选基础群体中华绒螯蟹的要求主要有：体形健壮、附肢齐全、活力强、性腺发育良好；有4个额齿尖，额齿间缺刻深，内额齿间缺刻呈"U"形，具备长江水系中华绒螯蟹"青背、白肚、金爪、黄毛"的显著特征；雌蟹体重150克以上，雄蟹体重200克以上。采用群体继代选育技术，奇数年和偶数年同时进行，经连续5代选育而成。奇数年和偶数年F5代群体生长速度分别比对照群体快19.86%和20.72%。在相同养殖条件下，"诺亚1号"成蟹大规格率显著提高，雄蟹200克以上的比

图2-14　中华绒螯蟹"诺亚1号"雄性

例达56%以上、雌蟹150克以上比例达41%以上，分别比对照组高21%和18%。

"诺亚1号"在无锡、常州、苏州、南京、淮安、宣城、芜湖等地区进行示范应用，共生产大眼幼体约1.6万千克，累计应用面积超过2.2万亩，新增产值8500万元，新增利润2100万元。适宜在我国各地人工可控的淡水水体中养殖。

第四节　河蟹的生态习性

一、生殖洄游

河蟹一生中的大多数时间是在淡水湖泊、江河中度过的，当其性腺发育成熟后，便会成群结队地降河奔向海淡水交界的浅海地区，在那里交配、产卵和繁殖后代。这种长途跋涉的过程，就是河蟹生活史中的生殖洄游，或称为降河生殖洄游。

　　河蟹可以在淡水中生长，但其性腺在淡水中只能发育到第四期末，达到生长成熟，如继续在淡水中，其性腺发育将受到抑制，不能完成生殖过程。只有在适当的盐度刺激下，河蟹的性腺才能由生长成熟过渡到生理成熟，性腺才能发育到第 V 期，从而实现雌雄蟹交配、雌蟹怀卵、繁殖后代。因而生殖洄游是河蟹生命周期中的一个必然阶段，对种族延续有重要的生物学意义。

　　蟹苗在淡水中生长发育，一般经两秋龄接近成熟，开始生殖洄游的时间大致在 8～12 月。在长江中下游地区，洄游时间一般在 9～11 月，高峰期集中在寒露（10 月 10 日前后）至霜降（10 月 25 日前后）。这一阶段，有大量发育趋于成熟的河蟹从江河的上游向下游河口迁移，渔民们乘机捕捞，就形成了所谓的"蟹讯"。

　　河蟹在生殖洄游之前，多隐藏在洞穴、石砾间隙或水草丛中，蟹壳呈浅黄色，被人们称为"黄蟹"。从外部看，雌蟹腹脐尚未充分发育，没有完全覆盖住头胸甲腹面，雄蟹螯足上的绒毛连续分布不完全，步足刚毛短而稀，性腺发育也不完全，生殖腺指数（性腺重量占体重的百分比）较小，因此，黄蟹属于幼蟹阶段。黄壳蟹经成熟蜕壳，性腺发育迅速，体躯增大，蟹壳也由浅黄色变为墨绿色，称为"绿壳蟹"，便开始生殖洄游。也有些黄蟹在洄游的过程中蜕壳而成为绿蟹。河蟹由"黄壳"变为"绿壳"是其性腺发育成熟的一种标志。性腺发育成熟的绿壳蟹，雌性腹脐变宽，可覆盖住头胸部腹面，边缘密生黑色绒毛；雄性螯足绒毛丛生，连续分布完全，显得强健有力，步足刚毛粗长而发达。性腺指数明显提高，可为生殖蜕壳前的数倍。

　　河蟹在性腺发育接近成熟后，就不能继续生活在淡水中，必须寻找盐度较高的水域环境，而使其体内外渗透压达到新的平衡。性腺发育是导致河蟹进行生殖洄游的内在因素。而盐度、水温变化、水流方向则是河蟹能顺利完成洄游的外界因素。盐度的变化，可影响河蟹渗透压，并促使其性腺进一步发育，盐度不够，河蟹将继续向河口地区洄游，直至达到适合的盐度才停止洄游。

在封闭的湖泊中，因为没有出水口，河蟹洄游就较困难，必须翻坝越埂，而在能放水的湖泊、水库中，成熟河蟹沿着水流的排放，顺水而下，奔向河口，完成降河生殖洄游，水流对河蟹洄游起着导航的作用。温度则是影响河蟹洄游的又一个外界因素，俗语说"西风响，蟹脚痒"，当西风吹起、水温开始降到河蟹的生长适温以下时，成熟的河蟹即抓紧时机向河口洄游，并随着水温的下降，河蟹的活动能力也下降。河蟹一生有两次洄游：一次是蟹苗由河口顺着江河溯江而上，进入湖泊等淡水水域生长发育的过程，称为溯河洄游；另一次是江河洄游，也称生殖洄游，是指在淡水中生长发育成的成蟹，从淡水洄游到河口附近的半咸水水域中繁殖后代的过程。

二、栖息习性

河蟹喜穴居和隐蔽在石砾、水草丛中。河蟹营穴能力很强，洞穴一般呈管状，底端不与外界相通。洞口形状呈扁圆形、椭圆形或半圆形等。穴道长度 20～80 厘米，甚至 1 米以上。

河蟹从幼蟹阶段起就具有穴居习性。穴居既可防御敌害的侵袭，又可越冬，是对自然界的一种适应。河蟹通常栖居江河湖泊岸边和水草丛生的地方，有打洞穴居特性，一般白天隐蔽，夜晚出来觅食，晚间有趋光特性。河蟹对水流十分敏感，秋末冬初性成熟后开始生殖洄游，并进入海水与淡水交界处交配产卵。

三、蟹的食性

河蟹为偏动物性的杂食性动物。动物性饵料有鱼、虾、螺蚬、蚌肉、畜禽下脚料等。植物性饵料因地域不同而异，品种非常丰富，有轮叶黑藻、苦草、浮萍、马来眼子菜等水草以及豆饼、花生饼、南瓜、小麦、玉米等饵料。但长期以来这些饵料营养单一、采食不完全、残饵污染水环境已成为河蟹养殖的制约因素，因而，投喂营养全面、诱食性好、低残留的优质河蟹配合饲料成为当务之急。河蟹又有同类相残（杀）的习性。这既为池塘养蟹创造了方便条件，也增加了麻烦。

四、生长与蜕壳

蜕壳不仅是发育变态的一个标志，也是个体生长的一个必要步骤。故在河蟹的生命史上，蜕壳的重要意义是显而易见的。河蟹蜕壳一次，体形有明显的增长。例如，一只体长 2.5 厘米，体宽 2.8 厘米的小蟹，蜕壳后，体长增长到 3.4 厘米，体宽增大到 3.5 厘米；一只体长 5.2 厘米，体宽 5.6 的大蟹，蜕壳后，体长增大到 6.2 厘米，体宽增大到 6.5 厘米，长与宽增加近 1 厘米。河蟹就是这样蜕一次长一次的，直至变为"绿蟹"，蜕壳才终止。"绿蟹"在完成繁殖子代的历史使命后，个体趋向衰老，之后即死亡，据此通常认为河蟹的生命不过 2～3 年。

五、呼吸、感觉与行动

河蟹的神经系统和感觉器官比较发达，对外界环境反应灵敏，它能在地面上迅速爬行，也能攀高和游泳。感觉器官尤以视觉最为敏锐，这主要是复眼的功能。河蟹也是一种昼伏夜出的动物，一般白天隐蔽在洞穴中，夜晚则出洞活动觅食。

自切与再生：河蟹受到强烈刺激或机械损伤时，常会发生自切现象，这是一种保护性的适应，因为自切的附肢会再生。

六、年龄与寿命

河蟹的寿命到底有多长。一般来说，河蟹寿命为 3 虚龄、2 足龄，24 个月。生长在沿海的河蟹，有一部分当年就可以达到性成熟，个体重只有 10 多克，寿命只有 1 年。有些远离海边的地方，如新疆等地，河蟹寿命达到 3～4 年的屡见不鲜，这主要与河蟹生长环境因素有关。河蟹生殖一结束，生命亦近终止。因此，河蟹养殖应年年放养幼蟹，才能年年有蟹捕。

第五节　河蟹各生长发育阶段的特性

一、河蟹生长发育阶段的划分

河蟹的生活周期分为溞状幼体、大眼幼体（蟹苗）、仔蟹（豆蟹）、蟹种（扣蟹）、黄蟹、绿蟹和抱卵蟹七个阶段。幼体发育过程中，有显著变态，每次变态和增长都要经过蜕皮，整个幼体期分为溞状幼体、大眼幼体和仔蟹三个阶段。溞状幼体在温度14～24℃、盐度20‰左右的海水中，通过约30天的培育，经5次蜕壳成规格为12万～16万只/千克的大眼幼体。大眼幼体在淡水环境中经1次蜕壳成Ⅰ期仔蟹，再经过180天的培育，可育成规格为100～200只/千克的1龄蟹种。翌年在成蟹养殖水域生长成成蟹。正常养殖河蟹寿命2年，亲蟹在幼体孵出后陆续死亡。从发育生物学角度，河蟹分为性腺发育、交配产卵、胚胎发育、幼体发育和成体发育五个阶段。

二、河蟹的生活史

河蟹在淡水中生长，在海水中繁殖。它的一生依次经历溞状幼体、大眼幼体（蟹苗）、仔蟹（豆蟹）、幼蟹（稚蟹）、蟹种（扣蟹）、黄蟹、绿蟹、抱卵蟹及软壳蟹等阶段。通过长期的自然选择，河蟹形成了适应自然环境的多种生态习性。

河蟹的生活史是指从精、卵结合，形成受精卵，经溞状幼体、大眼幼体、仔蟹、幼蟹、成蟹，直至衰老死亡的整个生命过程。

河蟹在淡水中生长育肥，每年秋冬之交，成熟蜕壳的河蟹（长江流域一般为2秋龄）须成群结队向河口浅海处迁移，这种种群大迁移称生殖洄游。在迁移过程中，性腺逐步发育，在咸淡水性腺发育成熟，并完成交配、产卵和孵化等过程。孵出后的苗体呈水溞状，称溞状幼体。

　　溞状幼体生活在半咸水环境中，处于浮游生活状态，经过5次蜕壳后变态为大眼幼体，俗称蟹苗。大眼幼体具明显的趋淡性、趋流性和趋光性，大眼幼体由单纯的浮游生活过渡到能游泳又能在陆地上爬行，随潮水由半咸水进入淡水江河口，蜕壳变态为Ⅰ期仔蟹。然后继续上溯进入江河、湖泊中生长，通过若干次蜕壳，逐步生长为幼蟹（蟹种）。幼蟹又经多次蜕壳，进入成蟹阶段。在最后一次蜕壳前，其背壳呈土黄色，称为黄蟹；成熟蜕壳后，称为绿蟹。河蟹进入绿蟹阶段后，性腺迅速发育，开始向浅海处生殖洄游。由此可见，河蟹必须由淡水进入咸淡水繁殖、育苗，幼体又重新进入淡水中生长、育肥。现以长江水系中华绒螯蟹为例，阐示河蟹生活史（图2-15）。

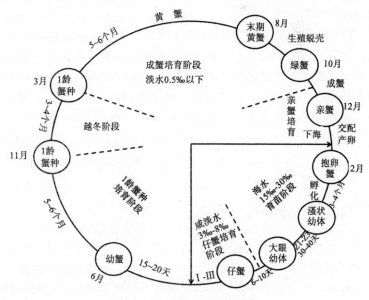

图2-15　河蟹生活史示意图

三、河蟹繁殖特性

性腺发育：由大眼幼体蜕变的幼蟹，在淡水中生长 16 个月左右，经过许多次蜕壳，个体增长十分显著，但尚未到性成熟阶段，渔民称这种蟹为"黄蟹"。而把"黄蟹"最后一次蜕壳后性开始成熟的河蟹称为"绿蟹"。自寒露至立冬，河蟹开始生殖洄游，这一阶段性腺发育迅速。立冬以后，性腺完全发育成熟，此时的河蟹经历交配，不久，雌蟹即可产卵。但是，如果外界环境条件得不到满足，卵巢就会逐渐退化。

交配：每年 12 月至翌年 3 月，是河蟹交配产卵的盛期，在水温 5℃以上，凡性成熟的雌雄蟹一同放入海水池中，即可看到发情交配。河蟹还有多次重复交配的习性，甚至怀卵蟹也不例外。水中盐度只要有 0.17‰左右时，成熟亲蟹就能频繁交配，这说明河蟹交配对盐度的要求并不苛刻。

产卵：交配后一般在水温 9～12℃时，经 7～16 小时产卵。卵黏附在腹肢内肢的刚毛上。腹部携有卵群的雌蟹，称为怀卵蟹或抱籽蟹。河蟹在淡水中虽能交配，但不能产卵，故海水盐度是雌蟹产卵受精的一个必需外界环境条件。海水盐度在 8‰～33‰，雌蟹均能顺利产卵，盐度低于 6‰则怀卵率降低。体重 100～200 克的雌蟹，怀卵量 5 万至 90 余万粒，也有超过百万粒的。河蟹第二次怀卵时，卵量普遍少于第一次，只有数万至十数万粒，第三次怀卵时，只有数千至数万粒。

四、河蟹幼体特性

（一）溞状幼体的生活习性

1. 栖息环境

河蟹一生要经过半咸水（或海水）和淡水两种不同的水环境。半咸水或海水是河蟹交配、抱卵、胚胎孵化和溞状幼体生活的必要条件，溞状幼体若进入淡水就会立即麻痹死亡。

2. 运动

溞状幼体的运动方式有两种，其一是附肢的划动，特别是两对较大的颚足的划动，使溞状幼体具有较弱的游泳能力；其二是腹部的屈伸，造成弹跳式的运动。两种运动的定向能力较弱，所以溞状幼体基本属浮游性生活，但有适宜的光照引诱和食物引诱时，方向性也很明显，所以溞状幼体有趋光性和集群性，后期溞状幼体还有较强的溯水能力，表明溞状幼体具有一定的游泳能力，意义在于摄取食物。

3. 摄食

溞状幼体的摄食有滤食和捕食两种方式。滤食主要由于两对颚足不断划动，形成于腹中线由后向前的一股水流，夹带着藻类和有机颗粒流经两对小颚，在小颚的众多刚毛的滤取下形成食物团，送入大颚片"咀嚼"后送入口中。尾叉前后摆动可以将轮虫、卤虫无节幼体带至颚足和大颚处，然后吃掉。

4. 呼吸

溞状幼体期尚未发育鳃组织，呼吸作用主要在无甲裸露的附肢进行。颚足的不断颤动，也有满足呼吸的生理活动意义。因此其需要在溶氧高的环境中生活。当环境溶氧水平还在其窒息点以上时即可能造成溞状幼体缺氧死亡，特别当底部沉积大量有机物时也易造成溞状幼体夭折。

5. 向光性

溞状幼体对光照强度比较敏感，强光照时为负向光性，弱光照时为正向光性。所以早晚光照较弱时溞状幼体都在水表层活动。向光性和其饵料生物的习性有关，也是对食物关系的一种适应性。

（二）大眼幼体的生活习性

1. 大眼幼体栖息习性与运动

大眼幼体具发达的游泳肢，游泳速度很快，由于平衡囊的发育，能平衡身体作直线的定向游动。由于大螯和步足的发育，有很强的攀爬能力，可以在水底爬行，还可攀附于水草茎叶上。大眼幼体已具有鳃和鳃腔，可以短时离水生活，常附于水草上、池壁上，运输时可采取干法运输。大眼幼体具备调节体内渗透压能力，适应于淡水生活，表现向淡水浅滩生活习性，自然条件下群集于江河、湖泊的岸边浅水区。

2. 大眼幼体食性

大眼幼体可滤食水中细小的浮游生物，也可捕食较大的浮游动物，如淡水枝角类、桡足类，靠螯足可以捕捉大于自身体积的卤虫和其他食物。大眼幼体凶猛，运动、捕食能力强，会捕捉溞状幼体或较弱的大眼幼体为食。生产中需要提供充足的饵料来源，避免大眼幼体残食同类。

3. 大眼幼体向光性

大眼幼体有较强的向光性，除直射光外，都喜在水表面活动。在晚上，可用灯光引诱使其密集。所以必须在大眼幼体期利用其向光性从育苗池中收获，因为仔蟹不表现向光性。

五、仔蟹特性

仔蟹由大眼幼体蜕皮变态而成，外形已接近成年河蟹为椭圆形，但额缘和侧缘还没有达到成蟹的程度。仔蟹运动方式转为在水底及附着物上匍匐爬行，体重已达 10 毫克左右，喜欢顶微流水爬行，当流速超过一定限度时，即"随波逐流"地表现为边漂浮边爬行的运动方式。据此，仔蟹暂养池不宜过深，一般 20～30 厘米即可。因水深压力大，对于刚蜕皮的"软壳蟹"而言，易造成窒息死亡。仔蟹的昼夜活动节律已与成蟹相似，表现为白天喜欢栖息在阴暗处或隐蔽物中，傍晚出来进行频繁地觅食活动。仔蟹也为杂食性，因新陈代谢旺盛，食量也较大。仔蟹有白天隐蔽的习性，也有打洞穴居的习性。具备较强的逃逸能力，即使光滑的玻璃或水泥墙，只要其上有水迹，仔蟹便能攀爬而上。仔蟹的生长速度直接与水温、饵料等环境因素有关，水域条件适宜、饵料丰盛时，仔蟹一般每隔 5 天左右蜕皮一次。

六、幼蟹特性

仔蟹经三次蜕皮成为幼蟹后，与蟹种一样习性，已接近成蟹。首先是具有穴居习性，喜欢掘洞；其次是食性上与成蟹接近，为杂食性；再次就是具有较强的逃逸性和昼伏夜出的习性，还喜欢寻找附着物攀爬或栖息。培育幼蟹要依据其生态习性进行，养殖设施就是据此建设的模仿天然环境的人工设施。

第六节 河蟹的蜕壳与生长

一、河蟹的蜕壳

河蟹的生长过程，总是伴随着幼体的蜕皮或幼蟹的蜕壳而进行的。这是因为河蟹是节肢动物，具外骨骼，外骨骼的容积是固定的，当河蟹在旧的骨骼内生长到一定阶段，积贮的肌体已发展到旧外壳不能再容纳时，河蟹必须蜕去这个旧"外衣"，才能继续生长。将要蜕壳的河蟹，背甲呈黑褐色，停止摄食，选择安静隐蔽的浅水处进行蜕壳。

河蟹伴随着蜕壳而逐步生长，每蜕壳一次，体重和体积就跃增一次，它与鱼类的平稳递增生长不同，其增长的规律是阶梯式的。河蟹躯体被一层几丁质外壳包裹，要生长必须蜕壳，不但蜕去坚硬的外壳，而且胃、鳃、前肠、后肠等器官也一并蜕去旧皮，连"胃磨"中的 3 块点板也都去旧更新。河蟹一般在 15～30 分钟就可以完成一次蜕壳过程，有时 3～5 分钟完成。河蟹每蜕壳一次，头胸甲长各增加 1/4～1/6，体重可增加 30％～50％。成蟹的养殖生长期，根据实际观察，体重5～10克的蟹苗，自春季3月下旬开始放养，一般蜕壳5～6次后达到性成熟，至10月份上市可达150～165克，增重10～15倍。

（一）河蟹蜕壳原理

河蟹的蜕壳由蜕壳素支配，蜕壳素又叫蜕壳激素，是一种类固醇激素，它存在于蟹、虾等体内，是一种内分泌激素。蟹体头部的Y-器官产生蜕壳激素，眼柄的X-器官产生蜕壳抑制激素，这两种激素同时受中枢神经系统控制，调节机体内部的生理平衡。X-器官位于眼柄中下部，是神经系统的一部分，外界环境由神经作用于X-器官，可以影响蜕壳周期。

在养殖生产中，判断河蟹是否要蜕壳，可采用以下方法：

1. 检查河蟹体色

蜕壳前河蟹体色深，呈黄褐色或黑褐色，步足硬，腹甲水锈（黄褐色）多。而蜕壳后，河蟹体色变淡，腹甲白色，无水锈，步足软。

2. 看河蟹规格大小（以放养相同规格的蟹种为前提）

蜕壳后壳长比蜕壳前增大20%，而体重比蜕壳前增长了近一倍。在生长检查时，捕出的群体中，如发现了体大、体色淡的河蟹，则表明河蟹已开始蜕壳了。

3. 看池塘蜕壳区和浅滩处是否有蜕壳后的空蟹壳

如发现有空壳，即表明河蟹已开始蜕壳了。

4. 检查河蟹吃食情况

河蟹在蜕壳前不吃食。如发现这几天投饵后，饵料的剩余量大大增加，如未检查出蟹苗，则表明河蟹即将蜕壳。

（二）影响蜕壳的因素

1. 天气影响

连续阴冷或者连续光照、高温，都会推迟蜕壳时间，比如当地上年受到倒春寒影响，气温持续偏低的影响，积温少，河蟹第一次蜕壳比常规年份延迟 20～30 天，而且蜕壳效果不好，产生蜕壳不利，造成畸形或死亡现象。

2. 饵料影响

河蟹生长期饵料一直缺乏，河蟹长期饥饿，蜕壳有可能停止，饵料和水环境中缺乏某些动物性营养元素（如钙、磷）也会妨碍新甲壳形成，造成蜕壳延期。

3. 环境影响

河蟹蜕壳中遇到惊扰、干旱、附着物缺乏等，蜕壳的时间会延长或蜕壳不成功。有时 1 只或 2 只前足蜕不出，仍留在旧壳中，这时的软壳蟹就缺少 1～2 只步足，有时整个身体不能从旧壳蜕出而死亡，称蜕壳未遂死亡。河蟹刚蜕壳，称为软壳蟹，是生命中最薄弱的时期，一般经过 1 个小时后才能活动，1～2 天后新壳变硬，正常生长。河蟹在蜕壳过程中或刚蜕壳的软壳蟹会遇到敌害的侵袭和同类的残食，影响成活率。

（三）抓好第一次蜕壳管理

河蟹成活率的表现，第一关就是越冬后蟹苗第一次蜕壳的成活率。如果经第一次蜕壳能正常活下来，那么成蟹养殖全过程中，蟹种成活率达 80％以上的把握是有可能的。

经抽样调查，养殖户大多放河蟹苗规格在 120～140 只/千克，清明期间河蟹已经处于第一次蜕壳高峰期。在人工养殖河蟹过程中，为避免发生河蟹蜕壳障碍，可采取相应的管理措施，使河蟹顺利、按时完成蜕壳，具体有以下几种：

（1）采取设置蟹礁，投放水草等措施保护蟹蜕壳；

（2）向池塘泼洒一定量生石灰水，使水中的钙硬度维持在 50 毫克/升；

（3）增加动物性饲料，如鱼肉与蚌肉，特别是螺蛳，其钙、磷含量特别高；

（4）在人工饲料中添加 0.1％的蜕壳素，能使蟹种提早蜕壳或同步蜕壳。

除了做到以上几点外，还需保持水体合理的肥度，水草的密度，并可饲料中添加些钙、氨基酸等营养添加剂。到夏季高温季节，应经常补充外河水，使池水降温。

二、河蟹的生长

河蟹的生长过程是伴随着幼体蜕皮、仔幼蟹或成蟹蜕皮进行的，幼体每蜕一次皮就变态一次，也就分为一期。从大眼幼体蜕皮变为第一期仔蟹始，以后每蜕皮一次河蟹的体长、体重均作一次飞跃式的增加，从每只大眼幼体 6～7 毫克的体重逐渐增至 250 克的大蟹，至少需要蜕壳数十次，而每蜕一次壳都是在渡过一次生存大关。

河蟹蜕壳时需吸收大量水分，因而在蜕壳过程中质量明显增加，在以后的生长中，水分的失去却是缓慢的，并逐渐为组织生长所代替，河蟹生长的速度受环境条件，特别是水温和饲料的制约。通常，早期幼蟹蜕壳次数较为频繁，刚入湖泊的大眼幼体，以后每隔 5～7 天或 7～10 天相继蜕壳而成第 2、第 3 期仔蟹，随着不断生长，蜕壳间隔时间逐次延长，如果环境条件不良，蜕壳生长停止，这也是同龄个体在不同条件下体形相差悬殊的原因所在。第 1 次、第 2 次、第 3 次河蟹蜕壳后，应进行杀虫、消毒，间隔时间大体上是一个月左右一次，对池塘进行一次消毒预防纤毛虫病、鳃病、烂肢腐壳病等病害，根据以往蜕壳时间，一般第 3 次蜕壳期在 5 月下旬至 6 月上旬。

河蟹生长与水体，饲料中的钙、磷关系密切。有关试验表明，刚蜕壳的软壳蟹，体重比未蜕壳前增加 30%～40%，这段时间多则 1 个小时，少者数分钟，依靠鳃吸收大量的水以及水中的无机盐类。在自然界的池塘或湖泊中，软壳蟹 1～2 天壳就变硬。如果放入蒸馏水中饲养软壳蟹，河蟹在水体中吸收钙离子的能力要比吸收配合饲料中钙和磷的能力强。河蟹蜕壳前夕要求壳中钙总量与体内钙的总量相等，同时河蟹体中的磷总量是壳中含磷的52.2倍。

　　为了配合河蟹较好地生长、蜕壳，在精养蟹池中每亩（平均水深1米）每周施氯化钙5千克，磷酸氢钠2.5千克（或者生石灰或过磷酸钙），河蟹的配合饲料中必须考虑钙和磷的比例，氯化钙和磷酸氢二钠比例为2∶1，才能保证河蟹生长、蜕壳的物质需要。

第三章　河蟹生态养殖技术

第一节　河蟹生态养殖

"十三五"规划提出，坚持把建设资源节约型、环境友好型社会作为加快转变经济增长方式转型的重要着力点。随着人们对产品质量和生态环境的日益重视，水产养殖走向环境友好型、资源节约型发展将成为必然。然而，由于工业化与农业现代化的进程，水环境压力日益呈现，伴随着片面的追求高产高效，养殖耗费的水资源增多，外源投入品加大，鱼类疾病频繁发，不仅影响了水产品的质量，更难以保证水产养殖的可持续发展。

从生态学观点分析，通过人为调控养殖水体中各生物配比，为生物营造合适的生存条件，使各种生物之间相互适应以及对环境适应，使各种生物互惠互存，协同共生，水体中物质流和能量流就能顺畅疏通，水生生态系统即能达到良性平衡。

按照自然界自身规律去强化自身自净能力，合理利用养殖水体，这是人与自然和谐相处发展的选择。但随着工业化与农业现代化的进程，我国渔业水域生态环境的污染已非常严重，在现阶段情况下，养殖环境恶化，鱼病发生率较高，外源投入品量大，水产养殖耗费的水资源增多，这些从根本上影响了水环境和水产品质量，限制了水产养殖的可持续发展。在贯彻落实科学发展观，发展资源节约型、环境友好型水产养殖理念的指导下，重点开展养殖环境修复技术的研究与应用已成为迫切需要。

一、河蟹生态养殖概述

实践证明，发展水产业不仅有利于改善人民食物结构、提高全民族健康水平，而且有利于调整农村产业结构，合理开发利用国土水域资源；有利于增加国家财政收入，有利于促进与水产业相关的产业发展。但是，由于水产养殖自身的生态结构和养殖方式的缺陷使得大部分养殖存在着许多环境问题，已经越来越受到人们的关注。国内外许多学者针对淡水养殖对水环境可能产生的影响进行了研究，归纳起来有这样几个方面：氮、磷等营养物的释放，造成局部水富营养化；各类化学药品和抗生素的使用污染了水域环境；一些生物栖息地遭到破坏，干扰了野生种群的繁衍和生存，使生物多样性减少。

河蟹在我国渤海、黄海及东海沿岸诸省均有分布，但是以长江口的崇明岛至湖北省东部的长江流域及江苏、安徽、浙江和辽宁等地区为主产区。河蟹营养丰富，风味独特，备受国内外市场青睐，是我国水产养殖的重要对象。自从我国推广河蟹人工养殖后，河蟹产量猛增，已经成为全球主要经济蟹类之一。1993年全国河蟹养殖产量仅为1.75万吨，到2015年已增长40多倍。

而随着河蟹养殖面积、生产规模和国内外知名度不断扩大，养殖产量的急剧增加和集约化程度的不断提高，许多潜在的技术与管理问题也逐步暴露出来。一是主要盲目追求养殖效益，过多外部投入造成养殖水体内污染物恶性循环；二是养殖环境恶化，病害日趋严重，药物滥用，严重影响河蟹的品质；三是水质污染严重，限制养殖业的整体发展。池塘养殖由于养殖密度高、投饵量大，鱼类进食后留下的残饵以及排泄物量也大，向周围环境排出的污染物总量也很大，长期养殖生产对附近水体质量影响很大，个别地方只考虑短期的利益而盲目发展，严重超过养殖容量，造成大面积水域污染，已严重影响到当地居民生活与生产用水。

　　河蟹因其具有独特的风味、营养和经济价值而越来越受到广大水产养殖者的青睐。其养殖规模逐渐扩大，2015 年全国河蟹养殖面积约 120 万公顷，河蟹产量约 82.3 万吨，产值达到近 800 亿。随着水产养殖的发展，养殖水域的富营养化日趋严重，导致水体水质恶化，由养殖本身引发的环境问题逐渐突显。发展水产养殖，是否就一定污染环境，关于这一问题一直存在争议。陈家长等 2012 年报道，传统河蟹池塘养殖模式会引起周围水环境氮磷含量上升。但吴伟等 2013 年研究指出，合理的池塘生态养殖模式可以保证其对环境无影响。尽管各地湖泊围网养殖河蟹面积在压减，但缩减河蟹养殖面积的湖泊水质未见好转；池塘养殖面积虽有所增加，但采用生态养殖方式的池塘水质却优于采用传统养殖方式的池塘水质。

　　面对如今水体不断出现的养殖水体富营养化问题，国内的河蟹相关科研人员开展了各种生物净化的研究。其中大多是通过将养殖尾水排放流至种植了大量水草的"人工湿地"，利用水生植物吸收营养元素，达到净化水质的效果。而除了种植水生植物外，种植水生经济蔬菜等同样能吸收营养元素，同时还能产生更高的经济价值，通过多种养殖方式和种植模式整合水体资源，使河蟹养殖真正成为和谐可持续发展生态渔业。

二、河蟹生态养殖的基本原理

（一）河蟹生态养殖基本原理

　　养蟹水域的生态系统由消费者（蟹、鱼、虾等）、分解者（微生物）、生产者（水生植物）三个部分组成。河蟹生态养殖的基本原理就是保持养殖水体中消费者、分解者和生产者三者之间的能量流转和物质循环渠道的畅通。

　　河蟹的生态养殖，就是模仿天然水域中河蟹与环境的依存状态，应用生态学管理原则协调水体生态系统中的各种水化学因子与生物因子的关系，即调控河蟹与生物、非生物环境之间的关系，从而生产出优质河蟹的养殖方式。

传统的养蟹技术：养蟹水域的生态系统中消费者过大，而分解者、生产者过小，进而产生物质循环的瓶颈，致使大量有机物退出物质循环，沉积在水底，形成淤泥。这些淤泥有机物多、氧债高，亚硝态氮和氨氮大量积累，有害细菌大量滋生，河蟹无法正常生长。

河蟹生态养殖就是改善养蟹水域的生态环境，大量种植水生植物如水草等，让其吸收有害物质，增加水体溶氧。有益微生物大量生长繁殖，改善水质，将污染源分解、降解成营养素，被水生植物、浮游植物利用，形成生产力、生产溶氧，形成良性循环的水生态系统，促进河蟹健康生长，提高河蟹品质。

（二）河蟹养殖对水体系统影响

1. 河蟹养殖对水体负面影响

国内外许多学者从生态学观点出发，把淡水养殖系统作为生态系统来研究，利用水产养殖生态系统内生物与环境因素之间，以及生物与生物之间的物质循环和能量转换关系，加以有目的的人工调控，建立新的生态平衡，使自然资源得到有效利用，以充分发挥其淡水养殖生态效益、经济效益和社会效益，使淡水养殖系统成为具有良好的生态、经济、社会效益的综合体。国内外学者针对养殖户片面追求高产，采用高密度养殖，投放过量饵料的养殖模式对水环境产生的影响进行了研究，主要结果有：

（1）围网、网箱养殖对水质的主要影响是增加了水体悬浮物和营养盐，减少围网网箱区和周围溶解氧。由于投饵、网内鱼蟹类的呼吸作用和排泄废物中有机物的分解，网区的总悬浮物、总氮、总磷等一般均高于非养殖区，一定程度地增加了水体营养物的总浓度，导致水体的富营养化。

（2）围网网箱区中由于未被消耗的部分饵料和鱼蟹排泄物沉积到水体底层，底泥中有机物增加导致底质理化指标发生改变。主要表现在沉积残饵使底泥沉积物的有机质增加最显著，同时底泥中硫化物、总氮、总磷、化学需氧量、无机氮和无机磷比非养殖区明显偏高。

（3）由于围网网箱区投喂饵料后水体中营养物质逐渐增多，浮游植物开始大量繁殖，随着养殖时间的延伸和规模的不断扩大，水体中营养物质富集，水质恶化，光照下降，浮游植物数量减少。此外，围网网箱对浮游动物、底栖动物及鱼类数量也都有很大的影响。

2. 河蟹养殖对水体正面影响

在河蟹养殖实践中，也有养殖水体水质明显好于周边水源的情况出现，从理论和实际看综合应用各种物理与生物修复技术，是可以实现养殖、环境效益和谐统一的。有报道指出，只要河蟹的放养密度适宜，投饵科学，其对环境基本无影响，甚至还可净化一部分水质。多年的养殖实践经验表明，通过合理的养殖和生态调控，实现河蟹养殖用水低排放是可行的。因此，并非河蟹养殖有氮磷排放就认为河蟹养殖需要禁止，而是只有提倡河蟹开展生态养殖，通过立体种养，通过多种途径整合资源，构建和谐生态位，对养殖用水进行合理利用，才是河蟹养殖最终的出路。

三、河蟹生态养殖意义和重要性

现行的河蟹水产养殖技术多建立在以往常规鱼类养殖模式下，单纯从追求养殖产量和经济效益出发，忽视生态养殖，但实际结果非但达不到所追求的高产高效，反而造成了自身养殖环境的严重恶化，进一步造成河蟹病害频发，产量下降，继而影响了河蟹养殖产量和经济效益，同时还对养殖区的水环境产生了不良影响，造成水质污染，可以说，河蟹常规养殖模式遇到了前所未有的发展瓶颈。

池塘养殖生态系统本身就是一种结构简单、生态缓冲能力脆弱的人工生态系统，只有优化养殖水域生态结构，将具有互补、互利作用的养殖系统合理组合配置，减小或消除水产养殖对水环境造成的负面影响，提高整个水体的养殖容量，达到结构稳定、功能高效，同时好的养殖环境才能减少河蟹病害的发生，减少抗生素及其他化学药物的应用，才能生产出绿色、安全的河蟹水产品，保证广大人民的身体健康。因此要主动调整发展思路，以低消耗、低投入、低污染为发展目标，才能突破现有瓶颈。

现代社会越来越关注生态环境与河蟹健康养殖的和谐关系，提倡从能量和物质流的平衡角度出发，充分利用蟹、螺、草之间的互利互补关系，使养殖系统内部废弃物循环再利用，最大限度地减少养殖过程中废弃物的产生，使之达到既满足了人类社会合理要求又增强了水体本身的自净能力，维持了周围水环境生态系统的平衡与更新，在取得理想的养殖效果和经济效益的同时，达到最佳的环境生态效益，实现淡水养殖的可持续发展。生态养殖包括养殖设施、苗种培育、放养密度、水质处理、饵料质量、药物使用、养殖管理等诸多方面。采用合理的、科学的、先进的养殖手段，获得质量好、产量高、无污染的产品，并且不对其环境造成污染，创造经济、社会、生态的综合效益，并能保持自身稳定、可持续的发展。可持续的健康养殖要求健康苗种培育、放养密度合理，投入和产量水平适中，通过养殖系统内部的废弃物的循环再利用，达到对各种资源的最佳利用，最大限度地减少养殖过程中废弃物的产生，在取得理想的养殖效果和经济效益的同时，达到最佳的环境生态效益。

第二节　河蟹养殖生态系统

一、河蟹池塘生态系统

河蟹养殖环境多种多样，包括池塘、湖泊、围网、稻田等等，以下仅以河蟹池塘生态系统为例来进行介绍。

　　河蟹池塘在自然状态下，是一个封闭的生态系统，其中包括溶氧、生物、鱼蟹三个子系统，这三个动态子系统又构成一个动态平衡的大系统。池塘中的浮游植物和高等植物，吸收营养盐和二氧化碳，利用太阳能制造有机物。浮游植物被浮游动物和鲢鱼等鱼类所摄食；浮游动物被鳙鱼、底栖生物被河蟹等所摄食；水生植物被草鱼等鱼类所摄食。死亡的动物、植物尸体，鱼类的代谢产物及残渣，被微生物分解成无机盐，作为浮游植物的养分，如此循环不已，共同构成一个动态平衡的池塘生态系统。

　　河蟹养殖池塘生态系统是为实现经济目的而建立起来的半封闭式人工生态系统，河蟹的生产过程沿着三个能量流转进行。第一，人工饵料和少量有机肥料为鱼类和饵料动物直接摄食；第二，有机肥料和人工饵料残余及养殖动物粪便转化为细菌和腐屑再被动物利用；第三，肥料、人工饵料残余与及养殖动物粪便分解后产生营养盐类和为自养生物所利用，并提供初级产量，后者再被动物所利用。由于养殖池塘普遍面积较小、水深较浅，营养结构简单，食物链较短，天气或气候的变化和人工调控措施能在短时间内大幅度改变池塘生态系统中的一些水化学指标以及细菌、浮游生物、原生动物的生物量和种类组成，使其生态结构和功能发生很大变化。

　　（一）生态系统重要指标

　　初级生产力是自养生物在单位时间、单位空间内合成有机质的量。它是水体生物生产力的基础，是食物链的第一环节，是反映水体渔业生产潜力的基本参数，它不仅决定池塘的溶氧状况，还直接或间接地影响其他生物和化学过程。

　　所有消费型生物的摄食、同化、生长和生殖过程，构成次级生产力，它表现为动物和异养微生物的生长、繁殖和营养物质的贮存。在单位时间内由于动物和异养微生物的生长和繁殖而增加的生物量或所贮存的能量即为次级产量。在水体生物生产过程中，具有重大意义的次级产量是异养细菌、浮游动物、底栖动物和养殖鱼虾类。

（二）河蟹池塘生态系统能量流转

河蟹养殖池塘生态系统的变化是自然演化和人为干预的共同结果，具有以下一些特点：生态系统较为简单，物质循环受阻均不畅通，养殖动物生长所需能量由人工投饵提供，基本不来自于养殖池塘生态系统内的浮游植物固定太阳能；池塘食物链简单，一般只有两条：太阳能—光能自养生物—养殖动物，投喂饵料—养殖动物；养殖池塘的自净能力差，易受污染；生态系统结构简单脆弱，养殖者对池塘生态平衡的调节起着重要的作用。

氮、磷不仅是生物体必需的两大营养元素，也是养殖水体内较常见的两种限制初级生产力的营养元素，同时作为水产养殖自身污染的重要指标，是池塘养殖水体环境的重要影响因素。河蟹养殖中为了追求高产、高效，往往投入大量富含氮、磷营养物质的饵料和肥料，远超出浮游植物生长的需求，引起水体富营养化、病害猖獗、养殖效益下降等一系列问题。河蟹池塘养殖系统中氮、磷主要来自投饵、施肥、放养生物、降水、注水以及径流。其中，人工饵料和有机肥料在氮、磷的输入上占据重要的比例，分别可以达到氮、磷总输入的 90% 以上。

进入河蟹池塘的氮、磷营养盐除少部分被池塘中的生物所同化，大部分还是以微生物解氮作用以及氨挥发、底泥氮和磷沉积、换排水和渗漏等途径输出。底泥沉积是河蟹池塘养殖系统中氮、磷输出的主要形式，其输出量在总输出量中的比例占到了 50% 以上，其次是收获后的养殖生物，也可以占到 20% 左右。

（三）河蟹池塘生态系统的物质循环

1. 河蟹池塘养殖物质输入

河蟹池塘养殖的物质输入过程主要包括以下方面：①进水。养殖池塘在使用之前大都会重新进水，而且在养殖过程中为了改善水质也要根据季节和气候变化进行换水，在水中溶解的各种物质就会随着水流而进入到养殖池塘生态环境中，并且这一部分物质会严重地影响养殖池塘的水质。②养殖动物本身。③养殖动物的饲料及养殖过程中的施肥。人工施用的养殖动物饵料为养殖动物提供了生长发育的能量，施肥则能够很好地培养养殖池塘中的各种饵料生物，这些饵料生物对于养殖动物的生长、发育起着重要的作用。④自然降水。⑤生物固氮及固炭。在养殖池塘中有大量藻类及浮游和挺水水生植物能够通过光合作用固定水中和空气中的二氧化碳而形成有机碳，在养殖池塘中还存在着一些固氮微生物，微生物能够将氮气转化为有机态氮素，这些有机碳和有机氮素一方面可能会通过食物链进入到养殖动物体内，另一方面也可能在养殖池塘中沉积，而形成污染物。除此以外，还有在养殖过程中施用的少量的各种养殖用药及水质净化剂，这些物质虽然少，但在调节养殖体系中起着十分重要的作用。

2. 河蟹池塘养殖物质输出

河蟹池塘水产养殖的物质输出过程主要包括以下方面：①换水。在养殖过程中由于养殖池塘中的污染物过多，水质变坏，严重影响了养殖动物的生长，可以将这些含有过多污染物的水换出，这样取而代之的则是一些水质较好的水，同时起到增氧的作用，能够改善养殖池塘的水质。②收获养殖动物。河蟹和搭配鱼类的捕捞也可以视作河蟹池塘的物质输出。③生物脱氮作用及生物的呼吸作用。微生物能够在厌氧条件下将水体中的氮素还原为氮气，从而能够使得氮素从养殖池塘中离开，但在养殖池塘生态环境中为了保持水体中具有较高的溶解氧供给养殖动物呼吸作用，通常在养殖过程中都要对养殖池塘的水体进行充氧，所以在养殖池塘中的厌氧环境比较少，只在较深的底泥中存在，养殖动物及养殖池塘中的其他的动植物通过呼吸作用能够将碳素氧化为二氧化碳，气态的二氧化碳能够排出养殖池塘的生态环境。

总之，当养殖池塘中物质的输入大于养殖池塘物质的输出时，该物质就会在养殖池塘中积累，当积累的该物质超过养殖池塘的净化能力时就会污染养殖池塘的生态环境。

二、河蟹养殖生态系统主要环境因子与管理

（一）河蟹池塘生态系统环境因子

1. 主要环境因子

河蟹池塘养殖生态系统中主要存在的环境污染因子：固体颗粒（残余饵料和粪便）、溶解态代谢废物（比如有机酸）、氮、磷等营养盐发生变化并产生氨氮、亚硝酸盐、硫化氢等有毒有害物质、抗微生物制剂和药物残留，以及由于营养盐量的增加和组成改变而导致水体中有机物（尤其是藻类）加速累积，产生一系列后果，包括有毒有害藻华、溶解氧耗尽、水体恶臭、水产品异味和水下植被及底栖动物损失，对水环境质量、生态系统平衡和养殖动物健康具有负面影响。

养好水产品主要靠水。水源不好和水源不足，会导致什么水产品都养不好，河蟹对水质要求则更高。近些年工业三废和农药等污染越来越严重。我国养蟹多的大江大河及流域均受到不同程度的污染，农药、渔药、蓝藻水华和养殖不科学等造成的局部污染更是严重。这些污染物对河蟹有不同程度的毒性。如非离子氨浓度达 0.9 毫克/升时，0.06 克/只的幼蟹在 96 小时之内死亡率为 50%，苯、镉超过 0.005 毫克/升，氰化物超过 0.02 毫克/升，石油类超过 0.05 毫克/升，都会对河蟹产生毒性。因此受污染严重的水域可能注入该受污染水源，导致河蟹死亡率大增。

从生态学角度看，任何生态环境对外来物质都具有一定的净化能力，能够承载一定的负荷，外来物质若超过生态环境对该物质的负荷量、净化能力，该外来物质就会对所处环境造成污染。对于河蟹养殖池塘生态环境也是如此，一方面，人类生活污水、各种工业废水、农业用水等超量排放，污染了养殖用水水源，造成养殖水质

下降，养殖环境恶化；另一方面，随着水产养殖业的迅速发展，养殖面积和规模的不断扩大，养殖产量的急剧增加和集约化程度的不断提高，养殖本身对养殖水域环境也产生了一定程度的污染。

2. 有机因子

河蟹养殖池塘底部生态环境中积累的大量有机物质、重金属、过量氮磷等污染将给养殖池塘生态环境造成严重的影响。首先，这些污染物由于长期处于水体下层，大多数情况下可能处于厌氧的环境中，在土著微生物的作用下有机污染物会产生氨氮和硫化氢等有害物质；其次，富集在底泥里的这些污染物，在一定条件下又会重新释放出来，污染水体，成为水体污染最重要的内源。

（1）氨　高浓度的有机污染物在养殖池塘的生态环境中能够被养殖池塘生态环境中的土著微生物将含氮有机物进行氨化、硝化作用而产生对养殖动物有害的氨态氮、亚硝态氮等有害物质，并且河蟹是排氨类生物，即氮素在其体内代谢的最终产物是铵态氮，并以铵态氮的形势排出体外，这样必然增加水体中铵态氮的含量。当水体环境中的氨增加时，河蟹体中氨的排出量减少，因而血液和组织中氨的浓度升高，这时河蟹可能首先减少或者停止摄食以减少代谢氨的产生，这样必然降低河蟹的生长率。水体环境中高浓度的氨可能增加了养殖动物的渗透性，从而降低体内的离子浓度。此外，氨还可引起河蟹的肾、脾、甲状腺和血液组织的病理变化。

（2）亚硝酸盐　亚硝酸盐对河蟹具有很强的毒性，亚硝酸盐能把血红蛋白中的二价铁氧化为三价铁，使得血红蛋白失去运输氧的能力，亚硝酸盐还能够氧化其他重要的化合物，高浓度的亚硝酸盐还对河蟹的器官造成损害，严重影响其生长、发育。过高的硝态氮对河蟹也具有毒性，硝态氮主要是通过影响养殖动物渗透作用和对氧的运输来影响河蟹的生长。

（3）硫化氢　在养殖池塘底部生态环境的沉积物中，由于有水在上面对其进行密封，而氧又不容易溶解在水中，再加上养殖动物的生长对氧的利用和微生物分解有机物消耗了水中溶解的氧气，所以在沉积物中很容易形成厌氧的环境，在厌氧的生态环境中微生物能够将沉积的含硫有机物分解为对养殖动物有害的硫化氢等有害物质，硫化氢对河蟹的毒性非常强，其主要的作用机制就是与河蟹血液中的血红蛋白化合，使血红蛋白失去携氧能力，造成河蟹缺氧而死亡。

（4）pH 值　养殖水体 pH 值是影响养殖种类摄食、生长的重要因子之一，稳定的 pH 值是保证稳产、高产的重要手段。原位修复中，植物生物量越多，池塘水体 pH 值也越高，水体 pH 值与植物生物量具有极显著的正相关性。这是因为水生植物光合作用吸收水体中二氧化碳，打破了水体中碳酸盐的平衡，从而引起 pH 值的增大。而在强化净化池塘中虽然植物生物量很大，但水体 pH 值只有小幅度的波动且比较稳定，主要是由于密集的水生植物漂浮在水面会阻挡阳光向水下透射，减弱水面下方水生植物和浮游藻类的光合作用，从而抑制了水体 pH 值升高。

（二）河蟹养殖外源污染

抗生素等化学药物残留和污染。在水产养殖中常使用的化学药物有相当一部分直接散失到水体中，对水体生态环境造成短期或长期的积累性影响，而药物的不规范施用及残留，在杀灭病虫害的同时，也会抑制、杀伤及致伤水中的浮游生物有益菌等，造成微生态失去平衡。一些低浓度或性质稳定的药物残留，可能会在一些水生生物体内产生累积并通过食物链放大，对整个水体生态系统乃至人体造成危害。特别是一些残留期长的广谱性抗生素的过量使用，对微生物生态和环境的影响更大。

养殖体系外源性饲料、过量施肥导致水体富营养化。由于人工饲料富含大量的无机氮磷，进入到水体中溶解，使水体中的藻类大量繁殖，产生大量的对水生生物有害的毒素，使得毒素在水生生物体内积累，达到一定程度时便可以使水生生物死亡；水体生化需氧量大大地增加，水体中溶解氧降低，能够使水生生物因缺氧而死亡，给水产养殖业带来巨大的损失。

（三）河蟹养殖内源污染

高密度、集约化水产养殖技术确实给我们带来了巨大的经济效益，但我们也应当看到，为了充分利用有限的资源，获得高产量，获取最大的经济效益，严重破坏了原有的养殖池塘生态环境，使得养殖池塘成了一个畸形的生态环境，所以其环境净化能力极差，极容易受到污染，在养殖过程中的高密度、高投饲等因素给养殖池塘生态环境带来严重有机物污染。

内源污染又称自污染，主要包括未被利用的饵料、养殖体排泄物和残骸等营养物。河蟹养殖大多都是投喂外源性食物，大量残饵和养殖体的排泄物以及养殖生物的死亡残骸等所含的营养物质氮、磷，以及悬浮物和耗氧有机物等是主要污染物，并且这些营养物可能成为水体富营养化的污染源，如果养殖水域与外界不能很好地实现水体交换，则容易产生积累性污染，从而形成底泥富集污染的恶性循环。

养殖池塘内源性污染是在人工养殖过程中，产生的污染物由于不合理处置，污染了养殖生态环境，以及养殖产生的污染物如养殖尾水的排放或扩散影响周边环境。养殖池塘的内源性污染是为了获得高产量、高效益而产生的污染，是伴随着养殖动物的生长而在养殖池塘中积累的污染物，是养殖的一种副产物，是非外界因素而产生的污染物。造成养殖自身污染的因素主要可分为营养性污染、外源投入品污染、底层富集污染。

1. 营养性污染

大量残饵、渔用肥料、养殖动物粪便等排泄物和生物残骸等所含的营养物质氮、磷以及悬浮物和耗氧有机物等是主要污染物，且这些营养物可能成为水体营养化的污染源，养殖水体的自净能力从而严重下降。水产养殖产生的污染负荷与饵料质量、饲料配方、饲料生产技术和投喂方式有关。这些固体废物颗粒可对养殖生物及水质产生潜在影响，主要包括：①直接损害河蟹呼吸器官；②堵塞废水处理生物滤器的机械，使水循环率增加而限制系统的承载力；③矿化作用产生氨及其他有害产物；④分解过程中消耗大量氧气。

2. 外源投入品污染

为了防治养殖水体生态破坏以及养殖动物疾病频发，养殖中经常施用一些药物。养殖中经常使用杀菌剂、杀寄生虫剂、杀真菌剂等防治水生动物疾病；使用杀藻剂、除草剂控制水生植物；使用杀虫剂、杀杂鱼药物、杀螺剂等消除敌害生物。还包括为提高机体免疫能力而使用的疫苗，以及消毒、改良水质、改善底质及增加生产力的化合物等，药物种类多样化、剂量增大化，药物毒性越来越强，由于不规范用药或药物本身的特点等原因，养殖水域药物残留严重，影响或减弱养殖水体自然降解净化能力。

3. 底层富集污染

河蟹池塘底层在养殖生态系统中扮演着污染物源的角色，地位不可或缺。投入的大量外源性物品，只有小部分以水产品、水生植物、浮游动植物形式存在，小部分溶解在水体中，绝大部分残留在池塘底层沉积物中。研究表明，水产养殖底泥中碳、氮和磷等含量明显高于周围非养殖水体中底泥中含量，而且经常有残饵富集，例如河蟹的残饵、粪便沉积在池底形成有机污染，深度可达 30～40 厘米，并随池龄而增加。常年养殖且未清淤的池塘中，残饵、粪便、死亡动植物尸体以及药物等有害物质在底泥中富集更为严重。底泥中的微生物残余反硝化和反硫化反应，产生氨气和硫化氢等物质，恶化养殖环境。另外，在适当条件下底泥会释放氮、磷等到周围水体中，促进藻类生长，引起水体的富营养化。

（四）生态污染与河蟹疾病关系

河蟹的疾病也是养殖池塘生态环境污染所造成的一个非常严重的后果。由于常规养殖池塘的养殖密度大，水质污染比较严重等原因，在常规养殖方式下河蟹疾病发生的特点主要表现以下三个方面：①养殖密度较大，在养殖管理等过程中极易使河蟹受伤，以致疾病较易滋生，且河蟹群体中疾病一旦发生，便会以极快的速度传染和蔓延，严重时常引起大量死亡而导致重大损失。②常规养殖的投饵量很大，饲料残留，有机物积累较多，这就容易引起养殖水体的污染与水质变坏，给病原体的滋生与繁殖创造条件，当病原体的数量与毒力达到一定程度时，就会引起流行病害发生。③长期在常规养殖模式下，如果没有合理清塘和消毒，随着养殖时间的增长，在养殖池塘生态环境中积累的有机污染物会大大增加暴发疾病的安全风险。

一般认为，养殖池塘生态环境中高浓度的有机污染物，为水体中的土著微生物提供了良好的食物，可以使水体中的微生物大量繁殖，研究证实养殖池塘总细菌数与养殖水质有较好的正相关性；其次高密度的养殖动物给这些致病菌、病毒提供了广泛的作用对象；再次，养殖池塘生态环境的污染又为各种微生物包括各种病原微生物、病毒的生长提供了生态条件；最后，养殖池塘生态环境因污染而产生的各种抑制、影响养殖动物生长的物质，影响了养殖动物的生理状态，降低了养殖动物的抗病力。总而言之，养殖池塘生态环境的污染必然会引起养殖动物的各种疾病。

河蟹疾病的频繁出现，又会进一步促进外源性药物的使用，致使致病菌的耐药性增加，给进一步防治这些疾病带来困难；更为重要的是由于用药量的明显增加，就必然增加了这些药物在养殖池塘生态环境中的残留，在养殖池塘换水时，这些药物又可以随着水流而污染周围的生态环境，沿着食物链就必然会进入到食用这些养殖动物的人体中，这样也影响了人类的健康，影响了药物的安全、合理、有效使用。

（五）河蟹养殖污染与富营养化关系

富营养化又称为水华，在海水中发生称为赤潮，是养殖池塘生态环境的普遍问题。很多研究表明，水产养殖区底泥中氮、磷的含量明显高于周围水体底泥，而且底泥中经常有残饵富集，形成有机污染，一些老化池塘中，残饵、粪便、死亡生物的残骸以及药物等化学物质在底泥中富集更为严重，并促使微生物活动的加强，增加了氧的消耗，参与反硝化和反硫化反应，这些污染物在适当条件下会释放到水体中去，促进藻类生长，引起水体的富营养化。在集约化养殖水体中，氨氮污染已经成为制约水产养殖环境的主要胁迫因子。由于赤潮或水华发生的根本原因是水体中高浓度的氮、磷等营养元素引起藻类的过度繁殖，而形成了一系列的危害河蟹的结果，所以不论是外来污染物，还是养殖污染物都会使养殖水体富营养化，从而使得最终发生水华、赤潮。

从污染发生的机制上看，由于常规养殖池塘生态环境中有机污染物严重超标，并且养殖池塘生态环境中缺乏以有机碎屑为食物的吞食型底栖动物，这些大量的有机物只能靠细菌分解，还原成含氮、磷营养盐类，这些营养盐类物质必然在养殖池塘生态环境中大量的存积，这些大量的含氮、磷营养盐类物质是水体中藻类良好的营养物质，所以藻类必然在水体中大量的繁殖；从污染物的性质而言，养殖池塘的养殖污染物基本上都是含氮、磷较高的有机污染物；从污染的范围来说，养殖池塘生态环境的污染具有普遍性，只要是高密度集约化养殖就会受到这种污染，所以养殖池塘生态环境的养殖污染物造成富营养化的能力远比外来污染物的能力强，养殖池塘成为威胁周围环境水体质量，导致周围水体富营养化的重要原因。

1. 湖泊富营养化

水体富营养化是水质恶化的主要水环境问题之一。湖泊富营养化是人类社会活动对湖泊的影响导致湖泊自然演变过程的浓缩，实际上所有的湖泊都面临着富营养化，人类的活动更是加剧了这个进程。湖泊富营养化是由于水体中的氮、磷营养物质的富集，引起藻类及其他浮游生物迅速繁殖、水体溶解氧量下降、鱼类及其他生物大量死亡、水质恶化的现象。国际上定义湖泊水体中总氮浓度超过0.2毫克/升,总磷浓度超过0.01毫克/升。湖泊水体富营养化是由于过多的氮、磷营养物质从陆地输入到湖泊中所造成的。污染源主要是工业污水和生活污水,另外,雨水冲刷也会将地面和农田的一部分营养物质带入水域环境中。氮主要是由于农业面源污染输入水体,磷主要是生活污水和工业废水的排放引起的。当然,湖泊的富营养化成因还与湖泊流域的地理、水文和气候等因素有关。正是由于这些因素的综合作用,导致湖泊水域生态系统遭到破坏,水域中营养盐浓度升高,最终形成湖泊富营养化。富营养化问题的存在严重妨碍了水体的使用功能,给经济、社会和环境造成了重大影响。在湖泊环境中,富营养化的主要危害有水体透明度降低,水体质量下降,水生生态系统失去平衡,水生物种丰富度和多样性显著减少,蓝藻、绿藻等大量繁殖,使得一层蓝绿色絮状物漂浮在水面并散发腥臭,严重影响水体景观。同时藻类死亡会分泌、释放有毒性的物质。

我国是个多湖泊的国家,面积在 1 千米^2 以上的湖泊共有 2848 个,湖泊总面积 71787 千米^2,储水总量约 7088 亿米^3,其中淡水储量 2261 亿米^3,淡水湖泊面积占 45%,占湖泊储水总量的 31.9%,是我国重要的水资源。2005 年国家环保总局公布的我国重点湖库水质污染情况显示,在重点监测的 28 个湖库中,满足Ⅱ类水质的湖库有 2 个;Ⅲ类水质湖库有 6 个,Ⅳ类水质湖库有 3 个,Ⅴ类水质湖库有 3 个,劣Ⅴ类水质湖库有 12 个。太湖、滇池和巢湖的水质均为劣Ⅴ类,主要污染指标为总氮和总磷。其中,太湖水质与2004 年相比无明显变化仍为劣Ⅴ类,处于中度富营养化状态;滇池草海处于重度富营养化状态,外海处于重度富营养化状态,草海污染程度明显重于外海、巢湖,处于中度富营养化状态,湖体水质总体为劣Ⅴ类。其他大型湖泊中,兴凯湖水质为Ⅱ类,洱海和博斯腾湖水质为Ⅱ类，镜泊湖和鄱阳湖水质为Ⅳ类，洞庭湖和南四湖水质为Ⅴ类，白洋淀、达费湖和洪泽湖水质为劣类。湖泊的主要污染指标为总氮、总磷和高锰酸盐指数等。洱海和鄱阳湖属于中营养状态，南四湖和洪泽湖为轻度富营养化状态，博斯腾湖、镜泊湖、洞庭湖、达赉湖4个湖泊为中度富营养化状态。

2. 围网养殖富营养化

2007年5月底，太湖爆发了有史以来最严重的"蓝藻"事件，导致无锡全市人民近1个月自来水呈蓝绿色，腥臭扑鼻，无法饮用，生活方面受到了极大的影响，全国对这起"蓝藻"事件都十分关注。

太湖"蓝藻"即水华，其主要原因是水体富营养化程度较高，水体中蓝藻、绿藻过量生长形成。致使太湖水体营养化程度升高主要有三大因素：一是生活污水的排放、污染；二是工业废水的排放、污染；三是农业用水排放、污染。在没有确切证据的情况下，大多数学者认为，农业污染所占比重最大。

关于太湖河蟹围网养殖，早在1996年，吴龙庆等对东太湖河蟹围网养殖区域水质和生态环境调查研究发现，河蟹放养养殖密度过高以及过量的残留饵料会影响湖泊的生态环境，导致水体富营养化程度加剧。低密度网围养蟹是兼顾东太湖渔业资源开发和环境保护的有效措施。而且，吴伟等于2004年对东太湖河蟹生态网围调查研究发现栽种有大量水草的生态养殖网围内水质明显优于对照区水源水，达到地表水环境质量标准中三级标准和渔业水质标准。但当时由于河蟹的经济效益可观，渔民们在利益的驱使下，大量围网养蟹，太湖河蟹围网养殖进行得如火如荼。而太湖"蓝藻"事件后，太湖河蟹围网被列入整治对象之一，从1.5万公顷围网面积，缩减至0.3万公顷。

此次事件告诫我们，河蟹增养殖、水产事业乃至整个农业事业，应该谋求一条可持续发展道路，打造"零排放、零污染"的新模式。就河蟹增养殖而言，应当走生态养殖道路，就是指根据不同养殖生物间的共生互补原理，利用自然界物质循环系统，在一定的养殖空间和区域内，通过相应的技术和管理措施，使不同生物在同一环境中共同生长，实现保持生态平衡、提高养殖效益的一种养殖方式。

现如今，不仅太湖围网面积被缩减，而且阳澄湖、固城湖等河蟹大湖围网养殖面积都受到了严格的控制，大湖围网养殖举步艰难，但河蟹市场需求和养殖都潜力无限。为了弥补太湖围网面积受限，河蟹产量的缺口，池塘增养殖不能片面地追求数量的增加，更应该注重品质的提升，同时还要吸取太湖围网的教训，走生态养殖可持续发展道路。

（六）河蟹池塘生态养殖关键指标——溶解氧

1. 河蟹池塘溶解氧重要性

溶解氧是水生动物赖以生存的重要环境因素之一。水生动物不同于陆生动物，常生活在溶氧不足的水环境中，河蟹虽然能爬出水面，但从生物学习性上属于底栖生物，对水中溶氧变化更加敏感。水中溶氧是河蟹生存、生长的基础，与其生长、繁殖密切相关。溶氧充足，河蟹正常生长；溶氧不足，即便饵料充足，温度适宜，河蟹也不生长，抗病抗逆性能下降。精养高产池塘，水生生物和有机质较多，溶氧的消耗量大，养殖河蟹常常处于缺氧状态，直接对河蟹造成影响；溶氧对河蟹的间接影响就是造成池塘的厌氧反应，活性淤泥层减少，致使河蟹生存环境恶化，条件致病菌滋生，引起养殖河蟹病害，对养殖生产造成较大损失。据不完全统计，每年由于溶氧不足所造成的河蟹病害间接损失 20 亿元左右，其中，暴发病损失在 4 亿～5 亿元。因此，溶氧池塘养殖的关键控制因子，是生态养殖关注的重中之重，池塘养殖应时刻关注池塘溶氧水平，并重点关注阴雨天溶氧、底层溶氧、淤泥层溶氧，开展溶氧精细管理，测氧养河蟹。

2. 溶解氧来源

水中溶解氧主要来源于水生植物、浮游植物光合作用产生的氧气和空气溶解入水体的氧气。水体溶解氧的饱和含量与水温、盐度和大气压强等密切相关，盐度和大气压强不变，水体溶解氧饱和含量随水温升高，逐渐降低。

在水产养殖过程中，溶解氧是最主要的制约因素之一。尤其在高密度养殖模式下，水体中养殖对象、浮游生物和底泥等呼吸作用耗氧量较大，极易导致养殖水体夜晚溶解氧含量不足；而且溶解氧含量低，也会导致水体中氧化反应不完全，形成中间产物，如亚硝酸盐、硫化氢等有害物质，影响河蟹的正常生长。

3. 池塘溶解氧分布

王武等研究鱼类增养殖池塘溶解氧的分布发现，鱼类增养殖池塘溶解氧的增加以浮游植物光合作用产氧为主，空气扩散作用为辅。晴天中午，上下层因水温存在差异，上下层存在热阻力现象，导致上下层水无法混合，表层水体溶解氧呈超饱和状态"氧盈"，底层水体溶解氧缺乏形成"氧债"。且在大风天气，上风处和下风处溶解氧呈显著差异。晴天中午，下风处溶解氧显著高于上风处，这是因为风力作用下，浮游植物大量的聚集于下风处，光合作用产氧量高，风力越大，下风处溶解氧越高；夜间相反，下风处浮游植物呼吸作用消耗氧气，导致下风处溶解氧低于上风处。

4. 河蟹生态养殖与溶解氧关系

（1）河蟹对溶解氧需求与特殊性

河蟹属于底栖水生动物，对池塘底层水体溶解氧含量有一定的要求。邹恩民等研究发现河蟹的临界溶解氧含量为 1.92～3.47 毫克/升。河蟹生活习性为昼伏夜出，据观察，在水草较多的池塘，河蟹白昼主要活动范围为池塘中水草密集处的中底部，夜晚主要活动范围为水草表层和池塘岸边。在河蟹养殖池塘中，重点关注白昼池塘底层水体溶解氧含量及夜晚池塘整体溶解氧含量的变化。

　　传统研究发现鱼类池塘中叶轮式增氧机要遵守"三开两不开"原则，以改善鱼类池塘缺氧浮头。池塘鱼类可以在池塘不同水层生存，而河蟹不同，其只能攀附在水草中才能上下选择适宜的水层，或者就生活在池塘底层，当池塘水体恶化到其无法正常生存的情况下，会爬上岸边（夜间上岸为正常活动）。所以河蟹池塘溶解氧主要问题在于改善底层溶解氧水平。

　　（2）河蟹池塘及增氧机特殊性

　　河蟹生态养殖池塘较鱼类养殖池塘不同，河蟹生态养殖池塘种植大面积高等水生植物，如伊乐藻、轮叶黑藻、苦草等。水草光合作用产氧成为河蟹生态养殖池塘溶解氧的主要来源。

　　传统鱼类增养殖池塘使用的增氧机是叶轮式增氧机，主要原理就是通过搅动水体，增加上下水层物质交换，再者其搅动水体也增加了与空气的接触面积，加大了空气中氧气的溶解速度。但叶轮是增氧机并不适用于河蟹养殖池塘，其主要原因有：①河蟹的最适宜生存环境为安静、水生植物多的水体。叶轮式增氧机开启时，其叶轮搅动水体会产生较大的噪音，有可能影响河蟹的正常生长。②叶轮式增氧机其开启时只能保持周围有限范围内溶解氧较高的区域，使鱼群集中到这块区域，从而达到救鱼的目的。河蟹本身游泳能力较弱，和鱼类不同，其不借助外部条件无法到达水体表层，没有可能像鱼类一样聚集到增氧机周围。若多设立些叶轮式增氧机，其功率较高，电力消耗大，增加了养殖成本。③河蟹生态养殖池塘沉水植物较多，而且伊乐藻、轮叶黑藻和苦草等株高都能达到 1 米左右，若使用叶轮式增氧机，极有可能会缠绕在叶轮上，损坏增氧机，影响其正常的使用。

　　（3）河蟹养殖增氧机使用

　　如今，河蟹生态养殖池塘增氧机的研究开展较多，研究底层微孔增氧机效果发现，底层增氧设备可以显著提高河蟹池塘河蟹单产和规格，且能显著降低池塘内氨氮、亚硝态氮、化学需氧量等水质指标。对增氧机合理使用可以显著提高增氧机的增氧效率，减少河蟹养殖的成本，提高河蟹养殖过程中的成活率、单产和规格。

（七）河蟹池塘生态养殖关键指标——非离子氨

1. 河蟹池塘非离子氨危害

河蟹池中的氮与河蟹养殖关系极大，它不仅是水体中藻类必需的一种营养元素，也是较常见的一种限制养殖水体初级生产力的常量元素。水体中氮元素主要以有机氮和氨态氮（$NH_3 - N$）等含氮化合物的形式存在，而氨态氮在水体中是以氨和铵两种形态存在。pH 值小于 7 时，水中的氨几乎都以铵的形式存在，pH 大于 11 时，则几乎都以氨的形式存在。

水体中的离子氨无毒，还是水生植物的重要营养盐类。水体中的氨对河蟹有毒害作用的主要是非离子氨，即使浓度很低也会损坏鳃部组织。一般而言，随 pH 及温度的升高，非离子氨比例也增大。河蟹受氨的影响发生急性中毒时，表现为严重不安，由于水体为碱性，具有较强的刺激性，使河蟹黏液增多，充血。非离子氨对河蟹类的毒性作用主要是损害河蟹的肝、肾等组织，使河蟹的次级鳃丝上皮肿胀，黏膜增生而危害鳃，非离子氨通过呼吸作用由鳃丝进入血液，河蟹的血红细胞和血红蛋白数量逐渐减少，血液载氧能力下降，使河蟹从水中获取溶氧能力降低，河蟹窒息死亡。此时河蟹的摄食量降低、代谢受阻、鳃组织出现病变，生长发育受到抑制，呼吸困难、骚动不安或者反应迟钝。

黄鹤忠等（2006）在实验室构建不同氨氮浓度环境和养殖时间的组间差异，研究氨氮胁迫对中华绒螯蟹免疫功能的影响。结果表明，随着氨氮胁迫浓度的增加和胁迫时间的延长，会引起中华绒螯蟹血细胞数量、血细胞吞噬能力、溶菌酶活力、酚氧化酶活力和超氧化物歧化酶活力等的逐渐下降，使机体非特异性免疫防御系统遭到损伤，同时机体清除自由基的能力下降，机体细胞和组织受到伤害甚至出现死亡。洪美玲等（2007）研究结果显示，随着氨氮胁迫浓度的增加和胁迫时间的延长，中华绒螯蟹血细胞密度逐渐下降，丙二醛含量逐渐增加，机体非特异性免疫防御系统遭到损伤，同时机体细胞和组织受到伤害，甚至出现死亡，3 个氨氮处理组的中华绒螯蟹在遭受氨氮胁迫 15 天后，其肝胰腺 B 细胞数量均减少，转运泡体积明显增大，细胞核增大且数量增多；而且在高浓度组中，中华绒螯蟹的部分肝小管基膜破裂、细胞结构模糊，少量细胞核解体。

很多河蟹养殖户由于没有按照池塘河蟹养殖操作规程进行操作，常会发生池塘氨氮含量偏高引起河蟹免疫力和抵抗力下降，生长缓慢，甚至发生急性、慢性中毒死亡等现象。

2. 非离子氨产生原因

(1) 投饵不合理　在养殖河蟹时，投喂的饲料蛋白质含量较高，有一些蛋白质是河蟹无法利用的，这些蛋白质要排泄到水中；投喂过多，造成河蟹吃得过饱，有些饲料未充分消化就排泄到水中。这些含氮有机物在水中分解会产生大量的氨和有毒物质。

(2) 养殖品种单一　很多河蟹养殖池塘的养殖密度过大且品种单一，饵料得不到充分利用。水中大量的残饵、粪便等有机物经微生物分解产生氨氮大量积累在水中和池底，时间长了便会由于积累过量导致超标。

(3) 不合理施肥　蟹池在河蟹养殖前期需要种植水草并使水保持一定的肥度，因此施肥是必不可少的。但目前大部分的池塘由于连续多年养殖，普遍存在氮过多、磷不足的现象。很多养殖户在施肥时还是以氮肥为主，长期使用自然氨氮容易超标。

(4) 养殖品种正常的生理代谢　池塘内的河蟹、鱼、虾等养殖品种的正常生理代谢都会产生氨氮。还有水中浮游动物的正常生活过程中也会排泄含氮废物，主要是氨氮，且以非离子氨为主。

(5) 池底淤泥过多　有的蟹池长期不清淤且水体养殖密度过大，易造成水底缺氧，含氮有机物分解，通过各种微生物的作用，分别以氨氮、亚硝态氮、硝态氮的形式存在于水体中，在水体缺氧条件下，亚硝态氮会转化为毒性更强的氨氮。

第三节　河蟹养殖水体生态修复

一、河蟹养殖水体生态修复的必要性

由于水产养殖面积和规模的不断扩大，养殖产量的急剧增加和集约化程度的不断提高，养殖自身对养殖水域环境产生了一定程度的有机负荷，加上人类生活污水、各种工业废水、农业面源污染等对养殖水源的污染，造成养殖水质下降，养殖环境恶化，对周围环境产生了较大压力，而我国面临的养殖水环境问题更为严峻。研究表明养殖水环境污染主要来源于残饵、养殖生物的排泄分泌物，在水质参数上表现为总固体悬浮物、有机污染物以及总氮、总磷等含量的增加，及有害藻类。

研究表明，集约化养殖水体营养水平较高，无论是池塘养殖还是网箱养殖，投饵引起的环境污染和危害都相当严重，很容易引起水体的富营养。特别是养殖过程中输入水体的总氮、总磷和颗粒物有相当比例沉积在底泥里，而富集在底泥里的这些污染物在一定条件下又会重新释放出来，成为水体富营养化的重要内源污染。另一方面，残饵和排泄物在底质堆积，又促使微生物活动的加强，增加了氧的消耗，在缺氧条件下加速了脱氮和硫还原反应，产生硫化氢和氨等有毒物质，导致水质的恶化。这严重制约了水产业的健康发展，还影响到人们的身体健康以及池塘水体生态环境的可持续利用和发展。

二、河蟹养殖水体水质恶化的主要类型

河蟹池塘存在的水质恶化类型主要有以下：①水草腐烂型：由

于注入水源受化工等污染、高温期间水草管理不善、水草种植技术不过关、悬浮物沉积于水草上影响正常光合作用、水体营养盐缺乏等原因导致水草腐败死亡，池塘缺氧，有害物增加，引起河蟹死亡；②底质过肥恶化型：有机物沉积导致池底恶化，底层缺氧厌氧，有害物增多，表现为藻类暴发、黑色污水上泛，池塘发臭；③青苔型：前期肥水不够，导致青苔大量繁殖，清除不及时不合理，致水草死亡、水质恶化；④过肥型：养殖密度大，饵料量大，池塘养殖负载重，超出自净能力，引起水体恶化。

三、水体生态修复的主要技术

养殖水体净化技术是以养殖水体为研究对象，以水产品养殖业应用为目的，以物理、化学、生物等技术为主体的综合性技术体系。其作用是协助水产养殖产业提高生产力，解决水产品安全、鱼蟹类疾病及资源环境等问题。

发达国家的水产养殖业不仅追求较高的养殖单产，而且特别注重优质、卫生及减少环境污染，这特别值得中国河蟹养殖业借鉴。目前，欧美和日本等水产业发达国家鱼类和生态环境基础理论研究较深。借助发达的自动化工业和高水平的科技，开展工厂化流水或循环水养鱼及网箱养鱼，重点进行水质调控方面的自动化研究，现具有自动控制系统和水质理化因子监测系统，并通过增氧、生物净化、沉淀、过滤、曝气、脱氮等设施改良修复水环境，保持循环用水。

针对养殖水体水质恶化、富营养化问题，目前国际上主要有三大类修复技术：①化学方法：如加入化学药剂杀藻、加入铁盐促进磷沉淀，加入石灰脱氮等，但是易造成二次污染；②物理方法：疏挖底泥、机械除藻、引水冲游等，但往往治标不治本；③生物修复：利用水生动植物调节或借助生物处理工程的作用，逐渐恢复水生生态系统的平衡，如生物廊道、生物模块、生物滤池、生物接触氧化、生物曝气等工艺，强化水生生态系统的自身净化恢复能力。

目前养殖水体修复多局限于换水注水、泼洒微生物制剂及种植水草，对结合池塘养殖模式综合应用水生动植物及物理手段的修复研究不多，且不同类型的修复多孤立地应用，不同生物不同手段的联合作用研究较少，结合池塘养殖自身特点和养殖品种生物学特性，从生态学观点出发，运用生态学原理分析、解决养殖生态系统的水质污染问题，用生态补偿和环境补偿技术来修复完善水体内生态系统的结构和功能，使水体保持良好健康的养殖状态，是恢复和优化水产养殖环境，推动我国水产养殖业可持续发展的发展方向和必经之路。

（一）物理修复

物理方法净化水体的优点在于没有二次污染，近年众多研究者对物理修复水体的不断研究和开发，进一步提高了其在水产养殖行业的经济性和适用性。

1. 纳米材料和技术的应用

纳米材料是指任何至少有一个维度的尺寸小于 100 纳米或由小于 100 纳米的基本单元组成的材料。它是由尺寸介于原子、分子的微观体系与宏观体系之间的纳米粒子所组成的新一代材料。当粒子的尺寸减小到纳米量级，将导致声、光、电、磁、热性能呈现新的特性。近年来，国内外就纳微米功能材料水处理应用开展了大量的研究工作。但是在水产养殖方面的应用研究尚处于一个起步阶段。现在，日本、韩国、法国、美国等都有利用纳米材料养鱼和净化水质的案例。目前各国的研究重点主要有两个：一是利用纳米材料进行水质净化，如日本大丸通商株式会社的 BCO 幸福水处理系统、加拿大安沙尼公司的 JAC 水处理系统、法国 BLUE 集团的卡提斯 CARTIS 水处理系统。其中法国 BLUE 集团的卡提斯 CARTIS 系统应用在泰国的对虾养殖系统中取得了很好的效果。

另一种是利用纳米材料消毒杀菌，这方面的研究报道比较多。

其中纳米能量水处理系统是目前国内外水产养殖前沿高新综合设备。它由纳米过滤器、高频高压纳米场能装置、纳米光催化杀菌、灭藻装置、纳米能量转换器等组成，特别适于水产养殖育苗过程的水处理，能提高苗种的成活率与活力。在中国水产养殖业，2005年完成了"纳米材料的渔业应用与技术开发"科研项目。研究表明，纳微米功能材料在抑制细菌生长、净化水质、促进鱼类生长、提高鱼虾的抗病能力上具有独特的作用，但在它的作用机制、纳微米功能材料的选用和搭配上还需要作进一步的研究。对水产品养殖而言，用纳米材料来净化水体是否有食用安全隐患，还没有理论和试验依据，有一定推广难度。

2. 物理增氧

合理使用增氧机、增氧泵等设备，能起到搅水、增氧、曝气的作用，同时促进并扩大生物增氧功能，是池塘精养高产必不可少的安全保障措施。在水产养殖业中，我国常用改善池塘水质的增氧机主要有叶轮式增氧机、水车式增氧机、射流式增氧机、充气式增氧机、喷水式增氧机、聚氧活化曝气增氧机等。就增氧原理而言，这些增氧机都是建立在气体转移理论的基础上，依靠水跃、液面更新、负压进气这3个方面的作用，达到增氧的目的。从池塘内部综合生态平衡的角度来看，殷肇君等研制的水质改良机，通过翻喷池塘底泥，搅动池塘水体，使整个池塘水体得到充分溶氧，大大改善了池塘养殖水质。

微孔管道增氧技术是由工业水处理中充气式增氧技术发展而来；耕水机是借用耕田机的概念，利用叶轮带动水体，以促进水体上下流动。水底微孔管道增氧技术和耕水机的运用可以消除水池的温跃层、氧跃层、水密度跃层，补充水池底部氧气，改善水池养殖水体，具有产量高、能耗省、安全性好等显著特点，可以带动养殖、投饵、用药等一系列技术的新变化，为综合技术创新提供新的切入点。近几年已在广东、福建和江浙等地区的养殖场示范推广。

3. 物理过滤

物理过滤是养殖水体净化技术中的一个重要环节。其主要目的是去除悬浮于水体中的颗粒性有机物及浮游生物、微生物等。目前常用的物理过滤方式有砂滤、网袋式过滤、转鼓式微滤、弧形筛网过滤等。

物理过滤是指当池塘养殖废水流经充满滤料的滤床时，水中悬浮和胶体杂质被滤料表面所吸附或在空隙中被截留而去除的过程。由于养殖废水中的剩余残饵和养殖生物排泄物等大部分以悬浮态大颗粒的形式存在，因此采用物理过滤技术去除是最为快捷、经济的方法。常用的过滤分离设备主要有机械过滤器、砂滤器、压力过滤器等。在实际处理工程中，机械过滤器（微滤机）是应用较多、过滤效果较好的方式。沸石过滤器兼有过滤与吸附功能，不仅可以去除悬浮物，同时又可以通过吸附作用有效去除重金属、氨氮等溶解态污染物。何洁等研究表明沸石作为载体，附着其上生物膜的氨化作用和亚硝化作用好于活性炭和沙子。沸石的经济成本低，以沸石为载体对养殖废水有足够的处理能力，适宜我国众多的大水面集约化养殖生产，所以在养殖废水处理中具有广泛的应用前景。

张耀红等用斜发沸石作为载体，发挥光合细菌和沸石二者的优点，经过特殊加工制成高效水质净化剂，应用于池塘河蟹养殖。研究表明，氨氮和有机耗氧量明显下降，溶解氧和水体透明度明显上升；在微生物指标中，水体中的致病菌大幅度下降。

4. 气浮分离技术

气浮分离技术是固液分离或液液分离的一种新技术，它是通过某种方式产生大量微气泡，并以微泡作为载体，黏附水中的杂质颗粒或液体污染物微粒，形成相对密度比水轻的气浮体，在水浮力的作用浮到水面形成浮渣，进而被分离出去的一种水处理方法。采用气浮法可以去除溶解性固体、总氮和总悬浮固体。特别是在养殖水中供给气泡，则养殖水中的黏性物质和悬浮物就会结合在气-液界面而浮起，从而在水面上形成高黏性的泡沫，除去这些泡沫即可除去养殖水中体表黏性物质等悬浮物。

日本开发了空气提升和泡沫分离装置，用于对水的增氧、循环和净化。泡沫分离是利用气液界面各种物质的吸着、浓缩特性供给气泡，从水中去除污浊物质。研究表明，在水产养殖中，因水深绝大部分都在 1 米左右，在泡沫分离中不用压缩空气，而是通过回转翼和水体流动对气泡分化。若用负压空气，则效率更高。

5. 物理设备修复水体

在高密度的养殖条件下，水体中除了存在一些理化性的致病因子外，还有一定数量的致病菌。这不仅会大量消耗水体中的溶解氧，还会对养殖产生严重的负面影响。

水体净化系统中一般配有消毒杀菌设备，利用物理、化学措施减少致病因子对水产品生长的影响。常见的消毒杀菌设备有紫外线消毒器、化学消毒器、臭氧发生器等。紫外线消毒器的消毒效果稍差，但其副作用小，安全性较好；化学消毒器的消毒效果较好，但如果使用不当也可能会对养殖水体造成二次污染；臭氧消毒用于水产养殖水体，由于养殖生物在水中产生许多可变因素，使用方法也因养殖对象不同而改变，使用时除对处理装置的结构有所要求外，还要掌握好臭氧含量在水体中的安全浓度。

（二）化学修复

化学修复是利用化学制剂与污染物发生氧化、还原、沉淀、聚合等反应，使污染物从养殖环境中分离或降解转化成无毒、无害的化学形态。在水产养殖业中，一般主要对水质理化因子（包括 pH、溶解氧、氨氮、亚硝态氮、硫化氢等）应用水质、底质改良剂、水质消毒剂进行调控。

1. pH

一般要求淡水 pH 为 6.5～8.5，海水 pH 为 7.0～8.5，具体因不同水生动物而异。例如，河蟹的最适 pH 为 7.5～8.5，在养殖过程中可适当使用生石灰来调节水体和底泥的 pH。在夏季高温季节，一般每隔 10～15 天撒 1 次生石灰，施用量 225～300 千克/公顷。既能促进河蟹生长和蜕壳，还能起到消毒防病作用。

2. 溶解氧

溶氧是养殖河蟹最重要的因素，在实际养殖中池水溶氧应保持在 5.0 毫克/升以上才能利于水生动物的生长。若溶氧不足，会影响鱼类等水生动物的摄食。若溶氧充足，则可以使水体中有害物质无害化，降低有害物质的毒性，为水生动物营造良好的水体环境。试验表明，当池水溶氧低于 4.0 毫克/升时，河蟹食欲明显减退；当池水溶氧低于 3.5 毫克/升时，几乎停止摄食，因此关注池水溶解氧的变化十分重要。一般情况下，在河蟹养殖池塘定期使用"粒粒氧"（有效成分：过氧碳酸钠）来提高溶解氧含量，水深 1 米"粒粒氧"的用量为 3 千克/公顷，全池抛洒，每 10～15 天使用 1 次，有效增加水体溶氧，增强河蟹的体质和抗病能力。

过氧化氢的氧化能力强，能够快速更新池底的化学还原状态，减少氨态氮的含量，降低化学耗氧量，并且过氧化氢能使蟹池进行迅速增氧，是一种无毒、无害、无任何污染的良好去污增氧剂。采用二氧化氯也能收到良好的效果，它具有良好的水质净化效果，能够增加水环境中的溶解氧含量以及降低化学耗氧量和氨态氮值，减少水体富营养化。它还能有效地预防水产养殖中传染性疾病的发生和流行。

3. 营养盐

营养盐超标会影响池塘鱼类的生长。当营养盐含量严重超标时，极易导致河蟹中毒、发病，甚至大批死亡。调控水中氨氮、亚硝基态氮的具体措施包括：①通过泼洒沸石粉 450～750 千克/公顷，利用沸石粉的吸附作用，降低水体中的氨氮、亚硝基态氮，氨离子交换吸附于表面并沉降至池底，从而起到降氨作用。②使用商业水质改良剂，每公顷水面水深 1 米用 7.5 千克，加入 20～30 倍的水溶解后均匀泼洒全池，可起到降解氨氮、亚硝基态氮的效果。
③使用石灰除磷，生成沉淀。

化学修复剂容易产生有害的次生产物，并没有从根本上降解营养盐类物质，仅暂时降低相关营养盐指标，最终使得水生生态系统的健康状况更加恶化，也易引起水产品品质的退化。

（三）生物修复

欧洲各国如德国、丹麦、荷兰对水体生物修复技术非常重视，全欧洲从事该项技术的研究机构和商业公司大约有近百个，他们研究证明，利用微生物分解有毒有害物质的生物修复技术是治理大面积污染区域的一种有价值的方法。美国国家环保局、国防部、能源部都积极推进生物修复技术的研究和应用。美国的部分州也对生物修复技术持积极态度。生物修复将成为我国生态环境保护领域最具有价值和最具有生命力的达到大面积污染的优选生物工程技术。生物修复即用环境生物技术净化环境，使受污染的水资源如养殖水体得以重新利用，同时还可进一步强化环境的自净能力，使养殖水体达到国家统一规定的养殖用水标准。如采用生物修复技术，不仅其投资规模大为缩小，而且还没有二次污染，更具有广阔的市场和发展前景。

生态修复河蟹养殖水体技术是利用生态工程学原理、技术通过水污染控制、水量和水流态的调节等一系列保护措施，最大限度减缓水生态系统的退化，将已经退化的水生态系统恢复或修复到可以接受的、能长期自我维持的、稳定的状态水平。

1. 水生植物修复河蟹养殖水体

水生植物对养殖水体污染的修复研究最多的是关于植物对各种有机物污染、重金属污染的处理，均取得不错的效果。将植物修复应用到水产养殖环境的修复中主要是利用高等水生植物或者藻类的根系、茎叶等功能单位吸收提取养殖废水中的氮、磷等主要污染物，以达到净化底质和水质的目的。

　　水生植物有沉水型、挺水型、漂浮型之分，各自有独特的生态位，起到的生态修复作用各有不同，综合考虑多种植物的时空搭配，强化养殖生态系统中各自植物的作用，亲合、优化植物种植系统和河蟹养殖系统，改善水质指标，降低养殖系统的病害发生率。多种生物联合修复系统与单一生物种修复系统相比较，在能量和资源利用方面具有更大的性能比、更好的稳定性和更高的效率。实现养殖与控污减排相结合、养殖与种植互惠、养殖物种多元化，建立一个生物种群较多，食物链结构健全，能流、物流循环较快的整体养殖生态结构，使养殖生态结构整体化，使水产养殖由单一型向生态型发展，将是今后修复研究的方向。

　　（1）水生植物修复河蟹养殖水体的生态效应

　　水生植物不但可以直接吸收、固定、分解污染物外，还可间接地参与污染物的分解，通过对土壤中细菌、真菌等微生物的调控来进行环境的修复，植物在水环境修复中的生态效应主要表现在以下方面：

　　①固定作用。覆盖于湿地中的水生植物使风速在近水体表面降低，有利于水体中悬浮物的沉积，降低了沉积物质再悬浮的风险，增加了水体与植物间的接触时间，同时还可以增强底质的稳定和降低水体的浊度。

　　②改善环境。吸收利用、吸附和富集作用：水生植物能直接吸收利用水体环境中的氮、磷等营养物质，再通过植物的收割从池塘生态系统中除去，如菱角、凤眼莲、茭白、满江红等水生植物可有效吸收氮、磷等过剩营养物质；

　　③传输氧的作用。植物输氧是植物将光合作用产生的氧气通过气道输送至根区，在植物根区的还原态介质中形成氧化态的微环境。

　　④为生物提供栖息地。水生植物的根系常形成一个网络状的结构，并在植物根系附近形成好氧、缺氧和厌氧的不同环境，为各种

不同微生物的吸附和代谢提供了良好的生存环境，也为残余的营养物质提供了足够的分解者。

　　⑤维持水生态系统的稳定。维持水系统稳定运行的首要条件就是保证水力传输。水生植物在这方面起了重要作用。植物根和根系对介质具有穿透作用，从而在介质中形成了许多微小的气室或间隙减小了介质的封闭性，增强了介质的疏松度，使得介质的水力传输得到加强和维持。

　　（2）水生植物修复河蟹养殖水体效果

　　水产养殖环境中的植物修复，主要是利用高等水生植物或者藻类的根系、基叶等功能吸收养殖环境中的氮、磷等主要营养物质以达到净化底质、水质目的。许多实验证明，水生植物具有明显去除氮、磷的效果。研究结果表明存在沉水植物、挺水植物、螺类的生态系统，有显著降低总氮、总磷、叶绿素、化学需氧量浓度、藻类密度，改善富营养化水体水质作用；其中螺类对叶绿素和化学需氧量浓度的降低效果比对总氮、总磷的降低效果更加显著，沉水植物在去除叶绿素、降低藻类密度、提高其多样性方面的能力高于挺水植物，去除化学需氧量效果逊于挺水植物，有较大生物量的植物在其生物量达到最高峰之后应进行收割，具有较高的氮、磷去除率。

　　陈桐强 2015 年为研究水生植物对养殖水体原位修复及逐级强化净化效果，以野外实地监测的方式，在河蟹池塘中设置不同生物量的伊乐藻和水花生进行原位修复试验，强化净化池塘中水生植物有菖蒲、浮叶四角菱、水葫芦和睡莲，并设置养殖池塘尾水逐级经过高密度的水生植物进行强化净化试验，分析水体理化指标。结果显示：原位修复池塘中，伊乐藻和水花生对池塘养殖水体中悬浮物、化学需氧量、氨氮、总氮、总磷的最大去除率分别为 68.52%、67.65%、59.26%、68.95% 和 50.00%；且植物平均生物量越大，氮、磷去除率越高。单位生物量的水花生对总氮、总磷的平均去除率都略高于单位生物量的伊乐藻；两种植物对总氮的平均去除率间差异极显著，而两种植物对总磷的平均去除率间差异显著。养殖尾水经强化净化塘处理后，水体的悬浮物、化学需氧量、氨氮、总氮和总磷浓度均下降，其最大去除率分别为 65.09％、54.58％、57.61％、69.18％和86.49％，试验结束时净化塘出水可达到《太湖流域池塘养殖水排放标准》所规定的一级标准。

随着河蟹生长所需的投饲量增加，养殖水体中氮磷等营养物质会随着残饵和排泄物的累积而逐渐增加，因此会造成水体营养过剩，出现水质恶化现象。而种植了水生植物的各原位修复池塘中氨氮、总氮和总磷都得到不同程度的削减，且水体氨氮、总氮和总磷浓度与水生植物的生物量之间具有极显著的负相关性。氮、磷不仅是引起水体富营养化的主要营养元素，也是植物生长的限制因素。植物的生长必须吸收周围环境中的氮、磷以合成自身组织结构，因此植物生物量越大，说明其从池塘中吸收并利用的氮、磷量越多，水体中氮、磷浓度减少得就越多，去除率则越大。单位质量下水花生对总氮和总磷的去除效果略优于伊乐藻，且单位质量下伊乐藻和水花生两者对水体总氮、总磷的平均去除率具有极显著和显著的差异，不仅由于伊乐藻和水花生之间具有不同的生长速率和代谢功能，而且与水花生和伊乐藻的生物量净增长率不同有关。

在原位净化塘中，虽然增加植物生物量可以提高水质净化效果，但高密度的水生植物会影响养殖主体的生存空间并产生自屏效应等，因此不能在养殖池塘中高密度种植水生植物。因此，将养殖池塘中水生植物的生物量和种植密度控制在一定的范围内，不仅可以有效净化养殖水体，而且能更好地保证河蟹的正常生长活动。

（3）河蟹水体种植蔬菜

河蟹排放的废物主要含氮与磷，造成了水体富营养的同时也为水生植物生长提供了营养来源。河蟹养殖水体种蔬菜改善了水质，良好的水质减少了病害的发生，提高了河蟹的产量，将污染源变成了营养源，形成一个良性循环。

　　水箱试验表明，种植水生植物，可以去除水中80%～90%的悬浮物质以及70%～80%的有机物质，减少90%～95%的生物耗氧量，并且能使水中的pH值保持在标准范围之内。水生植物还能吸收和积聚有毒物质纳入新陈代谢过程。

　　全国有10余个省份开展了水上种菜。如云南、广东、广西、江西、湖南、湖北、江苏、北京、天津、辽宁等。云南滇池实施"水上种菜"，利用高原淡水湖泊滇池种植水上蔬菜，通过水上蔬菜的种植，起到了改善水体、生态修复的作用，而且水上蔬菜产品质量经检测符合国家食品安全标准。

　　①蔬菜种植方法。水沟、池塘、水库、湖泊、水田等有水面的地方均可水上种菜。用毛竹支出四脚架，用绳子捆牢支架后，拴在河底石头上固定，用细密的渔网罩住整个毛竹支架，渔网网眼小，把菜苗插在网眼里，不浇水不施肥，蔬菜就可生长。在南方3、4月份，菜长得慢，一个月收一次；7、8月份，雨水充足蔬菜长得很快，15天左右即可收割一茬。就如韭菜一样，可以反复收割。适宜蔬菜种类如南方竹叶菜（空心菜）、水芹菜、西洋菜（豆瓣菜、豆苗菜）、小白菜、菠菜、鱼腥草都可以水上种植。

　　②蔬菜种植安排。在南方，竹叶菜、水芹菜、西洋菜三大菜可以全年交叉栽培，充分利用时间差、栽培面积和栽培设备。每年3、4月份，先栽竹叶菜，月月都可采收。到7、8月份，可栽西洋菜，当竹叶菜产量减少时，正迎来西洋菜采收季节。10月份左右再栽培水芹菜，在西洋菜迎来低产季节，水芹菜正好上市。

　　（4）人工湿地

　　人工湿地是由人工基质和生长在其上的水生植物、微生物组成的一个独特的土壤植物微生物生态系统。人工湿地净化技术是一种综合技术，结合物理过滤、化学吸附沉淀、植物过滤及微生物作用等方法，用于水产养殖废水处理效果良好，能有效去除水中氮磷等营养元素，还能去除一定的化学需氧量和生化需氧量。

①河蟹循环水养殖。循环水养殖就是人工湿地和养殖综合运用典型实例。循环水养殖模式具有标准化的设施设备条件，并通过人工湿地、高效生物净化塘、水处理设施设备等对养殖排放水进行处理后循环使用。循环水池塘养殖模式的鱼池进排水有多种形式，比较常见的是串联形式，还有进排水并联形式。串联进排水的优点是水流量大，有利于水层交换，可以形成梯级养殖，充分利用食物资源；缺点是池塘间水质差异量大，容易引起病害交叉感染；并联进排水的过水管道在多个池塘间呈"之"字形排列，相邻池塘过水管的进水端位于水体上层，出水端位于池塘底部，有利于池塘间上下水层交换。

②河蟹循环水池塘。循环水池塘养殖的水处理设施为人工湿地（或称生物净化塘）。人工湿地有潜流湿地和表面流湿地等形式，潜流湿地以基料（砾石或卵石）与植物构成，水从基料缝隙及植物根系中流过，具有较好的水处理效果，但建设成本较高，主要取决于当地获得砾石的来源成本；表面流湿地如同水稻田，让水流从挺水性植物丛中流过，以达到净化的目的，建设成本较低，但要求面积较大。目前一般采取潜流湿地和表面流湿地相结合的方法。植物选择很重要，并需要专门的运行管理和维护。在处理养殖排放水方面，循环水池塘养殖模式的人工湿地或生物氧化塘一般通过生态渠道与池塘相连，生态渠道有多种构建形式，其水体净化效果也不相同，目前一般是利用回水渠道通过布置水生植物、放置滤食或杂食性鱼类构建而成；也有通过安装生物刷、人工水草等生物净化装置以及安装物理过滤设备进行构建的。人工湿地在循环系统内所占比例取决于养殖方式、养殖排放水量、湿地结构等因素，湿地面积一般为养殖水面的 10%～20%。

2. 水生动物净化河蟹养殖水体

（1）水生动物修复水体原理

从生态系统结构而言，由于养殖对象单一，生物组成简单，且人工所投饵料是养殖对象的主要食物来源，从而使整个系统营养层次减少，物质循环和能量流动在一定程度上受阻或某些环节被切断，正常的食物网链也因生产者和消费者之间的结构不合理而难以发挥应有作用。这些因素造成了养殖水域生态系统的稳定性变差，自身调节能力变弱，生态平衡及结构和功能的完善很大程度上要依靠人类活动的调节，因而很容易引起一系列的环境问题。生物操纵是指通过对水生生物群落及其栖息地的一系列调节，以增强其中的某些相互作用，促使浮游植物生物量下降。经典的做法是通过构建水生生物链"藻类—浮游动物—食浮游生物鱼类—食鱼鱼类"和"藻类—食藻鱼类"，改变养殖生物的种类、组成和密度来调整水体的生态，达到改善水环境。

（2）鱼类和底栖生物修复水体过程

鲢鱼能有效控制蓝藻的生物量。底栖生物修复主要是通过底栖或滤食性生物对养殖环境中的残饵等有机碎屑的利用，减少人工投入的有机浸出物对水体的污染。这些水生动物就像小小的生物过滤器，昼夜不停地过滤着水体。研究表明底栖动物通过生物扰动包括潜穴、爬行、觅食和避敌等及对营养盐的吸收、转化、降解和排泄等生理活动影响着营养盐在沉积物、水、气三相界面之间的迁移、转化。滤食性双壳贝类，具有很强的滤水能力，能够过滤大量细小的颗粒物质，包括浮游植物、浮游动物、微生物以及有机碎屑等，以贝类粪便及假粪的形式，使较难沉积的悬浮物沉积下来。

采用的底栖动物多为养殖池塘土著种，个体生物量较小或生长周期长，单位时间内对残饵等有机碎屑利用少，且有废物排泄，往往生物密度过大反而会加快池塘底质的有机污染，因此单一的底栖动物修复效果难以令人满意。滤食性鱼类和贝类在滤食悬浮有机物的同时也大量滤食藻类，而藻类光合作用增氧占池塘氧总输入的90％以上。因此，必须要合理配养滤食性动物，以避免影响到水体溶氧功能的恢复。综合搭配多种水生动物，利用各自的生态位，有效提高有机物质的利用率，减少残饵及排泄物，有利于从根本减少水体有机污染，且能提高养殖效益，是今后养殖乃至水体修复的趋势。

（3）水生动物修复养殖水体效果

朱浩等2009年探讨了底栖生物不同生物量对黄颡鱼养殖水体的净化效果。他们以黄颡鱼夏花培育水体为试验水体，以三角帆蚌、螺蛳作为净水生物，结果表明，三角帆蚌的净水效果较螺蛳好，生物量在7200克/米^{3}时，对养殖水体的净化效果最好，对总氮、总磷、氨氮、亚硝态氮及化学需氧量的去除率分别为38％、37％、40％、54％和30％，并且黄颡鱼的成活率和增重率也最高。

3. 微生物制剂修复河蟹养殖水体

在水产养殖中，微生物主要用于修复养殖底泥的有机污染和水体富营养化问题，相关研究与应用已相当普遍。众多研究表明，当向水体添加有益微生物，通过大量繁殖成为优势种群可抑制有害病菌的生长，同时通过有益微生物的新陈代谢，可降低水中过剩的营养物质和其他有害物质，对去除水体中的氨态氮、有机质、降低化学需氧量和增加溶解氧等方面有明显的调节作用，同时也调节水体的pH值，促进底泥中氮磷的释放，以促进浮游生物的生长。可用于研发调控水体微生态制剂的微生物种群比较多，主要有光合细菌、芽孢杆菌、硝化细菌及复合微生物制剂等。

（1）微生物修复技术原理

①微生物修复背景。由于工业"三废"、城市生活污水、医用污水等污染物的大量排放，全球气候的异常变化，水产养殖业的自身污染以及水资源的日益紧缺等原因，使得我国水产养殖业水质恶化问题日趋严重，从而在一定程度上限制了我国水产养殖业的健康发展，引发了水产养殖产品的质量安全问题。有益微生物制剂对养殖水产品无毒副作用，无药物残留，对病原菌不产生抗药性，可用来净化水质、改善养殖生态环境、作为饲料添加剂等广泛使用。作

为一种运用日益广泛的水产养殖用品，从理论与实践上来看，微生物修复是解决养殖池塘生态环境污染的一个比较好的途径，采用微生物调控方法来净化养殖水体生态环境，无论养殖水体的外源性污染物如生活污水、工业污水，还是内源性的残饵、鱼体排泄物及浮游生物尸体等底泥富集污染物，其最终污染结果都将使水体的元素平衡被破坏，使养殖水体积累大量的氨氮、亚硝酸盐，进而使水体富营养化并使养殖动物致病。因此，许多研究通过筛选能高效降解有机污染物的微生物，将高效降解菌引入养殖水体，通过高效降解菌的作用来消除内源性污染物的污染。将筛选到的能高效降解有机物的微生物和能高效脱氮的微生物共培养，引入养殖水体，试图通过改变养殖水体微生物的构成来促进水体的物质循环，调控水质，以达到通过微生物而改善养殖水体生态环境的目的。

②微生物修复优势。同动、植物相比，微生物在污染物去除方面具有较大的优势：a. 微生物个体微小，表面积大。这是微生物一个非常显著的优点，小体积大面积系统必然有一个巨大的营养吸收面和代谢废物的排泄面。b. 微生物吸收多，转化快。这样可以使微生物快速地对污染物进行降解、转化。c. 微生物生长旺，繁殖快。微生物快速的繁殖能力可以在应用微生物时，向生态环境中施入较少的微生物，但随后其通过快速的繁殖能力而迅速地扩大数量，发挥出对污染物降解的群体效应。d. 微生物适应性强，易变异。在所有的生物当中，微生物是适应能力最强的生物，世界上只要有生命存在的地方就一定有微生物的存在，微生物超强的适应能力使其在应用过程中能够战胜各种困难而存活下来，并发挥出应有的作用；微生物的易变性使微生物更加容易适应不良的环境。e. 微生物分布广，种类多。

在养殖生产、管理活动中使用的微生物制剂又称益生菌、有效微生物群、利生菌、益生素，它是根据微生物原理，对动物体及其生活的环境中正常的有益微生物菌种或菌株经过鉴别、选种、大量培养、干燥等一系列加工手段制成后，重新介入其体内或环境中形成优势菌群以发挥作用的活菌制剂。微生物制剂具有成本低、无毒副作用和不污染环境等特点，符合健康养殖的要求。近年来，微生物制剂在水产养殖中已经得到了广泛的应用，一方面是拌饵投喂，以改善鱼体肠道微生物菌群、提高鱼体消化率、增强免疫力的饲料微生物添加剂，目前应用较多的菌类有乳酸菌、芽孢杆菌、酵母菌等。另一方面是改善水质的水体微生物调控剂，主要有光合细菌、芽孢菌、硝化细菌等。

　　③微生物制剂。微生物制剂是由多种定向筛选的有益菌株配合而成，其生长繁殖的能源主要通过分解环境中的有机物获得，因而制成各种净水剂用来改善水质。由于有益细菌种属不同，参与能量代谢的途径和方式也不同，所以降解环境中有机物的种类和能力也有一定的差异。如硝化细菌包括两种不同的代谢群体，亚硝化菌属及硝化杆菌属，在水质净化过程中，亚硝化菌属细菌把水中的氨离子（NH_4^+）氧化成为亚硝酸离子（NO_2^-），并从中获得生存所需要的能量，再从二氧化碳或碳酸根离子（CO_3^- 或 HCO_3^-）中制造自身所需的有机物；而硝化杆菌属细菌能把水中的亚硝酸离子（NO_2^-）氧化成为无毒的硝酸离子（NO_3^-），并也能从中获得生存所需要的能量。这一代谢过程又受到诸多因素的制约，溶解氧（DO）降低时硝化细菌、亚硝化细菌的增殖速率均下降；自由氨（FA）浓度升高时亚硝酸转化硝酸的过程受到抑制，导致亚硝酸氮的积累；而当温度超过 30℃、pH 值大于 8 时，硝化细菌的活性就会受到抑制。因此在使用微生物制剂时应充分考虑各细菌的代谢特点，采取相应的措施，如开动增氧机提高溶氧，适时调控水温、pH 值等，使其作用发挥到最大。同时可以采用相容性较好的细菌组成复合菌株，以扬长避短，发挥协同作用。如某知名品牌活菌生物净水剂即是由亚硝酸单孢菌、硝化细菌、硫化细菌、甲烷氧化菌和酶素等组成的，能够利用多种碳源、氮源、硫源，可在水域的不

同层面降解多种有机物分子，其作用是单一菌种无法企及的。

以下分别介绍不同微生物制剂在养殖水质处理及调控中的研究和应用现状。

四、微生物制剂及河蟹养殖使用效果

（一）主要微生物制剂

1. 光合细菌

光合细菌是一种以光为能源、以二氧化碳或小分子有机物作碳源、以硫化氢等做供氢体，能完全自养或光能异养的一类微生物的总称。只要有水和光存在，不论环境中有氧或无氧，光合细菌均能生存繁殖。光合细菌的研究和应用在日本及东南亚等国已相当普及。有研究报道光合细菌降解牡蛎养殖区底泥中的有机物，修复牡蛎养殖环境的作用。光合细菌能分解利用许多有机物质，如有机酸、醇类以及某些芳香族化合物；光合细菌能够转化某些有毒物质，如：氨氮、硝态氮等，光合细菌在促进水生生态系统的物质循环、净化水体过程中发挥着重要的作用。

但是光合细菌抗逆性比较差，菌体生产后的保质期短，以及在水体中存活的时间短。因此目前多采用经过固定化的光合细菌，光合细菌在经过固定化后不仅增加了沉降性，而且相对增加了光合细菌在养殖池底部的局部浓度；此外，光合细菌被固定化以后可以有效减少其在换水过程中的损失，作用时间更持久。这样就不必再经常向水体中投放光合细菌，从而降低了养殖成本，提高了养殖过程的稳定性。

光合细菌是一类能进行光合作用的原核生物的总称，其共同特点是体内具有光合色素，在厌氧、光照条件下进行光合作用，利用太阳光获得能量，但不产生氧气。目前在养殖生产上应用的是红螺菌目红螺菌科的菌种，能利用硫化氢作为供氢体，但主要是利用小分子有机物作为供氢体，同时又以这些小分子有机物作为碳源，利

用铵盐、氨基酸或氮气作为氮源。

（1）光合细菌的功能作用

①光合细菌是水域重要的初级生产者。光合细菌含有叶绿素和类胡萝卜素，能进行光合作用，和藻类一样是水域重要的初级生产者。藻类是水体透光层的初级生产者，而光合细菌则是水体厌氧层和兼性厌氧层的初级生者。研究报道，湖泊光合细菌层中被同化的碳素量分别占湖泊初级生产总量的 85% 和 55%，足见其在水域初级生产中的重要地位。

②光合细菌能净化养殖水体水质，改善养殖水环境条件。光合细菌在厌氧条件下能以二氧化碳、有机物为碳源，硫化氢和有机物为供氢体，并以铵盐、氨基酸为氮源合成有机物。因此，光合细菌在池塘水质净化中占有十分重要的地位，具有很高的净化高浓度有机污染物和硫化氢的能力，在池塘中不但可提供水体初级生产力，为鱼类等水生动物提供食物来源，而且还可化害为利，将硫化氢等有害物质转化为光合细菌菌体。

③光合细菌营养丰富，能加速动物生长，提高抗病性能。光合细菌菌体内含有丰富的氨基酸、蛋白质含量高达 64% 以上，叶酸、维生素 B 族含量较多。从氨基酸成分看，接近含蛋氨酸多的动物蛋白，尤其是维生素 B_{12} 和生物素含量高，使之具有很高的饵料价值，并已研究证明其对动物没有毒性。此外，菌体脂质成分除菌绿素、类胡萝卜素外，每 1 克纯干菌中含 10 毫克生理活性物质辅酶 Q。

④改善养殖肠道微环境，清除消化道代谢废物，预防养殖动物疾病发生。光合细菌是一类兼性厌氧菌，可以从发酵或脱氮反应中获得能量，能利用硫化氢、有机物（也包括有机酸）、铵类等合成菌体。因此，光合细菌拌入饲料中内服可以使消化道中各种代谢废物、毒物转化为细菌，为养殖动物所利用，使消化道维持较好的微环境，预防各种疾病的发生。由于光合细菌营养丰富，含有多种生物活性物质，已在饵料、饲料、食品、水产养殖和畜禽饲养等多方

面得到了成功的应用。

（2）光合细菌的使用

光合细菌既可提高池塘生产力，又能改善池塘生态环境，加速水生动物生长，提高养殖动物抗病抗逆性能，可在水产养殖过程中普遍使用，为降低养殖成本，还可自己培养光合细菌。现将光合细菌制剂的性状、功能、使用方法及使用时注意事项简要介绍如下：

①性状与气味。光合细菌制品为红色或紫红色的液体，略带培养基的味道。

②用法与用量。光合细菌能将水体有机物、有毒有害物质转化合成为高蛋白和富含多种维生素、生物活性物质的菌体；光合细菌是水域厌氧层和兼性厌氧层的初级生产者。

河蟹池塘水质净化：水温20℃以上期间，首次以10克/米^{3}的用量直接泼洒于养殖水体，以后每隔7～10天按2克/米^{3}施用。集约化养殖池水质净化：首次以15克/米^{3}的用量直接泼洒于养殖水体，3天后按以后5克/米^{3}的用量直接泼洒于养殖水体一次，以后每隔7天按2克/米^{3}施用。光合细菌可与益生素（枯草芽孢杆菌制剂）配合使用，效果更佳。

湖泊、水库增养殖中的应用：光合细菌用量按3～4千克/亩的浓度直接泼洒于水体中，每15天按半量施用一次，并与生态培藻灵配合使用，以提高水体初级生产力，改善水质。

③注意事项。第一，必须确保光合细菌制剂的质量。目前光合细菌的制剂有液体菌剂、浓缩液、固体菌剂和冻干粉等。比较而言，液体菌剂较易批量生产，且培养物活性较强，代谢产物丰富，应用效果较好。液体菌剂必须有足够多的有效活菌，有效活菌要达5.0×10^{8}菌落形成单位/毫升以上，并尽可能含杂菌少。第二，用量应适当。光合细菌若是纯培养或接近纯培养，用量稍大些效果更好，但目前光合细菌大多为开放或半开放式培养，必然会有少量杂菌进入培养物中，如杂菌中的硫酸还原菌会把培养基中的硫酸盐还

原产生硫化氢（H_2S），用量得当，菌液中少量的硫化氢会被大量的池水稀释到本底值以下，池中少量的硫化氢可作为光合细菌生长合成的供氢体被转化。因此，光合细菌的使用要用量得当，全池泼洒浓度在5克/米³左右，以后多次追加；一些集约化养殖池要求较高浓度使用时，应尽量选用接近纯培养的光合细菌；拌饵时光合细菌按3％～5％的量拌入饵料后投喂。切莫因效果好，又无毒无害，而过量使用。第三，光合细菌勿与抗生素或消毒剂同时使用。光合细菌应在晴天使用。第四，光合细菌的保存期一般为6个月，加了保存剂时也不超过12个月，因此要注意生产日期，不使用超过有效期的产品。养殖户用光合细菌培养基自行培养时，最好现配现用，不要存贮太久。

2. 化能异氧细菌（以芽孢杆菌属菌株为代表性菌株）

化能异氧菌包括有芽孢杆菌类、乳酸杆菌类、乳链球菌和假单胞菌属的一些菌株，这些细菌有好氧的、厌氧的、兼性厌氧的，对养殖动物和人类无致病性。它们能迅速分泌多种胞外酶，把生物大分子有机物如淀粉、脂肪、蛋白质、核酸、磷脂等分解成小分子有机物，再进一步矿化生成无机盐类。这类细菌施放于池塘中，能够迅速降解进入池塘中的有机物质，如养殖动物的排泄物、残存饵料、浮游生物的尸体等，一方面自身迅速繁殖而成为优势种群，抑制病原微生物的滋长；另一方面提供营养促进单细胞藻类繁殖生长，调控水质因子。其中以芽孢杆菌属菌株具有性状稳定、不易变异、胞外酶系多、降解有机物速度快、对环境适应能力强、产物无毒、便于生产、加工与保存等特点，已成为池塘水质改良剂及生物有机肥生产的代表性菌株。

芽孢杆菌是一种简单的细菌，是土壤中的优势种群，具有丰富的蛋白酶、脂肪酶、淀粉酶、纤维素等。它能强烈地分解碳系、氮系、磷系、硫系污染物，分解复杂多糖、蛋白质和水溶性有机物；在养殖水环境中能形成优势菌群，成为净水研究的热点。任保振、王广军在温室养鳖池投喂含有蜡质芽孢杆菌的有益微生物，结果显示降低了水体中的有机污染物化学需氧量、氨氮、亚硝酸氮的含量，池水和底泥中的异养细菌数量明显增加。同时也能降解进入养殖池的有机物，包括鱼的排泄物、残饵饲料、浮游藻类尸体和池底有机淤泥，使之生成硝酸盐、磷酸盐、硫酸盐等无机盐类，避免了有机物在养殖池的沉积，维持了良好的生态环境。

芽孢杆菌是一类严格耗氧的具有在不良环境下产生芽孢能力的革兰阳性菌，广泛存在于自然环境中，生命力极强。研究表明，温度在 20~30℃，pH 值在 7.5~8.5 时，芽孢杆菌生长代谢最旺盛。有些芽孢杆菌能够在河蟹肠道内定植，降低肠道内氧气，抑制好气菌的生长，显著降低大肠埃希菌、沙门菌和产气荚膜梭菌的数量。芽孢杆菌能够分泌多种消化酶，能够提高饲料利用率。研究表明，芽孢杆菌能提高河蟹免疫力，促进免疫器官发育。因此，通过饲喂添加芽孢杆菌能够有效降低河蟹的发病率，提高河蟹的生长。

在河蟹养殖过程中，芽孢杆菌分泌的大量消化酶能够迅速降解养殖水体中底部的有机质，最终分解为硝酸盐、二氧化碳、硫酸盐等，有效降低了养殖水体中的氨氮、亚硝酸氮和硫化物浓度，从而改善水质。同时，上述无机盐又是单细胞藻类的营养物质。浮游植物的光合作用，又为河蟹的呼吸、有机物的分解提供氧气，从而形成一个良性生态循环。

（1）迅速降解池塘有机物，改善底质条件

芽孢杆菌制剂进入养殖水体后，能够分泌丰富的胞外酶系，及时降解进入水体的有机物，包括养殖动物的排泄物、残存饲料、浮游生物尸体、有机碎屑，使之矿化成为单细胞藻类生长所需的营养盐类，避免了有机物在池塘中沉积。

表 3-1 是枯草芽孢杆菌在水泥池中进行分解有机淤泥的试验情况。小水泥池面积 30 米²，池底原有 3~5 厘米的黑泥，采取不洗池子，直接引进养殖鱼塘的池水，放养规格 4~6 厘米的鲫鱼种

20 尾，5～7 厘米的鲢鱼种 30 尾，5～6 厘米的鳙鱼种 8 尾，放养 3
天后施用枯草芽孢杆菌制剂。经一个月的养殖试验，池底黑泥被分
解消失。

表 3－1　　　　　枯草芽孢杆菌制剂分解有机物的效果

组别	用量（毫克/升）	池底黑泥状况		池水变化情况
		开始	结束	
1	0	＋＋＋	＋＋＋	一直呈暗绿色，透明度 30～50 厘米
2	1.5	＋＋＋	＋	施益生素 5 天后转为黄绿色，透明度维持在 30～35 厘米
3	3.0	＋＋＋		施益生素 5 天后转为黄绿色，透明度维持在 30～35 厘米
4	4.5	＋＋＋	－	施益生素 3 天后转为黄绿色，透明度维持在 30～35 厘米

注：1 组为空白对照组；＋表示黑泥存在；－表示黑泥消失。

（2）改善水质条件

微生态制剂菌群自身耗氧量少，降解有机物能力强，能够减少
池塘有机耗氧，间接增加池中溶解氧的含量，保证了有机物氧化、
氨化、硝化、反硝化的正常循环，中间代谢的有毒有害物质减少，
从而提高了水环境质量。

水泥池试验中底层水质因子的变化情况说明养殖水体施放枯草
芽孢杆菌制剂可使水体氨氮、亚硝酸盐、硫化物的含量降低，溶氧
增高，对照组相比均有明显差异，pH 值相对稳定。

（3）抑制有害微生物繁殖

枯草芽孢杆菌制剂进入池塘后能迅速繁殖形成优势种群，通过
食物、场所的竞争以及分泌类似抗生素的物质，直接或间接地抑制有

害病菌的生长繁殖。枯草芽孢杆菌菌株还可以产生表面活性物质，刺激养殖动物提高免疫功能，增加抵抗力，降低发病率。在水泥池中按1.5毫克/升施用利生素后，第 2 天芽孢杆菌可达3×10^6/毫升，第 7天后达 1.2×10^7/毫升，到第 12 天下降到8×10^6/毫升，至第 15 天仅4×10^6/毫升，第 15 天补施利生素0.75 毫克/升，至第 18 天芽孢杆菌数量又达到高峰1.2×10^7/毫升。因此，利生素首次施用后，每半月应按半量进行补施，以保证使用效果。

（4）促进单细胞藻类生长，营造良好水色

枯草芽孢杆菌制剂投放池塘 2～4 天后，即可观察到池水出现清新亮丽的黄绿色或茶褐色的水色，并一直维持稳定。这是由于有益微生物菌群及时降解进入池塘的有机物，均衡持续地提供营养给单细胞藻类进行光合作用，使藻相和菌相维持平衡。

（5）对养殖动物的促生长作用

枯草芽孢杆菌可及时地降解进入养殖池塘的各种有机物，促进单细胞藻类的繁殖生长，有效地增加溶氧，消除有毒因子，营造了良好的生态环境。养殖动物在宽松的环境中，必然摄食活跃，生长速度快。有益微生物菌群进入养殖动物消化道后，能够分泌很强的多种胞外酶系，有帮助消化、促进吸收的作用，既提高了饲料利用率，又促进了养殖动物的生长。

（6）芽孢杆菌制剂的使用及注意事项

芽孢杆菌制剂能及时降解池中各种有机物废物，抑制病菌，消除有毒因子，稳定酸碱度，平衡菌相和藻相，营造良好水色，可以预防疾病，增大可控水体养殖容量，实行高密度养殖，达到高产稳产，安全高效的养殖目的，同时又可减少换水量，提高水利用率，首次用量为 1.0～1.5 毫克/升，可每 10～15 天使用一次，用量为0.5～0.8 毫克/升；

芽孢杆菌制剂使用注意事项：①芽孢杆菌制剂不能与消毒剂同时使用；②使用前须开增氧机，增加水中溶解氧，充分激活水源，有利于活菌迅速生长；③在晴天上午使用。

3. 硝化细菌

硝化细菌属化能自养菌，专性好氧，大多是专性无机型。硝化细菌可分为 2 个亚群：亚硝化细菌和硝化细菌。亚硝化细菌将水体中的氨氮转化为亚硝酸氮，硝化细菌将亚硝酸盐氧化为对水生动物无害的硝态氮。硝化细菌广泛应用于水处理与工业化水产养殖系统，在水中会自动形成生物膜，几天后即可形成。

硝化细菌是自养性微生物，需要在体内制造有机物供其生长，这决定了硝化细菌的繁殖速度要比异养生物慢得多，一般异养性微生物可几十分钟内增殖一倍数量，而硝化细菌则要在 1～2 天才能增殖一倍的数量。另外，硝化细菌不喜欢有机物，水体中过多的有机物反而会抑制硝化细菌的生长繁殖。

硝化细菌在水产养殖中的作用对将池塘中的亚硝酸盐转化为硝酸盐，净化水体，缓解甚至消除水产养殖动物因亚硝酸盐中毒所产生的症状，避免"死底症"发生。

硝化细菌参加的硝化作用对池塘氮循环有重要环节。以下几种情形下，氮代谢往往受滞，使用硝化细菌能取得明显的效果：

（1）名特优水产品养殖中常投喂高蛋白含量的饵料，代谢物中氮含量高，因此，越是名特优水产品养殖，越需要补充硝化细菌，加速氮循环，净化水质。

（2）高产池塘投饵量多，代谢产物多，氮循环往往受阻，需要补充硝化细菌，加速氮循环，净化水质。

（3）高温季节河蟹池塘投饵增多，水生生物代谢旺盛，水体亚硝酸氮含量上升，需要补充硝化细菌，加速氮循环，净化水质。

（4）超富营养化池塘，氨氮含量高，氮代谢负荷大，需要补充硝化细菌，加速氮循环，净化水质。

4. EM 微生物菌剂

EM 是日本琉球大学著名微生物学家比嘉照夫 1992 年在联合

国环境大会上提出来的新型复合微生物菌剂，EM 是英文 Effectire Microoranisms 的缩写，意为"有效微生物菌群"。EM 技术就是这种复合微生物菌剂的研究应用技术。

EM 活菌剂是由光合细菌、放线菌、酵母菌等 5 科 10 属 80 多种微生物复合培养而成。各种微生物相互作用，共同发展，发挥出多种功能，促进动、植物生长，抑制病害发生。EM 在水产养殖上的主要作用是提高养殖动物对养分的吸收与转化，促进动物残留物等有机物质的分解，抑制腐败类微生物和某些病原微生物的生长，同时产生氨基酸、核酸等生物活性物质，改善水生态环境，提高抗性、提高品质，增加产量。

EM 菌种发酵液渗入水体后，能抑制病原微生物和有害物质，调整养殖生态环境，提高水中溶氧量，促进养殖生态系中的正常菌群和有益藻类活化生长，保持养殖水体的生态平衡；拌入饵料投喂，直接增强鱼类的吸收功能和防病抗逆能力，促进健壮生长。EM 菌种发酵液中的光合菌还能利用水中的硫化氢、有机酸、氨及氨基酸兼有反硝化作用消除水中的亚硝酸铵，从而净化养殖池中的排泄物和残饵，改善水质，减少鱼病。主要作用为：减少病原微生物和不良藻类；明显增强养殖对象的免疫力和抗病性，提高成活率；浮游动物、有益藻类增多，特别是红虫明显增多；稳定和改善水质，水体清爽，不臭不腐，无硫化氢、氨气等异味，能见度在 25～50 厘米的时间长且稳定，换水时间延长 2 倍；鱼虾粪、下脚料等不会变成淤泥而呈散沙状；促进生长，增重率明显提高。

使用注意事项：第一，EM 菌种发酵液不要与化学药剂同时混用。若混用造成池水变臭，要立即换水，再按技术要求用 EM 菌种发酵液拌料投喂和稀释液喷洒。

第二，EM 菌种发酵液饲料须保持新鲜，喂养时即配即喂，混合 1 次喂 1 天，全部喂完。如有剩余应密封保存，防止变质。

5. 噬菌蛭弧菌

蛭弧菌的生物学名称为噬菌蛭弧菌。蛭弧菌是一类专门捕食细菌的寄生性细菌，具有独特的裂解细菌的生物学特性，能够在较短的时间内裂解水体中的沙门菌属（Salmonella）、志贺菌属（Shigella）、变形杆菌属（Proteus）、埃希菌属（Escherichia）、假单胞菌属（Pseudomonas）、欧文菌属（Erwinia）、弧菌属（Vibrio）等属的种类，可将致病菌限制在较低水平上，同时还可有效地控制养殖水体的化学需氧量、硫化物和氨氮存留量。噬菌蛭弧菌裂解细菌的菌谱广，对致病菌的裂解作用明显大于非致病菌，且肠道病原菌更易被裂解。

蛭弧菌在自然界的分布较广，其含量通常在夏季较高，而在冬季较低。土壤、植物根际、河水、海水、湖水、井水及下水道污水中都有蛭弧菌的分布，并能从陆生动物、水生动物或人的粪便中分离到蛭弧菌。但在清洁的自来水、泉水中很难检出。水生蛭弧菌属倾向于表面生长，是生物膜的重要组成成分。

上海水产大学的张书俊和曹海鹏还进行了蛭弧菌对有益微生物的裂解研究，利用水产养殖上常驻用的酵母菌、枯草芽孢杆菌、硝化细菌作为宿主，同时以嗜好水气单胞菌为对照，除宿主菌为硝化细菌的双层平板没能形成噬菌斑外，其余均有噬菌斑产生，但有益菌相对于嗜好水气单胞菌的出斑时间明显滞后，说明蛭弧菌对致病菌的裂解能力强。水中裂解实验验证：8天后酵母菌数目的对数值较起始值下降了0.59，枯草芽孢杆菌数目的对数值下降1.1，而嗜水气单胞菌下降了2.8。说明蛭弧菌致病菌的能力比非致病菌强，但也能影响水体中的有益菌存在，因此，在筛选水产用蛭弧菌时，应尽量筛选出对有益菌无裂解作用的菌株，并以此为筛选标准。

6. 固定化微生物制剂

微生物制剂的活性受水体中的各种环境因子影响较大，某些极端条件下微生物的缺乏，在养殖过程中使用的抗生素、抗菌药物会对微生物制剂有抑制作用；有时候只使用单一的微生物制剂手段来治理效果并不理想，需要结合其他的方法才能起到预期效果，因此又在微生物制剂的基础上开发了固定化微生物。

郑忠明等（2009）通过野外围隔实验比较了固定化微生物和游离微生物对养殖池塘污染底质的修复能力，结果显示利用载体固定微生物技术比游离的微生物更显著提高了对污染底质的修复能力。蔡惠凤（2005）通过室内外实验，表明载体的微生物表现出更好的改良效果。金春华等（2010）通过在凡纳滨对虾池塘中使用固定化微生物，能有效降解底泥有机污染物，并能调节水质、调整浮游植物群落结构。

在选用固定化微生物时，需要注意固定化载体的选择，固定化微生物技术的修复水质效果受固定化载体的影响，陈爱玲（2010）通过比较珊瑚石和竹节两种固定化载体与广泛应用的陶粒净化效果，发现珊瑚石和竹节这两种载体在氨氮、亚硝酸氮和有机物上的净化效果要比陶粒更好。武玉强等（2011）研究发现固定化微生物的载体海藻酸钠小球胶体易分解，不仅造成水体浑浊，而且该载体的分解又会促使水体中的原生动物等大量繁殖，进而导致水体更严重的水质问题。固定化微生物的载体需要进一步改进，如廉价高效载体的开发，载体重复使用率、使用寿命的提高以及更高效的固定化微生物反应器的开发等。

7. 生物膜

生物膜是指细菌在附着生长时产生的胞外聚合物及其基质网包裹的细菌群体。细菌之间能够相互协作，增强彼此的生存能力，由一种群体感应来调节，并且根据这种机制，可以在挂膜的启动、菌群的优化以及生物的强化上进行人为的调节，可以达到提高调控水质的净化效果。生物膜技术广泛应用于工业污水及生活污水的处理中，生物膜修复法较其他修复方法表现出很多优点，如占地小、空间利用率高、耐冲击力强、污泥发生量很少、自动化管理等。

虽然有许多相关生物膜修复技术在工业及生活污水处理系统中

的研究与应用报道，然而，有关生物膜技术在池塘水产养殖原位水处理中的研究与应用，近些年才开始有报道。江兴龙等 2010 年率先在日本鳗鲡的精养殖水体中开展了生物膜原位水处理技术的系统研究与应用，发明了水产养殖专用生物膜净水栅，创建了池塘生物膜低碳养殖技术，并在规模土池鳗鱼养殖中示范与应用。研究发现，生物膜上微生物群落主要由细菌、藻类、真菌以及原生动物等组成，形成了良好微生态系统，抗干扰能力强，能有效减少病害的发生。具有显著地节水、节能减排、节约饲料、增产增收等效果，且具有易操作、投入少、安全环保等特点。

现在，池塘生物膜低碳养殖技术已在福建、广东、广西、海南、浙江、江苏、四川、内蒙古、辽宁、天津、上海及重庆等 12 个省、自治区和直辖市进行推广，在海淡水池塘养殖南美白对虾、鳗鲡、中华绒螯蟹、泥鳅、黄鳝等示范应用，均取得了良好经济、社会与生态效益，深受养殖业者好评。目前生物膜修复技术已被农业部全国水产技术推广总站列入全国水产养殖节能减排技术推荐目录（全国水产技术推广总站，2013）。在池塘养殖中具有很好的应用推广前景。

（二）微生物制剂修复河蟹养殖水体效果比较

1. 氨态氮

实践表明，在使用微生态制剂的池塘中，养殖前中期的氨态氮呈下降趋势，养殖后期缓慢上升，可能的原因在于后期有机物积累过多，氨态氮大量产生且超过了微生态制剂的处理能力，这提示可以进行换水并增大微生态制剂的使用剂量及频率。在未使用微生态制剂的池塘中，养殖前期的氨态氮浓度呈缓慢上升，但是在养殖中后期，随着饲料投喂的量的加大，残饵及河蟹排泄废物在池底不断增多，池塘中的氨态氮的含量会迅速上升，这表明水体自净能力有限。尤其在当今外河水源普遍污染的情况下（换水显然不合适），使用微生态制剂调控水质显得尤为重要，实际操作中需要注意微生态制剂的使用频率及有效浓度。光合细菌对氨态氮的处理能力较强，芽孢杆菌、硝化细菌表现较差。

2. 亚硝酸盐

实践表明，在使用微生态制剂的池塘中，养殖前中期的亚硝酸盐浓度呈下降趋势，养殖后期缓慢上升。在未使用微生态制剂的池塘中，养殖前期的亚硝酸盐呈缓慢上升，但是在养殖中后期，池塘中的亚硝酸盐的含量会迅速上升，这表明养殖水体污染严重。硝化细菌和芽孢杆菌对亚硝酸盐的分解能力很强，光合细菌的处理能力很弱。

3. 硫化氢

实践表明，在使用微生态制剂的池塘中，养殖前中期的硫化氢浓度呈下降趋势，养殖后期缓慢上升。使用含芽孢杆菌的池塘后期上升较快，说明芽孢杆菌对硫化氢的降解能力一般。使用光合细菌的池塘后期上升最为缓慢，这表明光合细菌处理硫化氢的能力较强。究其原因：芽孢杆菌发挥作用需要消耗氧气，而池塘底部在后期最为缺氧；光合细菌是兼性厌氧菌，在降解硫化氢的过程中无须耗氧。在河蟹养殖后期，由于高温、雨季和投喂量加大等原因，池塘很容易缺氧导致硫化氢产生，河蟹翻塘现象常有发生，因此有必要加大光合细菌的使用量及使用频率。

4. 溶解氧

使用芽孢杆菌和硝化细菌最好在晴天中午使用，因为这两类细菌均为需氧型细菌，需要消耗大量的氧气才能发挥改善水质的作用。而光合细菌为厌氧细菌，在水中生长不需要消耗水中溶解氧。需在晴天溶解氧充足时使用，芽孢杆菌的使用通常开始使水体溶解氧下降，过一段时间后水体溶解氧会提升。

5. pH

成蟹养殖期间 pH 须保持在 7～8.5。pH 能够影响到河蟹的渗透压调节及其代谢。使用微生态制剂的池塘 pH 波动幅度不大，大多能够保持在 7.2～8.5。未使用微生态制剂的池塘 pH 起伏较大，

pH 起伏过大对河蟹生长不利，特别是养殖后期 pH 下降明显。

总之，微生物能清除长时间残留于养殖水域底部的废物，尤其是养殖水体底部积累的大量的残余饵料、排泄废物、动植物残体以及有害气体氨，硫化氢等，使之降解，最终分解为二氧化碳、硝酸盐、硫酸盐等，有效地降低了水中的化学需氧量，使水体中的铵态氮、亚硝态氮、硫化物、氨的浓度降低，从而有效的改善水质，且能为单细胞藻类为主的浮游植物的繁殖提供营养物质，促进藻类和浮游植物的繁殖。这些浮游植物的光合作用，又为池内底栖动物、养殖水产动物及有机物的分解提供氧气，从而形成一个良性的生态循环，有利于水产动物的迅速生长。同时由于净水微生物的大量繁殖，在池内形成优势种群，可抑制病原微生物的繁殖，减少疾病发生。微生物的引入可以增加水中的生物多样性，使水体的各级营养结构趋于稳定并保持平衡。

五、生物修复技术综合应用

马旻（2011）通过单种植物、组合植物和植物与微生物的联合三种方式进行对比，在氨氮的去除率上，植物微生物组（92.92%）显著高于微生物组（85.38%）；总氮、总磷的去除率都是植物微生物组（62.27%、71.82%）和植物组（67.02%、71.56%）显著高于微生物组（38.47%、20.74%）、表明植物-微生物的联合方式生物修复的效果最强。杨琳（2008）构建了由人工基质固定化微生物菌膜、浮床植物系统和沉水植物群落3个部分组成的多级生物系统，不仅改善了池塘水质，而且还能多级利用营养物质，减少了资源消耗和环境成本。王铁楼（2009）构建了蟹—鱼—贝—藻等多池循环系统，即在不同池塘中放养生态位互补的经济动植物，通过水循环将它们联系在一起，该方式不仅使得各类废弃物得到充分利用而且还能实现水质调控的效果。林更铭等（2011）通过控制各种类比例构建了凡纳滨对虾、黄鳍鲷、鲻鱼、腺带刺沙蚕和细基江蓠这种生态位互补的养殖模式，不仅能发挥生物修复的作用，而且能够提高池塘利用率，提高了虾池的经济效益。也有关于固着生物的研究，即由植物和动物附着在放置于水底中的基质中，该方法也能在一定程度上提高生产效率。

　　生物修复法具有成本低、修复能力强等特点，将成为未来主要的研究方向。未来的池塘养殖水质修复技术，应该是一种综合技术，以一种修复方法为基础，其他修复方法为辅的方式进行更全面的水质改良。池塘养殖生物修复技术的发展方向之一，可以采取以生物膜修复技术为主，辅以微生物修复法、动植物修复法以及物理化学修复法等的综合，以期实现对池塘养殖生物修复过程的人工操纵控制，实现全面改善池塘水环境，确保池塘养殖生态系统健康、稳定和平衡。

六、河蟹养殖生物修复技术实例

　　安徽省当涂县以生物修复技术为主的河蟹养殖技术概括为"当涂模式"，在夏季水体透明度 60 厘米以上和水草覆盖率达到 40%～70%，明显好于几年前水质外观状况，河蟹规格和品质大幅度上升。水质的调控归纳起来主要包括水生植物的栽培、水位控制、水质理化因子的调节等方面，实施水质调控养蟹是在生物修复技术以后不断摸索的结果。水质调控养蟹面积逐步扩大，养殖方式也由单纯的池塘水质调控养蟹发展到稻田水质调控养蟹，养殖品种也由单一的河蟹养殖发展到蟹鳜（鳖）混养、鱼虾蟹混养、蟹鲴混养等多品种养殖。其技术要点是：

　　1. 种植水生植物来调控水质

　　水生植物可以吸附蟹池底部富营养盐类，起到净化水质、释放氧气的作用。一些水生植物不仅能降低水中氨氮、亚硝基态氮等有害物质，还能吸收水体中的氮、磷，避免水体富营养化，同时还能作为鱼类的饵料。如在河蟹池底种植扁担草、轮叶黑藻，水面设置水花生、水浮莲等水草，有利于改良水质，促进河蟹蜕壳和生长。在养蟹中，水生植物以沉水植物调控能力最强，如扁担草、伊乐藻、金鱼藻、轮叶黑藻等。另外，蟹塘一年四季保持有水草。实践证明，养蟹水体种植高等植物，是改善水质的行之有效的措施。其优点是：增加透明度，降低水温；降低水中营养盐类，从根本上改善水质；水体溶氧增加，有机物分解快，底泥不易黑臭，河蟹病害减少；水体内饵料生物多；水草还是河蟹栖息、蜕壳的隐蔽场所，也是主要的饵料供应者。

2. 投放螺蛳来调控水质

螺蛳是蟹塘中的底栖动物，吸食池底食饵、残渣、有机碎屑，有水底"清道夫"之称。蟹塘中螺蛳不足，就必须人工投放来补充，螺蛳量要达到 250 克/米^2。

3. 混养花、白鲢、黄条鱼来调控水质

充分利用花白鲢、黄条鱼的滤食性，消化吸收蟹池中滋生的浮游生物，达到净化水质的作用。

4. 水位控制来调控水质

河蟹是变温动物，水温对其生理代谢和免疫功能有很大影响，河蟹生长的适温是 20～30℃。在炎热的夏季，可通过水位控制调节水体温度。保持水位在 1.5 米左右比较适宜，有时通过边排边注，使池水呈微流水状态，保持水位稳定。通过及时补充新水，适当提高水位来调控水质，避免因高温造成死亡或其他损失。

5. 水质理化因子的调节来调控水质

使用生石灰、微生物制剂来调控水质，微生物制剂可以调节水质理化因子，包括 pH、溶氧、氨氮、亚硝酸盐等。微生物制剂包括光合细菌、EM 菌、芽孢杆菌等。在当涂县使用微生物制剂调控水质养蟹的不多，主要还是依靠水草、螺蛳及滤食性鱼类来调控水质为主。水质理化因子的调控应建立在水质检测的基础之上。只有了解水质理化因子指标的情况，再结合河蟹生长所需要求，正确使用生石灰、微生物制剂对环境因子的作用来体现养蟹的最佳效果，才能确保河蟹在整个生长季节不生或少生病。

随着水质调控养蟹技术的推广力度不断加大，以及水质调控养蟹技术的不断成熟和完善，现如今，水质调控养蟹已经成为养殖户打开致富之门的金钥匙。不仅如此，农民在致富的同时，也为当地水环境改善、农村集体经济的发展壮大做出了重要的贡献。现在通过实施水质调控养蟹后，河蟹规格与质量主要体现在"个大、体健、味道好、药残数据全达标"上。

水质调控养蟹技术的实施对于改善农村地区生态环境，提高农民生活水平具有明显的促进作用。净化了庭院，美化了街道，提高了农村人居环境质量，水质调控养蟹使渔业主产区的水域环境质量得到极大改善，养殖水域清澈见底，其水质能够达到国家地表水二类、三类标准，使农村的人畜用水安全得到了保证，农民的居住环境因此得到了极大改善。可以说，水质调控养蟹是促进城乡协调发展和农民增收的一条路子，可以创造良好的经济、生态和社会效益。

第四节　河蟹生态养殖水质调控

河蟹养殖水体的生态系统包括：消费者（河蟹等养殖对象）、分解者（有益微生物）和生产者（藻类和水生植物）三大部分，其核心就是能量流动和物质循环。传统河蟹养殖生产工艺是片面强调消费者，忽视分解者和生产者，形成能量流动和物质循环的瓶颈，其生态系统极不平衡。河蟹是整个生态系统的核心，其数量多，投饵量大，产生大量的排泄物和残饵；有益微生物的数量少，水体中有机质不能被及时分解；水生高等植物被河蟹消灭干净，水体生产者以藻类为主体，能量转化效率低下。传统的河蟹养殖造成的结果是，水体富营养化，河蟹生长缓慢，养殖病害严重，采用大量药物治疗病害，最终导致河蟹品质下降。

因此，改善养殖水环境，必须打破传统养殖工艺存在的"瓶颈效应"。而生态养殖就是要保持养殖水体中消费者、分解者和生产者三者之间能量流动和物质循环的平衡，要求其物质循环和能量流动不存在"瓶颈"。即：强化分解者——改善水体溶氧、pH 条件和利用微生态制剂，使水体和底泥中的有益微生物数量大大增加，将大量的有机物分解成无机盐。促进生产者——种植和保护水生维管束植物（或高等藻类），通过光合作用，将无机盐转化为绿色植物产出。

因此，采用生态养殖技术，饲养水生动物产生的废物全部被微生物分解，所分解的营养物质又全部被高等水生植物（水草）所利用。对环境是零污染排放。作为养蟹水体，生态养殖的核心是采用生物修复技术，修复水环境。怎样修复水环境，重点就是水草资源的保护和栽培。俗话说"蟹大小，看水草"。只有营造好"水底森林"，才能防止水体富营养化，才能养出规格大、品质好的"青背、白脐、金爪、黄毛"的优质中华绒螯蟹。

河蟹的生态养殖，非常注重对水体水质的调控。通过对养殖水体采取定期换水、分阶段进行水质调控、定期使用生石灰和生物制剂等措施，使养殖水体的水质充分满足河蟹生长发育的需要，提高产品的产量和质量、降低成本、增加效益。

一、水位调控

池塘水位的调控要根据池塘河蟹的存塘量和河蟹生长的适宜水温这两个因素来决定水位的高低。实际操作中掌握"春浅、夏满、秋适中"的原则，以控制水体水温，尽量满足河蟹的生长需要。

春浅：3～5 月份，气温偏低，河蟹刚入塘，池塘存蟹量小，所以此时应保持低水位，提高水温。一般保持水位在 40～50 厘米，而后要随着气温的升高逐渐加深。

夏满：6～8月份，气温逐渐升至最高，蟹的生长速度加快，存塘量也渐增。这阶段的水位应随气温的渐增而相应调高，控制在100～120厘米。高温季节，水位还可以适当加深。

秋适中：9～10月份，气温逐渐下降，而此时蟹的存塘量渐至最大值，河蟹的生长速度也逐渐缓慢。保持稳定的水位可以满足河蟹的生长需要。水位应控制在80～100厘米。

二、池水透明度的控制

池水的透明度是衡量水质的重要指标之一，养殖过程中要定期测试水体的透明度，通过换水、加水、药物调控等方法来调控。在河蟹养殖过程中，不同的生长季节对水体透明度的要求也不相同。3～6月份，控制池水透明度在30厘米左右；7～9月份，气温较高，河蟹生长快，投饵量加大，水质容易变坏，此时水体透明度控制在40～50厘米左右，以防止蟹病的发生和池塘缺氧；10～12月份，根据河蟹的生长需要，控制水体透明度在35～40厘米左右。

三、梅雨季节的水质调控

梅雨季节由于光合作用减弱，池水的物理、化学指标发生变化，引发藻类和蟹池水草的大量死亡，造成池水缺氧、pH值下降，河蟹产生应激反应等危害。针对这种情况，养殖过程中应采取以下措施来调节水质。

1. 增氧

为防止池水缺氧，可采用增氧机增氧，有条件的地方可采用微孔增氧技术，直接对水体进行增氧。

2. 停食

梅雨季节，天气闷热，河蟹的摄食量降低。为防止残留饵料对水体的污染，可酌情减少饵料的投喂，甚至停食，防止水质恶化。

3. 使用生物制剂调节水质

红螺菌科的光合细菌无论是在有光照还是无光照、有氧还是无氧的条件下都能通过其自身的新陈代谢吸收和消耗水体中大量的有机物、氨氮、亚硝酸盐和硫化物等对养殖生物有害的物质，从而使水质得到净化，保持水体适宜的 pH 值和溶氧水平。

4. 使用生石灰消毒

生石灰溶于水后可作为缓冲体系和稳定水体的 pH 值，促进水体有机物的聚沉和矿化分解，净化水质，同时可作为消毒剂杀灭有害细菌，防止病害的发生，养殖过程中要根据需要使用生石灰，掌握控制使用量，使池水的药物浓度在 20 毫克/升以下。过多或频繁使用生石灰会造成河蟹的应激反应。

5. 使用减缓应激反应制剂

为防止河蟹的应激反应，作为水质调节的辅助功能，建议在梅雨季节使用应激宁等制剂，同时在饲料中添加 2%～3% 的维生素 C。

四、高温季节的水质调控

高温季节河蟹生长受到抑制，水质容易突变。养殖过程中要注意以下几点：

1. 加大水位，降低水温，控制水位在 100～120 厘米。

2. 控制投喂量，保持少量多餐，少荤多素。减少饲料残留和排泄物，防止水体污染。

3. 使用生物制剂调节水质。根据实际需要定期使用生物制剂。

4. 尽可能不使用化学药品。防止对水体环境的改变，引发河蟹的应激反应或因不适应新环境而造成河蟹的死亡。

五、蜕壳期前的水质管理

一个成蟹养殖期大概需蜕壳 3～5 次，一般蜕壳 4 次。水质的好坏，直接影响蟹的蜕壳生长。

1. 蜕壳期前的管理

河蟹在蜕壳前需要环境刺激，促进蜕壳，根据这一特性，养殖过程中应采取以下措施：

（1）在每次蜕壳前 3～5 天加注新水，增加水体溶氧，改变环境刺激河蟹。

（2）使用生石灰调节水质，使用浓度不高于 20 毫克/升。此时使用生石灰有两个目的：一是调节水质，使河蟹产生应激；二是消毒，防止病害侵袭蟹体。

（3）投喂新鲜的动物饵料，促进生长，防止污染水质。

2. 蜕壳期的水质管理

和蜕壳前相反，蜕壳后的河蟹需要在一个稳定的环境中生长，防止河蟹的应激反应，所以蜕壳期水质管理技术为，第一是保持水位稳定。原则上不进行换排水；第二是严禁使用化学药品，包括生石灰；第三是投喂动物性饵料。

第五节　河蟹生态养殖精细管理

池塘精细管理是根据气候条件、池塘代谢的生物学规律、养殖模式及其对池塘的水底质要求，开展精确投饵、培水、调水，最大限度地发挥养殖效益的一种新型的池塘科学管理的方法。池塘等精养水体的精细管理越来越多地在养殖生产中使用。

一、池塘精细管理的主要内容与要求

水质管理主要包括理化因子管理和生物因子管理两个方面的内容。精细管理的原则是必须确保养殖水体能量流转和物质循环渠道畅通，确保养殖投入品能发挥最大效益。养殖水体只有通过精细管理，科学构建运转高效的水生生物生态系统，才有可能形成高的养殖产出，并维持较好的池塘生态环境。本节根据养殖水化学基础提

出了养殖水域的水质要求，其他有关科学构建养殖生态系统的原理、要求与方法方面的问题已在以上的章节分别论述。

（一）池塘水质要求

包括对养殖水源的水质要求和养殖水体要求达至一定产量的对水质的调控要求。

1. 养殖水源水质

养殖水源要求无工业污染，水质应符合《渔业水质标准》和《地表水环境质量标准》，引用地下水开展水产养殖时，水质应符合《地下水环境质量标准》。

2. 养殖水体的水底质要求

我国2001年从水产品质量安全的角度颁布了《无公害产品淡水养殖用水水质》，但尚未从水产养殖生产的角度制定有关水产养殖方面的水质标准，根据我们的研究，结合国内外有关研究，提出了如下的养殖水体水质要求（如表3-2），在水产养殖实践中，可以根据此要求，进行"测水养蟹"。

表3-2　　　　　　　　测水项目及检测频次

序号	项目	功能	标准方法	快速检测法	方法比较	建议检测频次
1	溶氧	关键控制因子	碘量法	参比卡法	快捷、经济、适用	常检
2	pH	基本水质因子	玻璃电极法	精密试纸	快捷、经济、较适用	常检
3	透明度	综合反应水体生物、有机物	萨氏盘法采水器直接测定	快捷、经济、较适用	常检	
4	温度	物理因子	温度计	采水器直接测定	快捷、经济、较适用	常检

续表

序号	项目	功能	标准方法	快速检测法	方法比较	建议检测频次
5	铵氮	营养因子	纳氏比色法	快速比色卡	快捷、经济、适用	每周一次,或施肥前后检
5.1	非离子氮	营养因子,代谢毒物,水生动物有害	铵氮换算	快速计算卡	卡中直接读出	每周一次,或施肥前后检,溶氧低时加检
6	亚硝酸盐	营养因子,代谢毒物,对水生动物有害	每周一次,或施肥前后检,溶氧低时加检			
7	总磷	营养因子	钼蓝法	快速比色卡	快捷、经济、适用	每周一次,或施肥前后检,溶氧低时加检
8	碱度	缓冲系	盐酸滴定法	快速比色卡或试纸法	快捷、经济、适用	每周一次
9	硬度	矿物质作用	EDTA滴定法	快速比色卡或试纸法	快捷、经济、适用	每周一次,珍珠、虾蟹养殖常检
10	硫化氢	代谢毒物				溶氧低时检测
11	光合细菌	有害物转化机制		琼脂平板		每月1-2次

（1）基本水质因子　基本水质因子是指养殖生产过程中应该时

刻测定的水质因子，是池塘日常管理的基础，主要包括溶解氧（DO）、酸碱度（pH）、透明度、水温等 4 个最基本的理化因子，有条件的地方还可测定水体硬度和碱度两个水质因子。

（2）营养因子　营养因子是指水体生物合成所需的营养盐类、微量元素和小分子有机物质（如维生素 B_{12}）等水质因子。在养殖实践中一般都比较重视氮和磷，而对微量元素重视不够，在高产池塘常形成微量元素耗尽区，应补充矿物质等微量元素。另外，维生素 B_{12} 也是浮游植物光合作用所必需的。

（3）底水层与底质　池塘底层更容易缺氧，缺氧是底层厌氧作用可产生大量的有机酸和硫化氢，而使底层水质偏酸性，因此，更应关注底层水体的溶氧和 pH，并关注淤泥颜色和厚度。

（4）有害代谢物及代谢转化机制　水体代谢所产生的有害物质众多，其中最主要的有亚硝酸盐、非离子氨和硫化氢 3 种，另外厌氧呼吸所产生的多种有机物质大都对水生动物有副作用，要求池塘具备这些代谢有害物质的转化机制，代谢物质的转化是一个复杂的生物学过程，应以微生物的多样性为基础，为了定量描述这种机制，可选用光合细菌（PSB）等指标进行测定，光合细菌是一种兼性厌氧的有益微生物，选用它作为代谢物转化机制的描述指标，有较好的代表性。

（5）有毒有害物质　要求池塘周边没有工业污染物。

（二）池塘底部环境及底质要求

养殖水体底部环境常与地球化学土壤特点、养殖水体沉积物及水环境密切相关，养殖过程中众多疾病的发生往往最初都由底部环境的变化引起，可以说，底部环境是一切疾病的最初诱因。

1. 养殖水体沉积物

养殖水体沉积物主要包括养殖动物排泄物、残饵、动植物尸体、死亡的浮游生物细胞，以及加水、地表径流带来的物质等。沉积物中常含有大量待分解的有机质。多年未清淤的池塘底层沉积物较多，常对养殖生产带来不利影响。网箱多年不移动，底层的沉积物可达数米厚，其厌氧分解产生的大量有毒有害物质积累、上升，致网箱底层本已存在的条件致病菌快速繁殖，在高密度养殖的网箱内迅速漫延，呈现出暴发性流行。

2. 底部环境与水质因子的相互关系

底部环境与众多水质因子有关，但起关键作用的水质因子是底水层的溶解氧，水体溶解氧有周日变化，呈现出垂直分布、水平分布，底层处于补偿深度以下，底层溶氧靠表面补济，且由于水体的沉积作用和水生生物的呼吸，耗氧量非常大，故养殖水体底层溶氧常较表水层低得多。底层底的溶氧和高耗氧，常使底层出现氧债，氧债多出现在夏季高温的傍晚至清晨、阴雨天的傍晚至清晨，缺氧又使底质沉积厌氧分解，产生硫化氢、亚硝酸盐等有毒有害物质，并使厌氧的病原微生物滋生。因此，溶解氧是水产养殖重要的制约因子，而又应特别关注底部溶解氧的水平。任何时候以底水层溶氧不低于 2 毫克/升为标准。

3. 养殖水体的底质要求

精养河蟹池炭泥自上而下依次划分为有氧层（0～1.5 厘米）、相对无氧层（1.5～9 厘米）和绝对无氧层（约 9 厘米以下）。有氧层参与氮循环的细菌动力学作用最活跃，这一层淤泥活性最强；相对无氧层参与氮循环的细菌动力学作用部分地受到含氧量和淤泥深度的限制，这一层淤泥活性略低于上一层，但潜在的活性不可忽视；绝对无氧层通常几乎不参与氮循环作用，活性极低。因此，可将有氧层和相对无氧层合称为活性淤泥层，称绝对无氧层为非活性淤泥层。

在池塘养殖生产过程中，为改善底质溶氧情况，可采取两种方法。第一是在养殖结束清池后干塘晒塘 1～2 周，然后耕作翻动底泥，将有氧层、相对无氧层和绝对无氧层的底泥进行翻动调整，从而改变底泥分层；也可在养殖过程中进行拉网锻炼，利用底网的拖动从而一定程度上翻动底泥，改变底泥分层。

（三）微生态制剂在水底质管理中的作用

高产池塘高投入，一般都有较高的有机质含量，虽然晴天补偿深度以上水层光合作用强，合成氧的能力较大，但补偿深度以下水层的耗氧作用也较大，晚上和阴雨天的耗氧作用也较大，致使底层、阴雨天水体溶氧缺乏，严重时形成氧债。底层有机物在缺氧时多嫌气或厌气分解，降解速度慢，并伴有有毒有害物质产生、积累。有毒有害物质的产生、积累又为水体嗜水气单胞菌等条件性致病菌的滋生创造了条件，这也解释了为什么池塘暴发性鱼病往往都是由底层鱼类如鲫鱼、河蟹等先发病。一般底质改良剂都有絮凝、快速降解底层有机物的能力，可持续增氧、降低底层有毒有害物质，起到改良底部环境的作用。因此，有机质含量较高的池塘，应时刻注意底层水质环境的改善，常用池塘底质改良剂改良底部环境，只有这样才能使高有机质池塘规避风险，保持高产。

（四）根据天气条件确定管理方案

池塘各项生物、物理及化学因素均与天气变化关系密切。微生物等生物的繁殖生长，水体初级生产力及产氧能力，池塘各水层及底部物质代谢的生物化学过程等，无不与天气变化紧密相关，比较重要的气象因子有温度、光照、降雨及气压变化等。池塘精细管理应以天气预报，特别是3日内的天气预报为基础，科学制定和调整关于池塘培水、调水及投饵的方案。

二、看水养蟹——池塘水色及调控

（一）什么是水色？

水色是指水中的物质，包括天然的金属离子、污泥、腐植质、微生物、浮游生物、悬浮的残饵、有机质、黏土以及胶状物等，在阳光下所呈现出来的颜色。培养水色包括培养单细胞藻类和有益微生物优势种群两方面，但组成水色的物质中以浮游植物及底栖生物对水色的影响较大。

养蟹先养水，水产养殖所要求的优良水质的一个最基本的判断标准是"肥、活、嫩、爽"，养殖实践中常用水色及其变化加以判定。水色有"优良水色"和"危险水色"两大类。

1. 黄绿色水：为硅藻和绿藻共生的水色，我们常说"硅藻水不稳定，绿藻水不丰富"，而黄绿色水则兼备了硅藻水与绿藻水的优势，水色稳定，营养丰富，为难得的优质水色。可使用微生物制剂等培育水色。

2. 淡绿色或翠绿色水：该水色看上去嫩绿、清爽、透明度在30厘米左右。肥度适中，以绿藻为主。绿藻能吸收水中大量的氮肥，净化水质，是养殖各种动物较好的水色。绿藻水相对稳定，一般不会骤然变清或转变为其他水色。可用芽孢杆菌、EM菌等培育水色。

3. 浓绿色水：这种水色看上去很浓，透明度较低。一般是老塘较易出现这种水色。水中以绿藻类的扁藻为主，且水中浮游动物丰富。水质较肥，保持时间较长，一般不会随着天气的变化而变化。可用微生物制剂维持水色。

4. 茶色或茶褐色水：该水色的水质肥、活、浓。以硅藻为主，如三角褐指藻、等边金藻、新月菱形藻等，这些藻类都是鱼苗期的优质饵料。生活在这种水色中的养殖对象活力强、体色光洁、摄食消化吸收好，生长快，是养殖各种水生动物的最佳水色。但此类水色持久性差，一般10～15天就会渐渐转成黄绿色水。可使用微生物制剂及可溶性硅酸盐制剂调节维持水色。

图3-1 优良水色

（二）优良水色的种类及在水产养殖中的重要作用

优良水色主要有"茶色或茶褐色水""黄绿色水""淡绿色或翠绿色水"和"浓绿色水"4 种。优良水色的重要作用主要有以下几个方面：

（1）水体中浮游植物组成丰富，光合作用强烈，池中溶解氧丰富；

（2）浮游植物种类易于消化，可为养殖对象提供天然饵料；

（3）可稳定水质，降低水中有毒物质的含量；

（4）可适当降低水体透明度，抑制丝藻及底栖藻类滋生，透明度的降低有利于养殖对象防御敌害，为其提供良好的生长环境；

（5）可有效抑制病原微生物的繁殖。

良好的水色标志着池塘藻类、菌类、浮游动物三者的动态健康平衡，是水产健康养殖的必要保证。

（三）危险水色的种类及调控

养殖过程中的危险水色主要有四种：即蓝绿色或老绿色水、绛红色或黑褐色水、泥浊水和澄清水。

1. 蓝绿色或老绿色水

水中蓝绿藻或微囊藻大量繁殖，水质浓浊，透明度在 10 厘米左右。能清楚地看见水体中有颗粒状结团的藻类，晚上和早上沉于水底，太阳出来就上升至水体中上层。这种情况在土塘养殖过程中经常出现。养殖对象在这种水体中还可以持续生活一段时间，一旦天气骤变，水质会急剧恶化，造成蓝绿藻等大量死亡，死亡后的蓝绿藻等被分解产生有毒物质，很可能造成养殖对象大规模死亡。

建议解决方案一：经常产生蓝绿藻过度繁殖的池塘，清塘消毒后常使用微生物水质改良剂，可抑制有害藻生长，培植优良藻群，维持池塘藻相与菌相平衡。

建议解决方案二：①晚上泼洒水溶性维生素 C 250 克/亩，提高养殖对象抗应急能力；②第二天上午太阳出来后，蓝绿藻或微囊藻已上升到水体中上

层，用硫酸铜等集中泼洒杀灭蓝
绿藻，下午3点左右再杀蓝绿藻
一次，并于下午5点后开增氧
机；③晚上施放增氧剂防止消毒
后造成藻类死亡引起的缺氧；④
用活性黑土、活性底改等澄清水
体，改善水质和底部环境；⑤加
注20%优良水色池塘的新水，补
充优良藻种；⑥用光合细菌、益
生素等调节水质维持藻相与菌相
平衡。

图3-2　蓝绿水色

2. 绛红色或黑褐色水

主要是由于养殖过程中裸甲藻、鞭毛藻、原生动物大量繁殖造
成的。这种水色主要是前期水色过浓，长期投料过量或投喂劣质饲
料，造成水体有机质过多，为原生动物的繁殖提供了条件。随着大
量有益藻类的死亡，有害藻类成为藻相的主体，决定水色的显相。
有害藻类分泌出来的毒素造成养殖对象长期慢性中毒直至死亡。这
种浓、浊、死的水质，增氧机打起来水花呈黑红色，水黏滑，并有
腥臭味，水面由增氧机打起来的泡沫基本不散去。

建议解决方案：①每天排去
20%以上量的池水，并加补新水，
使整个水体渐恢复活性；②使用活
性黑土、活性底改，净化水体，改
善水质和底部环境，一般使用后第
二天水体的透明度会提高到20～30
厘米；③晚上可泼洒水溶性维生素
C 250克/亩和氨基酸葡萄糖缓解养
殖对象的中毒症状，增强抗病力，

图3-3　绛红水色

提高养殖对象的抗应急能力；④连续几天换水后，可用芽孢杆菌、光合细菌等
微生物水质改良剂调节水质，维持藻相与菌相平衡，培育良好水色。

3. 泥浊水

因土池放养密度过高，中后期出现整个水体的混浊，增氧机周围出现大量泥浆。此水中一般含有丰富的藻类，主要以硅藻、绿藻为主。由于养殖对象的密度过高，水体中泥浆的沉降作用，使水体中的藻类很难大量繁殖起来而出现优良的藻相水色。在养殖中后期，亚硝酸盐普遍偏高、pH 值偏低，调水难度较大，养殖风险相当大。

建议解决方案：①控制放养密度，合理放养；②一旦出现浑浊前兆，可用絮凝剂、活性底改等吸附、沉淀净化水体；③适当追施生态培藻灵，并施放光合细菌调理水质，培植优良藻群，培育良好水色；④高温季节用细菌制剂降低水体亚硝酸盐浓度；⑤必要时可使用增氧剂预防低氧；⑥渐渐加深水位，水位高低可根据具体养殖对象而定。

4. 澄清水

一般在早春气温低、光照不足的情况下出现。一旦澄清水持续5~8 天，很可能造成底栖藻类大量繁殖吸收水体中的肥料，进一步提高了肥水的难度。另一种情况是放养时水色较好，一般是在7~10天后由于大量的浮游动物繁殖摄食藻类，造成整个水体清澈见底。

原因一建议解决方案：适当加深水位；用生物有机肥等培肥水质，并配合使用光合细菌，提高池塘初级生产力；底栖藻类生长多时还要先用药物杀灭底栖藻类。

原因二建议解决方案：用生物有机肥等培肥水质，并配合使用光合细菌，提高池塘初级生产力。

三、测水养蟹

(一) 常用检测项目

检测水质的内容当然越多越好，但不现实，一则经济上不适用，二则全部检测生产单位没有条件，也没有必要，耗时过久对生产没有多大的指导作用，广泛实用的测水养蟹技术要求方便、快捷、经济、实用，所测定的因子在生产管理中具有重要的作用和地位，应当是现测现用，是养殖生产管理的重要内容，能推广发展成为养殖生产不可缺少的重要环节，如溶液氧是池塘生物与非生物因子、有机与无机因子联系的纽带，是池塘直接或间接死蟹的重要环境因子，是池塘一切管理的基础，如果说有一个因子能把池塘中所有的因子联系起来，那么这个因子必然是"溶氧"，且可现测现用，是测水养蟹的重要内容，生产管理上常用的测水养蟹项目及检测频次如表 3-2。下面重点介绍一下采水器及水温、pH、透明度、溶氧、氨氮（非离子氨）、硬度、碱度及总磷等生产管理上等重要水质因子的快速检测方法，并简要点明其重要功能。

（二）常用水质因子的快速测定

1. 溶解氧

水体溶解氧是水产养殖最关键的环境制约因子，并应特别关注底层溶氧与阴雨天的水体溶氧。湖南省水产科学研究所的研究工作人员建立了"溶氧（DO）参比卡法"，可现场 5 分钟内测定出水体溶氧，通过测定出的溶氧浓度，确定是否开增氧机。

测定方法如下：用 2.5 升或 5 升采水器，采集不同水层的水样，将采水器的乳胶管放入 25 毫升左右的比色管底部取水样，取水样时要求漫出的水量为比色管水量的 2～3 倍，取水不留空间，用注射器加 A 液 0.5 毫升、B 液 1 毫升，加 A、B 液不能滴入，注射器针头入水深度在 1～2 厘米，避免空气中的氧气溶入水样中，加盖上下摇动数次，用参比卡对照，确定水样溶氧浓度（图 3-4）。

能否准确把握水中各水层溶氧，避免空气中氧气溶入水中，关键是要有专制的采水器，以及水样采集过程中尽可能避免空气中氧气溶入水中。

溶氧 2～3 毫克/升：絮状沉淀稍带棕色；若为乳白色，则溶氧小于 2 毫克，需采取增氧措施	溶氧 4～5 毫克/升：棕色絮状沉淀；偶见表层有棕色颗粒时溶氧在 5～6 毫克/升	溶氧 6～7 毫克/升：絮状沉淀，棕色较浓	溶氧大于 8 毫克/升：絮状沉淀，棕色浓，偶有棕色颗粒

快速检测溶氧方法

起水样于比色管中加 A 液 2～3 滴，加 B 液 4～5 滴后用参比卡确溶氧。

注意：取水样和滴加 A、B 液时应尽可能减少空气中氧气溶入水中（滴加 A、B 液时滴管应插入水样中滴加）。

图 3-4 溶解氧（DO）参比卡

2. 氨氮

水体氨氮具有两重性：一方面氨氮是浮游植物光合作用氮吸收的有效形式，水体植物和浮游植物生长所需求的营养物质；另一方面，氨在水中有两种存在形式，即离子氨和非离子氨。非离子氨对水中动物有较强的毒性，或抑制水体动物，包括养殖河蟹的生长，或使养殖河蟹致死，一般养殖河蟹非离子氨的致死浓度为 0.025 毫克/升。因此，氨氮的测定和非离子氨浓度的计算十分重要，是池塘管理和指导施肥培水的重要环节，适合于养殖户和肥料生产厂。

（1）氨氮的快速测定——目标比色法 取水样 1～10 毫升，放入比色管中，加入 A 液 4～5 滴，B 液 4～5 滴充分摇匀，10 分钟后用图 3-4 比色卡比色读出氨氮值，具体水样量及比色方法见比色卡。

（2）非离子氨的简易计算方法——计算卡法 非离子氨 pH、水温和氨氮用计算卡（图 3 - 5）分两步求得，第一步通过水温、pH 连接线，求出非离子氨在氨氮中的百分比；第二步通过第一步求得的百分比和氨氮值连接线，求出非离子氨。另外，根据池塘氨氮本底值、水体 pH、水温和不影响河蟹生长的非离子氨值（一般为 0.025 毫克/升），利用计算卡也可以求出施肥量，指导施肥。

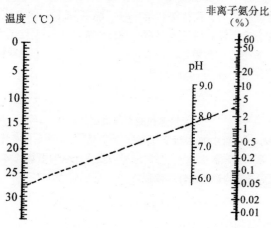

图 3 - 5 非离子氨计算卡

用法例 1：某水样 pH 为 7.8，水温为 28℃，氨氮为 1.3 毫克/升，按图中虚线、求得 $[NH_3]$ / $[N_T]$ 比值，再按顺序连线，最后于 $[NH_3]$ 轴交点为 0.045 毫克/升，即为非离子氨的浓度 $[NH_3]$。

用法例 2：某池从温度 28℃、pH7.8、池塘氨氮本底值 0.3 毫克/升，求出生物有机肥的施用量（养分指标为氮 15%，主要为氨氮）。用温度与 pH 连线求得 $[NH_3]$ / $[N_T]$ 比值；从 $[NH_3]$ / $[N_T]$ 和非离子氨连线求得总氨氮；再从总氨氮、池塘本底氨氮值求得需补施的氨氮量，最后根据生物有机肥的技术参数指标，计算出每次的施肥量。

3. pH 值

pH 值是判定水体酸碱度和计算非离子氨的基本水质因子，与水体多种生物化学因子和水中各种生物密切相关，是池塘养殖中仅次于溶氧的基本水质因子。用 pH 计测定，或精密 pH 纸测定。

4. 透明度

池塘透明度是反应水体光能吸收度大小、水体浮游生物和有机物多少的一个综合性物理因子，为水体中黑白不分时的深度，生产上可用自制采水器测量，或自制黑白盘测量，池塘透明度一般用厘米表示。

5. 补偿深度

水体中向下光线减弱很快，水越深处光合作用越弱。当光合作用减弱到与呼吸消耗量平衡时的水深度为补偿深度。

由于水的特殊物理性，水中太阳辐射强度没有大气中强烈，而且光质也有很大改变。红外线在水上层仅几厘米处就被吸收掉，紫外光也只可透过几十厘米至 1 米左右水层。精养池塘含有大量有机物和浮游生物，太阳辐射除被水本身吸收外，还被水中溶解、悬浮的有机质和无机颗粒吸收、散射。所以光照强度随水深增加迅速递减。故此，浮游植物的光合作用及其产氧量也随之减弱，至某一深度浮游植物光合作用产氧量恰好等于其呼吸作用耗氧量（包括细菌），此深度即是补偿深度。补偿深度以下即为耗氧水层。一般而言，养殖水体补偿深度一般为透明度的 2.5～3.0 倍。精养鱼池一般补偿深度为 1.2 米左右。

水中浮游生物和悬浮物质的多少决定透明度的大小。由于浮游生物有季节性变化、水平变化和昼夜变化，故透明度也有相应变化。透明度大小表明水质肥瘦程度。肥水池塘一般透明度在 25～35厘米。透明度太小，水质太肥，甚至污染，对鱼类生长不利，易生病及泛塘；透明度太大，则水质太瘦，生物贫乏，鱼类生长慢。据测定表明，透明度一半的深度，是水中浮游植物光合作用产氧最大的水层。

所以从补偿深度和透明度的特性表明，池塘水深宜在 1.5 米左右。池塘太浅、水体太小，容纳量有限；太深而耗氧层太厚，河蟹容易缺氧

调节光照和透明度的方法，一般是以合理施肥、投饵，来调节水质肥瘦程度，达到"肥、活、嫩、爽"，同时注意经常给池塘加、冲新水和搅动水层使水循环等，以促进和扩大浮游植物的光合作用功能。其次，以适当药物谨慎调节。

第四章　河蟹的人工繁殖及蟹种培育

第一节　河蟹的人工繁殖

一、河蟹人工育苗场的建设

一是育苗车间应紧靠水净化设施和活饵料供应系统；二是给排水系统要考虑节约用电，能减少提水次数；三是锅炉房应布置在育苗季节的风向下位；四是注意绿化，生活区与生产区分开。育苗场的主要配置：

1. 淡水供应系统包括提水泵房、进水渠道、蓄水池、水过滤池、配水池。蓄水池的蓄水体积应为育苗用水总量的 2 倍以上。

2. 种蟹池、交配池、仔蟹培育池和幼蟹池，要依生产目标，按所拟定产量确定各类池的数量。

水净化回收循环系统包括回水渠道、水化学成分调配池、生物滤床、黑暗沉淀池、供水管道。一般水净化系统的水容量应为育苗车间直接用水的 2 倍以上。

育苗车间为室内水泥池，每池 20～30 米^2，每车间 10～20 个池，水深 1～1.5 米，含进出水及排污装置、增氧和加热装置、照明设备。

活饵料培养车间为室内水泥池，每池 10 米^2，内设进排水管道，充气、加温管道、照明设备，另配备部分卤虫卵孵化设施。主要培养藻类、轮虫及水溞。

加热系统包括锅炉、热水输送管道和池内加温管道。增氧系统可用大功率罗茨气泵集中供气的方式，也可每一育苗车间或活饵料培养车间用小型漩涡气泵单独充气。

发电系统为防止停电造成育苗损失，河蟹育苗场必须有备用50千瓦的发电机组。

水化学分析室包括人工海水主要化学成分的分析、水质主要指标的设备检测。

二、河蟹的人工繁殖

1. 亲蟹的选留与饲养

亲蟹是进行人工繁殖的物质基础。有了数量充足、质量较好的亲蟹，才能保证人工繁殖得以顺利进行。

（1）亲蟹选留的标准　　通常应选择蟹体健壮、肢体齐全、爬行活跃、体重在75克以上的2秋龄绿蟹作为亲蟹，雌雄性比可按2：1配对。一般每千克亲蟹（包括雄蟹）可生产蟹苗（大眼幼体）0.3～0.5千克。亲蟹选留数量可按生产能力和实际需要确定。选留时间可在10～11月份进行。

（2）亲蟹的暂养与运输　　选留的亲蟹最好在当天运至育苗场。如果不能当天运到或亲蟹数量不足，则需就地进行暂养，暂养的方法有笼养和室内湿放两种。采用笼养可选用竹制（木制）笼子，做成一定规格，每笼放25～30只亲蟹，雌雄分开，将装好亲蟹的竹笼悬吊在水质清新的外河或经常换水的池塘中，定期检查、投喂饵料，确保成活。此法可作较长时间暂养用。而室内湿放，是指将装满亲蟹的竹笼（或木桶）放在室内，每天喷水2～3次，使亲蟹的鳃腔保持潮湿。此法虽然比较简便，但仅可存放2～3天，只适宜短期暂养采用。

亲蟹运输前，应先在竹笼内垫些水草或蒲包，将亲蟹平整地放在水草或蒲包内，放满后将其包扎紧，以防亲蟹爬动。启运时，再将装满亲蟹的竹笼放在清水中浸泡数分钟，然后将亲蟹笼装入汽车或轮船上起运。运输途中既要防风吹日晒，又要防止通气不良、高温闷热。如果运输距离较远，途中还应定时洒水，使亲蟹始终保持在潮湿、通气良好的环境中，以提高亲蟹运输的成活率。

（3）亲蟹的饲养管理 购回的亲蟹要经过越冬饲养。通常有笼养、室内水泥池饲养和室外露天池饲养等方式，以露天池饲养为主。放养前要用生石灰清池，老池还要清除池底的污泥，建好防逃设施，池子水深保持 1.2～1.5 米。雌雄分开，淡水饲养，每公顷放亲蟹 3000～6000 千克，定期投喂咸带鱼、青菜、稻谷、麦子，日投喂 1 次，每 4～5 天换一次水，每次换水 1/2，以提高越冬饲养的成活率。

（4）亲蟹的交配产卵 亲蟹的交配一般在 2～3 月份进行，选择晴朗的天气，水温在 7℃ 以上。将性腺成熟的雌雄蟹按（2～3）：1配合，移入海水交配池中。交配池面积 0.5～1 亩，池底以沙质为好，海水盐度为 8‰～33‰。在海水的刺激下，亲蟹能很快自然交配，顺利产卵受精。

雌雄亲蟹放入交配池中 20 天左右，可排干池水，检查雌蟹的抱卵情况，如有 80％ 以上的雌蟹已抱卵，应及时将雄蟹捕出，重新注入海水，饲养抱卵蟹。

（5）抱卵蟹的饲养 抱卵蟹通常在交配池中饲养，要科学合理投喂咸带鱼、蚌蛤肉、蔬菜等饵料，使抱卵蟹吃饱、吃好，避免因饵料不足抱卵蟹摘卵自食。3 月份后，气温、水温逐渐升高，再加上抱卵蟹的食量大，排泄物多，池水容易恶化。因此，要特别注意加强水质管理，一般 3～4 天换一次水，每次换水 1/3～1/2，保持水质清、新、活、爽。换水时还要注意保持池水水温和盐度相对稳定，为蟹卵的发育创造一个良好的环境条件，以促进胚胎发育。

三、河蟹的性腺、胚胎和幼体发育

1. 性腺发育

河蟹在淡水水域中生活到性腺已发育成熟时，开始沿江河而下进行生殖洄游，到达河口浅海的咸淡水繁殖。这时在一定的咸淡水的刺激下达到生理成熟。

繁殖中若产卵的外界环境条件如盐度、温度、雌雄搭配比例不好，卵巢会逐渐退化。河蟹的卵巢发育过程大致可分成6期：第Ⅰ期，性腺乳白色，细小；第Ⅱ期，卵巢呈粉红色或乳白色，较膨大，肉眼已能区别雌雄性腺；第Ⅲ期，卵巢呈紫色或淡黄色，肉眼可见细小卵粒；第Ⅳ期，卵巢呈紫褐色或赤豆沙色，卵粒明显可见；第Ⅴ期，卵巢呈紫酱色或赤豆沙色，卵粒大小均匀，游离松散，成熟系数达8％～14％；第Ⅵ期，卵巢因过熟而退化，出现黄色或橘黄色退化卵粒。

2. 胚胎发育

河蟹为硬壳交配，在产卵的同时卵子受精。受精卵先堆积于雌蟹的腹部，后黏附在腹部附肢内肢的刚毛上。腹部携带卵的雌蟹，称为抱卵蟹。河蟹的怀卵量与个体大小及性腺发育好坏有关。一般200克左右的雌蟹怀卵量在50万～90万粒，也有的达百万粒以上。体质好的雌蟹在完成第一次产卵后，还可以继续怀卵。

河蟹受精卵在外界条件适宜时，即行胚胎发育，并表现为螺旋卵裂类型。受精卵经2、4、8个分裂球后，进入多细胞期、囊胚期、原肠期。原肠期以后，卵黄消耗明显，出现月形透明区，此透明区即为胚胎部分。随着胚胎发育，透明区先后出现附肢和复眼雏形。复眼出现之后，卵黄块的背方出现了心脏原基，不久心脏开始跳动，附肢、头胸甲相继形成。此时卵外观呈乳白色，卵黄极小，呈蝴蝶状一块，这时胚胎已进入原溞状幼体。

河蟹胚胎发育的速度与水温、水中溶氧等因素有关。在自然界中，河蟹受精卵黏附在雌蟹腹肢上发育，直到孵出为止，为时可长达4月之久。这主要是越冬低温期，胚胎发育十分缓慢。胚胎发育快慢的主要因素是水温。水温10～18℃，胚胎发育可在1～2个月完成；23～25℃左右，只要半个月时间幼体就能孵化出膜。但是28℃以上高温时，胚胎致畸或死亡。此外，受精卵必须在海水中才能维持正常发育。如中途进入淡水环境，则胚胎发育终止，并逐渐溶解死亡。

3. 幼体发育

河蟹幼体发育过程分为溞状幼体、大眼幼体和幼蟹3个阶段。刚从卵孵化的幼体，外形不像成体，为溞状幼体阶段。这时呈三角形，分头胸部和腹部两部分，头胸部背面有一背刺，前端腹面有一额刺，两侧中部各具一侧刺。前端有一对复眼，侧面有两对触角、一对大颚、两对小颚和两对颚足，身体布有色素粒。

蜕皮是发育变态的一个标志。整个幼体期分为溞状幼体、大眼幼体和幼蟹期3个阶段。溞状幼体分为5期，即经5次蜕皮变为大眼幼体，大眼幼体经一次蜕皮变成幼蟹；幼蟹再经许多次蜕壳变态，才逐渐长成成蟹。

(1) 溞状幼体　刚从卵孵出的幼体，外形略似水溞，故称溞状幼体。溞状幼体分5期。第Ⅰ期溞状幼体全长1.5毫米左右。第Ⅱ期幼体全长1.8毫米左右。第Ⅲ期溞状幼体全长2.4毫米。第Ⅳ期幼体全长3.4毫米左右。第Ⅴ期溞状幼状幼体全长4.1毫米左右。河蟹在溞状幼体阶段时，个体生长发育较快，通常3～5天就蜕皮变态一次，而每次完成蜕皮的时间十分短暂，大约只有几秒钟的时间。

(2) 大眼幼体　第Ⅴ期溞状幼体蜕皮后即为大眼幼体。它是因一对复眼着生在长长的眼柄末端，露出在眼窝外而得名。幼体体长4.2毫米左右。幼体具有强的趋光性和溯水性，对淡水水流敏感，已能适应在淡水中生活。幼体善泳能爬，游泳时，步足屈起，腹部伸直，4 对游泳肢迅速划动，尾肢刚毛快速颤动，行动十分敏捷。爬行时，腹部卷曲在头胸部下面，用 5 对胸足攀爬和行走。幼体杂食性，凶猛，在游泳的行进中和静止时，能用大螯捕捉食物。从天然水域中捕捞起来的大眼幼体每 500 克约 7 万～10 万只。幼体大小整齐，抓起一把撒于桌上，幼体迅速向四方爬行，表示体质良好。

在自然海区，每当闸门口有淡水外流，大眼幼体乘机溯水而上，形成蟹苗汛期。在人工育苗池里，大眼幼体喜沿地壁向同一方面成群游动，有时也攀附在岸边或水草等附着物上。其个体规格每千克有 16 万～20 万只。

大眼幼体用鳃呼吸，离水后保持湿润，可存活 2～3 天，这一特征为蟹苗干法运输提供了方便，只要在控温保湿的情况下，在 24 小时内运输，成活率均可达 90％左右。

（3）幼蟹 大眼幼体一次蜕皮变为一期幼蟹。幼蟹体呈椭圆形，背甲长 2.0 毫米。宽 2.6 毫米左右。5 对胸足已具备成蟹时的形态。幼蟹用步足爬行和游泳，开始打洞穴居。大眼幼体经过 6～10 天生长，蜕皮变为第一期幼蟹，幼蟹椭圆形，背甲长 2.9 毫米，宽 2.6 毫米，额缘有两个圆形突起，腹部贴在头胸部下面在为蟹脐。5 对步足已具备成蟹的形状。幼蟹用步足爬行和游泳，开始打洞穴居。

第一期幼蟹经 5 天左右生长，蜕壳变为第二期幼蟹。此后，每隔 5 天左右蜕壳 1 次，个体不断增长，5～6 期以后，完全具有成蟹的外形。

幼蟹的生长速度与水温、饵料等有关。水质清爽、阳光透底、水草茂盛的浅水湖泊，为河蟹生长的良好环境。

幼蟹为杂食性，以水生植物及其碎屑为食，也喜觅食水生动物（如无节幼体、蠕虫类）等。

四、河蟹人工繁殖的技术要点

(一) 轮虫做为溞状期幼体的主要饵料

传统的溞状Ⅰ期培育方法在育苗室进水、施肥、接种单细胞藻类的基础上,主要投喂螺旋藻粉、蛋黄、酵母等饵料。在溞状Ⅰ期幼体孵出的当天晚上投喂上述饵料,第二天白天则开始投喂活体轮虫或质量较好的冷冻轮虫,效果良好。主要有以下特点:

1. 变态快

溞状Ⅰ期全程投喂螺旋藻粉等代用饵料时,溞状Ⅰ期变态为溞状Ⅱ期约需 3～4 天或更长,以轮虫为主时则缩短为 2.5～3.5 天。

2. 变态齐

溞状阶段以代用饵料为主,因其变态时间较长,变态明显不齐,各期累计到后期则差距更大,溞状幼体Ⅴ期全部变态为大眼幼体往往需要 2～3 天时间,由于此阶段自相残杀严重,而大大降低了蟹苗产量;而以轮虫为主则较好地解决了这一问题。

3. 幼体壮

以轮虫为主培育的溞状幼体不仅个体较大,而且活力好,抗病力强。例如报道有一育苗池在溞状Ⅰ期发生了严重的丝状细菌病,但经过精心治疗与培育,顺利变态为溞状Ⅱ期幼体,变态率高达90%,最后单立方米水体出苗达 500 克以上。

(二) 育苗池残饵量的显微定量

在河蟹育苗生产过程中,适量投喂饵料是关键技术之一,通常根据幼体期别、幼体数量、幼体摄食情况、饵料种类以及残饵情况灵活掌握。其中残饵量是判断投饵量是否适量的主要依据。实际育苗水体中活饵、死饵、粪便及幼体混在一起,用肉眼直接观测非常困难。建议采取的方法是用瓷碗从苗池中舀取池水,静止数分钟后用滴管吸取碗底沉淀物,置于低倍显微镜下观察,可以清晰地分辨出残饵情况,结合上次投饵时间与数量,就可以较准确地判断出投饵量是否适宜，为及时调整投饵种类与数量提供重要依据。

（三）溞状Ⅴ期幼体较高密度条件下的流水培育

河蟹大眼幼体有残杀溞状Ⅴ期幼体的习性，在溞状Ⅴ期幼体至大眼幼体变态过程中，如果幼体密度过大、饵料不足，则极易发生残杀现象，从而大大降低蟹苗的产量。对于溞状Ⅴ期幼体密度较高的池子，变态前适量换水，变态过程中则采取流水方式换水。即苗池一端用网箱虹吸排水，同时另一端进水，保持苗池水位基本稳定，每次进水量为育苗池容水量的1/3～1/2，避免了常规换水时随着水位的降低，幼体密度增大而加剧大眼幼体残杀溞状Ⅴ期幼体。与此同时，加大了大卤虫、淡水溞等饵料的投喂量。因此，溞状Ⅴ期至大眼幼体变态阶段自相残杀较轻，蟹苗产量显著提高。

五、饵料生物培养

（一）轮虫培育

轮虫生活力强、繁殖迅速、营养丰富、不易污染水质，是河蟹溞状幼体最佳的基础生物饵料，在河蟹土池育苗中应用广泛。轮虫培育的数量是否满足蟹苗生长需求，将直接影响蟹苗的质量，决定蟹苗培育的成败，2012年由于轮虫培育量不能满足蟹苗培育所需，导致大部分蟹苗育苗户后期无法投喂足够的轮虫满足蟹苗摄食，而以失败告终。轮虫数量不足除了蟹苗培育池鱼轮虫培育池比例失调外，许多轮虫培育户培育技术差异也影响了产量。轮虫高产培育经验技术总结如下。

1. 培育池准备

（1）池塘条件　培育池在河蟹育苗基地附近，靠近海水纳水沟，培育池共48亩，分6口池，便于同时分池，分批进水培育，交替收获，每口面积5～10亩，池形为长方形，土质为泥质，池塘深度1.5米，池形为锅底式，池底平坦，淤泥厚度10厘米左右，塘埂坚固，不渗漏，斜坡坡比1：2.5。池塘安置3台罗茨鼓风机，用 PVC 管道连接每口池塘，池塘中每 10 米² 投放 1 个气泡石。

（2）清池进水　在河蟹育苗前半个月开始清理池塘，然后翻耕，暴晒至龟裂状。然后加水进行全池消毒，依次加入敌百虫 3 毫克/升，漂白粉 20 毫克/升。待药性消失后开始进水，用 200 目的筛绢网袋过滤，防止敌害生物混入，初期进水 50 厘米，调节池水盐度为 15‰～20‰。

（3）培水　常用肥料分生物有机肥和无机肥，在清整池塘后每亩加施 500 千克发酵有机肥，与池底一起翻耕，无机肥一般过磷酸钙每亩用 1.5 千克，尿素每亩用 7 千克。另外，在池边开挖一小坑，将生物有机肥经发酵后视池塘水质肥瘦程度，择量泼入池中以调节池水，随着水色加深而适时添加水量。

2. 接种轮虫

当水温回升到 10℃以上，池水较肥时开始接种轮虫，由于所有池塘去年养殖过轮虫，池底具有较多休眠卵，用铁链来回在池底搅动数次，可以把休眠卵搅起，让卵逐渐孵化成幼虫后培育。

3. 培育期管理

（1）水质调控　培育池盐度控制在 15‰～20‰，前期一般以添水为主，随着藻类的繁殖水色加深，适时加水，在培育第 7 天起每天对池水进行换水，换水量前期在 20%，中后期随着轮虫密度增加，投饵量的增多，水质易变坏，加大换水量，每天换水 40%，加注新水的温度尽量与轮虫池水温一致，温差不超过 2℃，加注时进水管口要用 300 目的网袋进行过滤，防止敌害进入。

轮虫培育池水质要始终保持"肥、活、嫩、爽"，在中后期透明度控制在 20 厘米左右，定期使用改底改良底质。另外，按照"三开二不开"的原则使用增氧机增加水体溶氧量。增氧机"三开"方法即晴天中午开，阴天次日清晨开，连绵阴雨半夜开，而"二不开"是指傍晚不要开增氧机，阴雨天中午不要开增氧机。

（2）饵料投喂　当检查到轮虫密度大于 50 个/毫升，单胞藻密度小于 20000 个/毫升时，为防止短时间内把池水滤清，需要及时投喂饵料作补充，饵料品种有酵母、豆浆，通过投喂饵料，减少轮虫对单胞藻的摄食量，使单胞藻维持在适宜的密度。投喂人工饵料时不能过量，以免残饵过剩而败坏水质。

（3）追施复合肥　培育前期由于基肥足、水温低，一般不用补肥，中后期随着水温升高藻类繁殖加快，水体中营养盐消耗加快，须及时补肥，选用水产专用复合肥。补肥一般选择在中午前后进行，用量视水质肥瘦而定，注意应少量勤施。

（4）敌害防治　在轮虫培养过程中，常见的原生动物主要有争食性的纤毛虫、游仆虫，还有不但争食而且会摄食轮虫的桡足类。如敌害生物大量繁殖，会导致轮虫大量沉底死亡，这些敌害是影响轮虫繁殖的主要负面因素，多半是海水过滤不干净或饵料投喂过多引起的。在轮虫培养时要注意轮虫种健壮和纯净，二要防止水质污染，三要保证酵母、豆浆投喂不过量。

4. 采收方法

前期水温较低，轮虫繁殖慢，此时虽市场价格较高也不能多卖，只能少量收获，一般水温低于 15℃时，日收获量为存池量的 10% 左右，后期温度较高，繁殖快，可大量收获，日收获量可为存池量的 30% 左右。当轮虫繁殖到高峰期时应及时收获，然后补充肥料和水，以维持种群的持续生长。

用 3 寸浮泵抽取池水，用软管送至池外，出水口用 240 目筛绢做成长筒形，长度为 8～10 米，直径为 40 厘米的筛绢直筒形袋一端套住管口，把袋子另一端用活络结扎口固定在木桩上，袋子下方用聚乙烯纸铺垫，防止网袋磨损。收获时间一般安排在清晨较好，因为下午水温高，轮虫产卵集中，水体黏性物质增多，从而在袋中形成大量的泡沫，降低筛绢的通透性，影响收集效率和产品质量。随时检查袋中轮虫数量，当达到一定量后解开活络结，倒出轮虫至 25 升的塑料桶中，然后迅速运送到蟹苗培育池中，保证轮虫在蟹苗培育池中的成活率。

（二）卤虫（盐水丰年虫）的培养

1. 休眠卵的采收和保存

在冬季或雨季，环境条件发生剧烈变化时，卤虫进行有性生殖，在海边和盐田的盐卤池中可以找到大量的休眠卵。在我国北方最好9月份采收，这时的休眠卵质量最好，杂质少，便于干燥保存。采收工具为筛绢（孔径180微米）或细白布制成的小抄网。采收时应注意风向，在下风头采收。将堆积岸边或飘浮水边的卤虫休眠卵收集入袋。也可挖坑或筑浮栅，使卵集中在局部水体中再采收。采收回来后，应及时把与休眠卵混杂在一起的卤虫成体及其他杂物清除出去，然后用海水反复冲洗，把附在卵粒表面上的污物洗去。将冲洗好的休眠卵放在吸水纸或粗布上，暴露在空气中干燥。干燥后用孔径0.25～0.30毫米的筛绢过筛，装袋。如果有冰冻条件，可将休眠卵先用海水浸透，然后置于−25～−15℃的冰冻条件下，经10～30天冷冻，再取出晾干，即可包装出售或应用。经冷冻后的休眠卵孵化率较高。卤虫的休眠卵可保存数年之久。

贮存的主要方法：

（1）卵在饱和食盐水中脱水后贮存于饱和食盐水中；

（2）在空气中干燥后贮存于真空或充氮的容器中；

（3）冰冻贮存于−20～−5℃的低温条件下。

2. 卤虫休眠卵的孵化

（1）孵化容器　较理想的孵化容器是用透光材料做成的圆桶状孵化器，底部呈漏斗形，从底部连续适量通气，使卵上下翻滚，保持悬浮状态而不致堆积，从而提高孵化率。当然，也可以用普通的玻璃钢桶（或槽）、水泥池等。但使用底部平的长方形或圆形容器，即使充气，卵也会在底部沉积，造成水环境恶化，影响孵化效果。

（2）影响孵化率的几项重要因子

①溶解氧。每1克卤虫卵约有20万粒，孵化密度与溶解氧条

件关系很大。孵化时要求最低溶氧浓度为 3 毫克/升，而当溶解氧降至 0.6～0.8 毫克/升，孵化完全受到抑制。通常情况下，可参照以下数据决定孵化密度：a. 平底孵化器不充气：每升水体 0.1 克。b. 平底孵化器充气：每升水体 0.2～1 克。c. 透明锥底筒形孵化器充气：每升水体 2～10 克

　　②温度。卤虫卵在 15～40℃ 都能孵化，但最适孵化温度为25～35℃，如果孵化温度低，则孵化的时间就会延长，而且孵化率也比较低。

　　③盐度。卤虫卵在盐度为 5‰～100‰ 的水体中均能孵化，但不同品系的卵各有其域值。如中国天津品系为 100。在控制好 pH 的条件下，盐度稍低有利于卵的孵化。30‰～35‰ 是生产中常用的孵化盐度范围。

　　④光照。光能触发休眠卵重新开始发育。当休眠卵在海水中浸泡后，短时间的光照即能触发休眠卵的孵化，提高孵化率。一般情况下在弱光照（1000 勒克斯）下孵化，可获得好的孵化效果。

　　⑤过氧化氢。过氧化氢能够激活卤虫的休眠卵，提高其孵化率。通过多次实验证明，在孵化器中施用 0.1～0.3 毫升/升过氧化氢效果最好。无节幼体的孵化率可通过这种方法从 30%～50% 提高到 70%～80%。

　　⑥冷冻。为了提高和稳定孵化率，当年采收的卤虫休眠卵，在用作孵化之前，必须经过一次潮湿冷冻的处理，其孵化率才有显著提高。除此之外，卤虫休眠卵的孵化率还与卵的产地、季节、加工方法、保存状态和保存时间有密切关系。如条件适宜，休眠卵会在 1～2 天孵化成无节幼体。

　　3. 卤虫卵孵化后的分离

　　卤虫孵卵化后，无节幼体与卵壳及不孵化的坏卵混在一起，被河蟹、鱼虾等幼体吞食后，会产生非常有害的影响，有时引起肠梗死，甚至死亡。而且还会污染水质，危害养殖对象。应把无节幼体

和卵壳、坏卵分离开来。其方法是利用光诱及重力作用。常用光诱法、淡水分离法、维生素油剂分离等方法。下面简单介绍下卤虫卵分离方法，当孵化卤虫卵较少时，可利用光诱法，用虹吸管将幼体一点一点地分离，但是，花费时间较长、分离效率较低；当孵化卤虫卵的数量较大时，可以用一倒置漏斗状容器，当卵的孵化完成后，停止充气，将气石取出，用黑布将该容器的四周和顶部围住，仅使容器的底部见光，大约 15 分钟左右可以进行分离。由于重力的作用，未孵化的死卵沉在容器的最底部，卵壳飘浮于水面，而无节幼体具有趋光性，基本都在上处游动。打开底阀，先将坏卵放掉，再用网收集无节幼体即可。

4. 卤虫卵去壳

休眠卤虫卵有三层外壳，两层为硬质的卵壳膜，一层为透明的胚胎角质膜。卵壳膜的主要成分是脂蛋白和正铁血红素。这些物质可以被一定浓度的氯酸盐溶液氧化除去。去掉卵壳膜的休眠卵只剩下一层薄薄的软脂角膜，这层膜可以被动物消化吸收。处理后的卵其活力不受影响。去壳休眠卵可正常孵化。由于壳已去掉，因而在投喂去壳卵孵化幼体时，只需把不孵化的坏卵分离出，无需把幼体和卵膜分离。如时间紧，去壳休眠卵可以不经孵化而直接投喂，省去了孵化过程。

六、优质蟹苗的选择购买

1. 选择优质蟹苗的关键控制点

（1）选择本地培育的优质苗　一般土池培育的蟹苗较工厂化培育的蟹苗有更强的环境适应性。在同等条件下，应以土池培育的蟹苗为首选。

（2）苗龄已达 6 日龄以上，淡化超过 4 日，盐度降至 3‰左右，并已维持 1 日以上，大小均匀比例达 80%～90%的蟹苗（以重量推算：淡化 2～3 日，20 万只/千克；4～5 日，16 万只/千克；6～8

日，12万只/千克）；不选淡化时间不够、个体太小或大小不均的"嫩苗"和"花色苗"。

（3）选择品系纯正、苗体健壮、规格均匀、体表光洁不沾污物、色泽鲜亮、活动敏捷的蟹苗；苗为整齐的淡黄色、晶莹透亮，黑色素均匀分布；不选体表和附肢有聚缩虫或生有异物的不健康苗；不选壳体半透明、泛白的"嫩苗"或深黑色的"老苗"。

（4）手抓一把蟹苗，甩干水后，轻握有弹性感、沙粒感和重感；放在耳朵边，可听见明显的沙沙声；轻握再放开，能迅速四处逃散，无结团和互相牵扯现象，则为健康苗，否则为劣质苗。

（5）将捏成团的蟹苗放回水中，马上分散游开，而不结团沉底；连苗带水放在手心，苗能带水爬行而不跌落。

（6）观察蟹苗在水中游泳的活力和速度的快慢；选择在水中平游、速度很快，离水上岸后迅速爬动的健康苗；不选在水中打转、仰卧水底、行动缓慢或聚在一团不动的劣质苗。

（7）蟹苗胃里有饵，但不多；蟹苗过秤时应无残饵杂质和死苗，苗在网箱应沥水后过秤（含水分适量，过秤时以不滴水为准）。仔细观察苗池中死苗数量的多少，如池中死苗多，则尚存活者也是病苗。

（8）室内干湿法模拟实验　干法是将露出池的蟹苗称取1～2克，用湿纱布包起来或撒在盛有潮湿棕片的玻璃容器内放在室内阴凉处，经12～15小时后的检查，若80%以上的蟹苗都是活跃爬行，说明质量较好，可以运输。湿法是将出池蟹苗称取0.5～1克放在小面盆和小木桶中加少量水，观察10～15小时，成活率在85%以上，证明蟹苗质量较好，可以用塑料袋充氧进行长途运输。

（9）蟹种选择标准　应选1龄扣蟹苗，不选性早熟的2龄苗和老头蟹苗；选择品系纯正、苗体健壮、规格均匀、体表光洁不沾污物、色泽鲜亮、活动敏捷的蟹苗；随机挑3～5只蟹苗把背壳扒去，鳃片整齐无短缺、鳃片淡黄或黄白，无固着异物、无聚缩虫、肝脏呈橘黄色，丝条清晰者为健康无病的优质蟹苗；若鳃片短缺、黑鳃、烂鳃、肝脏明显变小，颜色变异无光泽为劣质苗、带病苗；蟹种规格在 100～200 只/千克（即 6～10 克/只）的 2 龄河蟹放养密度一般为每亩放养 600～800 只。

2. 十三种劣质蟹苗不宜购买

（1）非长江水系的蟹苗种　辽、浙、闽蟹苗种如果移到长江水系中养殖，其生长缓慢、早熟现象明显、个体偏小、死亡率高、回捕率低。这类苗种形体近似方圆，背甲颜色灰黄，腹部灰黄且有黄铜水锈色，额齿较小且钝。

（2）药害苗　人工育苗时反复使用土霉素等抗生素药物，可造成蟹苗蜕壳变态为幼蟹后，身体无法吸收钙质，甲壳无法变硬，常游至池边大批死亡。

（3）蜕壳苗　如果蟹苗中已有部分蜕壳变态为一期幼蟹，不能购买，否则在运输后，蟹苗会大量死亡。

（4）花色苗　蟹苗体色有深有浅，个体有大有小。这种蟹苗，如果是天然苗，可能混杂了其他种类的蟹苗。如果是人工繁殖苗，是蟹苗发育不整齐，在蜕壳时极易自相残杀。

（5）海水苗（指未经完全淡化的蟹苗）　蟹苗淡化不彻底，如将它们直接移入淡水中培育，无论是天然苗还是人工苗都会昏迷致死。判断方法如下：未淡化好的苗杂质和死苗较多；颜色不是棕褐色，夹有白色；用手指捏住蟹苗 3～5 秒放下后，活动不够自如，爬行无力或出现"假死"。

（6）待售苗　一些育苗单位因蟹苗育成后没能及时找到买主，只能在较低温度的育苗池中保苗。保苗时间过长，大量细菌原生动物进入蟹体内，这种蟹苗一旦进入较高温度的培育池中，会很快蜕壳，大部分外壳虽蜕，但旧鳃丝不能完全蜕下，蟹在水中无法呼吸氧气而上岸，直至干死。

（7）嫩苗　蟹苗体呈半透明状，头胸甲中部具黑线。这种蟹苗日龄低，甲壳软，经不起操作和运输。

（8）高温苗　在人工育苗时，有的为了缩短育苗周期，降低成本，用升高水温来加速蟹苗变态发育。升温育成的蟹苗，对低温适应能力差，到子蟹培育阶段成活率低。

（9）早熟蟹苗　有的蟹苗虽小（只有 25 克）但性腺已经成熟，开春后直至第一次蜕壳时会逐渐死去。这种蟹前壳呈墨绿色，雄蟹螯足绒毛粗长发达，螯足一步足刚健有力，雌蟹肚脐变成椭圆形，四周有小黑毛。

（10）小老蟹苗（又称"懒小蟹""僵蟹"）　已在淡水中生长 2 秋龄，因某种原因未能长大，之后也很难长大。一般性腺已成熟，所以背甲发青，腹部四周有毛，夏季易死亡，回捕率很低。

（11）病、残蟹苗　病蟹四肢无力，动作迟钝，入水再拿出后口中泡沫不多，腹部有时有小白斑点，残蟹缺肢少足或有其他损伤。病、残蟹不易饲养管理。断肢河蟹虽能再生新足，但商品档次下降。

（12）咸水蟹苗　这种蟹在海边长大，它的外表和正宗蟹种没有明显区别，但如果把咸水蟹放在淡水中一段时间，则有的死亡，有的爬行无力，有的则体色改变。

（13）氏纹弓蟹苗（又称铁蟹、蟛蜞）　淡水河中较多，长不大（最大 50 克），品质差。因其幼体外形和中华绒螯蟹酷似，所以常有人捕来以假乱真。稍加注意，不难发现，氏纹弓蟹背甲方形，步足有短细绒毛，色泽较淡。

3. 掌握蟹种和"小老蟹"的鉴别方法

在选择蟹种的时候，要避免性早熟蟹。河蟹性早熟就是在其尚未达到商品规格时，已由黄蟹蜕壳变为绿蟹，性腺发育成熟，在盐度变化的刺激下，能够交配产卵繁殖后代，这种未达商品规格就性成熟的蟹通常被称为"小老蟹"。"小老蟹"个体规格约为每千克 20～28 只，因其大小与大规格蟹种差不多，难以将它们区分开来。

而如果将这种"小老蟹"作为蟹种第二年继续养殖时，不仅生长缓慢，而且易因蜕壳不遂而死亡，给养殖生产带来损失。因此，掌握蟹种和"小老蟹"的鉴别方法对于河蟹养殖生产至关重要。现介绍一些较为简便易行的鉴别方法供养殖参考：

（1）看腹部　正常蟹种，不论雌雄个体，腹部都狭长，略呈三角形，随着生长，雄蟹的腹部仍然保持三角形，而雌性蟹腹部却逐渐变圆，所以选购蟹种，要观看腹部，如果都是三角形或近似三角形的蟹种，即为正常蟹种，如果蟹种腹部已经变圆，且圆的周围密生绒毛，即有可能是性腺成熟的蟹种。

（2）看交接器　观看交接器是辨认雄蟹是否成熟的有效方法，打开雄蟹的腹部，发现里面有两对附肢，着生于第1至第2腹节上，其作用是形成细管状的第1附肢，在交配时1对附肢的末端紧紧地贴吸在雌蟹腹部第5节的生殖孔上，故雄蟹的这对附肢叫交接器。正常的蟹种，交接器为软管状，而性成熟蟹种的交接器则为坚硬的骨质化管状体，且末端周生绒毛，交接器是否骨质化是判断雄蟹是否成熟的条件之一。

（3）看螯足和步足　正常蟹种步足的前节和胸节上的刚毛短而稀。而在成熟蟹种上表现粗长，密稠且坚硬。

（4）看性腺　打开蟹种的头胸甲，若是性腺成熟的雌蟹，在肝区上面有2条紫色长条状物，这就是卵巢，肉眼可清楚地看到卵粒。若是性成熟的雄蟹，肝区有2条白色块状物，即精巢，俗称蟹膏。若是正常蟹种，打开头胸甲只能看到黄色的肝脏。

（5）看背甲颜色和蟹纹　正常蟹种的头胸甲背部的颜色为黄色，或黄里夹杂着少量淡绿色，其颜色在蟹种个体越小时越淡，性成熟蟹种背部颜色较深，为绿色，有的甚至为墨绿色，蟹纹是蟹背部多处起伏状的俗称，正常蟹种背部较平坦，起伏不明显，而性成熟蟹种背部凹凸不平，起伏相当明显。

（6）称体重　个体重小于15克的扣蟹基本上没有性早熟的；

"小老蟹"体重一般都在15～50克。选择蟹种时，在北方宜选择体重10～15克的蟹种，在南方一般选用5克左右的，这样既能保证达到上市规格，又可较好地避免选中"小老蟹"。

第二节　蟹苗的培育

一、池塘准备

1. 池形结构

池塘形状应呈近方形。培育池的面积以0.5～0.7亩，水深1.5～1.7米为宜。溞状幼体具有喜集群、喜顶风逆流、喜靠边角等习性，在培育池中，往往大部分幼体集中于池的上风一端，易造成局部密度过大而缺氧死亡。池底要求偏于沙土、硬底，池周用块石或水泥预制板浆砌成石壁，以免幼体在池水水位变动时搁浅干死。池一端设进水阀，另一端为出水口，设置成喇叭形底孔出水口，其喇叭口断面用700微米的筛绢拦网，以免幼体逃逸。

2. 清塘消毒

溞状幼体要求水质清净、饵料丰富、底质优良、敌害很少的环境。所以幼体培育前期半个月，必须对培育池加以清整消毒，杀灭敌害生物，清除塘底污泥，洗刷池壁及维修进、排水管道等，以保证培育工作的顺利进行。清池的药物有生石灰、漂白粉和高锰酸钾等。培育池清整消毒，需要注水时，一定要预先经过沉淀和严密过滤，否则，清塘消毒措施会前功尽弃。另外，怀卵蟹放入培育池进行孵幼前，要用药物浸泡消毒以杀灭附生于蟹体的聚缩虫等。

二、放幼

由于幼体出膜时间是按胚胎发育程度推测，同一批雌蟹各个体间孵幼时间并不一致，如果直接把大批的怀卵蟹按计划数送至培育池孵幼，势必造成同一个育苗池孵幼时间拖得过长，再加上幼体变态有快有慢，结果会造成多期幼体同塘，严重影响幼体培育成活率和池塘单产。要使同一培育池幼体出膜时间相差一天以内，具体做法是将 2～3 倍于培育池计划投放量的怀卵蟹，集中放入培育池，每隔 2～3 小时检查一次幼体出膜情况，待孵出幼体数达到该池计划放养量时，立即将全部怀卵蟹取出，移至下一个池继续孵幼，最后把孵幼后的雌蟹捡出放至专池饲养。即可保证同一培育池中的幼体出膜时间在一天以内，又能达到计划的放养量。

培育池的幼体密度，控制在每立方米水体放养第 I 期溞状幼体 4 万～6 万只为宜，一般不超过 10 万只。以有利于提高养育成活率和产量。培育池中幼体放养量的计算，可采取估算的方法。即根据怀卵蟹数、平均怀卵量和通常以 70％的平均孵化率来推算培育池中的孵化幼体的总数。怀卵蟹平均怀卵量的计算是通过抽样。即在群体怀卵蟹中抽取大、中、小 3 个等级的样品，取下卵块，称重，按每克 1.8 万粒卵来计算，分别求得 3 个等级蟹的卵量，再取其平均值，求得群体怀卵蟹的平均怀卵量。

三、幼体饵料

河蟹各期溞状幼体都是杂食性的，以动物性饵料为主，植物性饵料为辅。无论是单一饵料品种，还是各种饵料混合使用，均能育成大眼幼体。研究表明，河蟹幼体食谱广泛，有三角褐指藻、新月菱形藻和舟形硅藻等单细胞藻类，有轮虫、沙蚕幼体、卤虫无节幼体等动物饵料，还有豆浆、人工微粒配合饵料等。但在大规模的幼体培育过程中，如何满足适口饵料的及时供应，保证幼体生长顺利，变态成功，成活率高，需要引起注意。

四、投饵方法

1. 施肥育饵

在河蟹幼体培育过程中，采用"先肥后清"的综合投饵施肥的育苗效果较好。"先肥"，是在河蟹幼体孵出前 4～5 天，在育苗池注入经过严密过滤的海水，每亩施放化肥硝酸铵 1 千克，同时接种事先培养好的单细胞藻液于池中。当幼体孵出时，即可摄食到水体中已繁殖到一定数量的单细胞藻类。如遇天气阴雨，藻类繁殖不佳，可用 1 千克/亩熟豆浆泼洒肥水，此阶段为"先肥"。等溞状幼体进入第 II 期时，即停止施肥，开始交换池水，一般每天交换 1/5～1/4，保持池水清新，同时投喂盐水丰年虫无节幼体，供应溞状幼体摄食需要。由于经常交换池水，不再施肥，使池水逐渐变清，此阶段为"后清"。

2. 投喂卤虫无节幼体"先适后足"

第 I 期溞状幼体孵化出前 2 天，在培育池中，先一次投放适量卤虫卵，使卤虫无节幼体与河蟹溞状幼体同期大量孵出，供后者摄食。河蟹溞状幼体放养密度 5 万只/米³ 时，首批卤虫卵投放量为每亩 1.5 千克左右。在第 IV 期溞状幼体至大眼幼体的后期阶段，逐日投足卤虫无节幼体和专池培育大个体卤虫，使饵料密度为河蟹幼体的 3～10 倍以上，以保证幼体摄食到充足的饵料。总之，投饵是幼体培育中极重要关键之一。原则是"适时、适口、适量"，才能获得较高幼体培育成活率和单位产量。

五、水质管理

1. 培育水的消毒处理

在幼体孵出前，培育池虽经消毒，但首次进水时，仍需先少量注入过滤海水，然后用 80～100 毫克/升漂白粉液作池水消毒，杀灭大型浮游动物，例如枝角类、桡足类等。

2. 培育池水体交换

在育苗过程中，水体交换可以改善水质，控制其他生物的繁殖生长，促进溞状幼体变态。一般河蟹溞状幼体处于 I～III 期间，主要以加水为主，少量放水。

3. 水质监测

对幼体培育而言，任何一种环境因子得不到满足，都会造成不同影响，因而在培育过程中，需要持续进行水质监测。河蟹培育池水的含氧量应保持在 4 毫克/升以上，适宜生长水温为 19～25℃，最适盐度为 13‰～26‰，适宜酸碱度为 8～9。

六、蟹苗出池和暂养

1. 捕苗方法

培育池蟹苗捕捞，可采用捞海网和聚乙烯网布做成的 2 毫米目数的大拉网。

（1）捞海网　白天利用蟹苗喜集群，喜一定水流，喜近岸边习性，选择上风角落用捞海网不断搅动池水，造成一定方向的水流，可以捕到大量蟹苗。晚上利用蟹苗喜光习性，用 100～200 瓦电灯光诱集，用捞海网抄捞。此种方法可以捕到 80％以上的蟹苗。

（2）大拉网　同鱼苗发塘捕捞夏花方法一样，在培育池中幼体已经全部变成蟹苗时采用，起捕率达 95％以上。

2. 出池时间

一般当池中 80％左右变态为大眼幼体（蟹苗）时，开始用捞海网抄捕，可减少池中尚未变态的第 V 期溞状幼体被咬死的损失，提高幼体培育成活率。

3. 暂养方法

从培育池中捞出的蟹苗，放养淡水水域之前，还必须有一个暂养"老化"的过程，这是因为大眼幼体有一个体内渗透压的调节过程，才能适应淡水环境。刚完成蜕皮变态的大眼幼体，从高盐度的海水骤然进入淡水中，半小时即被麻醉然后死亡。具体的暂养方法是，在水泥池中，每 2 米² 设置气石一枚，连续大量送气，暂养密度 5 万～10 万只/米³，每天数次投饵和水体交换，换水量1/3～1/2，逐渐换水淡水降低盐度。经过暂养后的大眼幼体，体质健康活泼，规格可达每千克 16 万～20 万只。质量目测的标准是，用手抓起一把沥干水分的大眼幼体，轻轻一捏，当松开手掌后，大眼幼体即迅速散开逃逸。这样的幼体质量，可经得住长途运输，放养成活率也较高。

第三节　豆蟹培育

河蟹的蟹种培育包括两个阶段：豆蟹培育阶段，从 14 万～16 万只/千克的大眼幼体培育成约 3000 只/千克的豆蟹；扣蟹培育阶段，从豆蟹培育成 80～100 只/千克的一龄蟹种，即扣蟹。

从蟹苗养成豆蟹，直至扣蟹，其生态、形态，生理和食性都发生了改变。从原来以集群浮游、趋光、食性较窄的大眼幼体变为底栖、散居、攀爬、避光、打洞钻穴和食性扩大的幼蟹。

一、豆蟹的培育

"豆蟹"，形状如豆类大小，一般指大眼幼体经过 1 个多月培育，蜕皮 5 次左右达到的 V 期幼蟹，规格达到每千克 3000 只左右。主要提供给当年养成商品蟹的用户。为了延长生长期，提高当年养成的商品规格，大多采用早繁苗，一般采用在塑料大棚土池温室培育方法。

1. 培育池准备

豆蟹培育池塘的大小可以因地制宜。每个池塘面积50～400 米^2，长条形。池宽 5～8 米，池深 1 米左右。池塘靠近淡水水源，排灌方便，水质良好无污染。池中间挖一条深沟，两边较浅。池底形成一定的坡度，坡比 1：2.5～3。南边坡比稍大，形成一片水深不超过 20 厘米的浅水区，便于幼蟹变态蜕壳。池的两端设进、排水口。进水口高于排水口 20 厘米，进水口底部至进口铺垫塑料薄膜，防止逆流而上被水流冲伤,进水口安一道 60 目筛网。在进水口附近配相应的蓄水预热池,用锅炉加热。池底安装罗茨鼓风机充气的管道。出风主管接两根在池中纵向排列的直径 3 厘米的白色塑料支气管,支气管每隔 0.5～1 米钻一个小气孔,用于充分增氧或循环水流。水面上 20 厘米的池坡处插 15 厘米高的塑料纤维板防逃。

池上大棚建成拱形,骨架一般用毛竹,立柱用直径 60 厘米的毛竹,顶架用细竹竿;立柱间用细竹连接加固。棚顶用透明农用膜。塑料大棚两头设活动保温门,棚高到水面距离 2 米左右,塑料薄膜整体覆盖后下口要有底纲,并用泥土压实,需要时又可揭开。整个塑料棚用绳分段固定,以防大风吹翻。池塘边坡要整平,铺塑料布,其上口用网绳与棚架相连,下边堆土压实,防止幼蟹从下面钻出逃逸。

清塘后,可移栽带根水草水花生或设置棕片。在蟹苗到达前 3～5 天加预热水。水草的覆盖面积要达到 30%～50%。也可在池底铺垫聚乙烯网,便于最后网捕仔蟹。

2. 制定购苗计划

购买蟹苗的计划,要根据当地设备条件而决定。如果用塑料大棚培育,并具备加温条件,购苗时间可选择在 2 月底至 3 月中旬出池的早繁苗。如果有塑料大棚,但没有加温条件,在长江流域一般只能选购 3 月底至 4 月中旬出池的早繁苗。如果没有塑料大棚,在室外池塘培育只能选购 4 月下旬以后出池的常规蟹苗。因为提早培育没有保温设备,如遇到寒潮,蟹苗摄食减弱,生长迟缓,直接影响成活率。

此外,购苗时还要注意育苗场亲蟹来源是否是长江系中华绒螯蟹,蟹苗的规格是否整齐,是否达到 16 万只/千克规格,蟹苗的颜色和活力是否正常。蟹苗运输一般采用常规蟹苗箱干运。

3. 蟹苗放养

当大棚水温稳定在 18℃左右,天气晴朗,pH 在 7.5～8.5 时,就可放养蟹苗。放苗前应事先对水体放养鱼种或少量蟹苗"试水"，检查消毒后毒性的消失程度。由于工厂育成的蟹苗温度调控在25℃左右，故应要求育苗场在售苗前3天逐步降温，接近温室大棚水温，放养时温差不应超过3℃。先打开蟹苗箱，观察各箱蟹苗成活情况，然后用棚中池水喷淋15分钟再下池。每平方米放养密度在1500只左右，池水深度控制在50～70厘米。蟹苗放入池中应同时开增氧机。

4. 饲养管理要点

（1）投饲　在蟹苗下池后，可以从其他池塘捞取适量的大型浮游动物投喂，一旦发现变态成幼蟹后，应立即停止投喂。但由于早期水温低，天然饵料生物难培育，最好预先培育大型浮游动物，捞出足量冷藏备用，如果较难实现，可直接投喂人工饲料。蟹苗和幼蟹的人工饵料，一般是把去头、去皮、去骨、去内脏的鱼肉绞成鱼糜，然后用40目筛绢布滤过，60目漂洗后，加水全池泼洒。或上述鱼糜和鸡蛋制成蛋羹（不加水），再用40目和60目筛绢搓揉的鸡蛋颗粒加水后全池泼洒。具体投喂量放苗后1周内，每天投喂8次，间隔3小时1次，日投喂量为放苗量的200%。按鸡蛋与鱼糜1：3～5的比例配制蒸熟，用60目筛绢搓洗过滤，加水稀释后全池泼洒，池四周多洒。1周后，当变态成仔蟹后改投鲜鱼糜，每天投6次，每天投饲量为塘内蟹体重的150%，以傍晚为主。变成Ⅲ期仔蟹后改用绞碎的鱼肉、豆饼糊，按2：1比例配制混合投喂；投饲量按池中蟹重的100%计，日投饲量为4～6次，夜间多投。

（2）水温　早春季节气温变化较大，尤其棚内外气温相差10℃左右。晴天气温如果过高，可以把大棚的塑料布向上掀起，通通气。阴雨天或刮大风则要把大棚的塑料布加固好。如果后期的气温回升快，大棚侧面的塑料布可以不放下来，使棚内水温保持稳定。

（3）水质　幼蟹培育期间，要经常加注新水。加水时要用40目筛绢布进行网滤，每2～3天换水一次。蟹苗入池时水深为

30~40厘米，1周后才每天少量加水5厘米，保持到50~60厘米。1~3周每天换水5厘米，3周之后每两天换水1次，每次40厘米。每天测量水温。

（4）增氧　大眼幼体入池后连续充气不停机，发现大眼幼体蜕壳为仔蟹即改为间隔充气。一般每开机增氧充气半小时，停机1小时，保持每天充气8小时。通常晚上、中午及凌晨至上午8时多开机增氧。并根据天气及仔蟹活动情况及时开机增氧，后期以低气量充气为主。

（5）防病　培育期间，每隔15天左右用20毫克/升的生石灰全池泼洒，每20~25天用复合维生素拌饲投喂。用量是100千克饲料加复合维生素各8克，保持水草生长，在饲料和水体中使用微生态制剂，保持生态平衡。

5. 豆蟹捕捞出池

豆蟹一般利用其攀爬水草的习性进行捕捞。每天上午和下午各一次，每次用手抄网将水草捞起，捉出幼蟹后把水草再放回原池，这样反复进行。经过多次捕捉后，幼蟹的数量明显减少。最后利用夜晚放干池水，手工捕捉。

二、豆蟹的培育实例

1. 培育池的条件与设施

培育池必须建在靠近水水量充沛、水质清新、无污染、进排水方便和黏壤土土质的区域，独立塘口或在大塘中间隔建均可。培育池要出去淤泥，在排水口处挖一集蟹槽，大小为2米^2，深为0.8米，塘埂四周用0.6米高的钙塑板等做防逃设施，并以木、竹桩等作支撑物，池的形状以东西向长、南北向短的长方形为宜，面积以600~2000米^{2}为最佳，池水深度一般以0.8~1.2米为正常水位，水质要求应符合GB11607和NY5051的规定。

2. 放苗前的准备

（1）池塘消毒　4 月上旬灌足水，用密网拉网，地笼捕，捕灭敌害生物；一周后排干池水，4 月下旬注入新水，用生石灰消毒，用量为 0.2 千克/米^2。

（2）设置水草　蟹苗下塘前用丝网沿塘边处拦围，投放水草，拦围面至少要为培育池面积的 1/3，为蟹苗蜕壳提供附着物。

（3）增氧设施　配 0.75 千瓦的充氧泵一台，泵上分装 2 条白色的塑料通气管于塘内。通气管上扎有均匀的通气孔，安装时离池底约 0.1 米。

（4）施肥培水　放苗前 7～15 天加注新水 0.1 米，养殖老池塘，池底较肥时，每亩施过磷酸钙 2～2.5 千克，兑水全池泼洒。新开挖的塘口按每亩施用经腐熟发酵后的有机肥 150～250 千克。

（5）加注新水　放苗前加注经过滤的新水，使培育池水深达 0.2～0.3 米，新水占 50%～70%，加水后调节水色至黄褐色或黄绿色，放苗时水位加至 0.6～0.8 米，透明度为 0.5 米，使蟹苗下塘时以藻类为主同时兼食轮虫、小型角枝类。如有条件放苗前进行一次水质化验，测定水中的氨态氮、硝酸态氮、pH 值，如果超标，应立即将老水抽掉，换注新水。

3. 蟹苗投放

（1）选购蟹苗标准　选购日龄 6 天以上，淡化 4 天以上，盐度 3 以下，体质健壮，手握有硬壳感，活力很强，呈金黄色，个体大小均匀，规格 18 万只/千克左右的蟹苗。

（2）蟹苗的运输　蟹苗装箱前应在箱底铺一层纱布、毛巾或水草，既保持湿润，又防止局部积水和苗层厚度不均。蟹苗称重后，用水轻轻撒在箱中。运苗过程中，要防止风吹日晒、雨淋和防止温度过高或干燥缺水，也要防止洒水过多，造成局部缺氧。

（3）蟹苗放养　放养密度 1000 只/米^2，放养时先将蟹苗箱放在池塘边上，淋洒池塘水，然后将箱放入池塘内，倾斜的让蟹苗慢慢地自动散开游走，切不可一倒了之。

4. 培育管理

(1) 饲料投喂 蟹苗下池后前 3 天以池中浮游生物为饵料,若池中天然饵料不足可捞取浮游生物或增补人工饵料,直至第一次蜕壳结束变为Ⅰ期仔蟹。Ⅰ期仔蟹后改喂新鲜的鱼糜加猪血、豆腐渣,日投饵量约为蟹体重的 100%,每天分 6 次投喂,直至出现Ⅲ期仔蟹为止,Ⅲ期后,投饵量约为蟹体重的 50% 左右,每天分 3 次投喂,直至蜕变为Ⅴ期。此后投饵量减少至蟹体重的 20% 以上,同时搭喂浮萍,至投苗后 4 周止,投饵方法为全池泼洒。

(2) 水质调控 蟹苗下塘时保持水位 0.6~0.8 米,前 3 天不加水、不换水,Ⅰ期仔蟹后逐步加入经过滤的新水,水深达 1 米后开始换水,先排后进,一般日换水量为培育池水 1/4~1/3,每隔 5 天向培育池中泼洒生石灰水上清液,调节池水 pH 为 7.5~8.0。

(3) 充气增氧 蟹苗下塘至第一次蜕壳变Ⅰ期仔蟹期间,大气量连续增氧;蜕壳变态后间隔性调小气量增氧,确保溶氧在 5 毫克/升以上。

(4) 仔蟹分塘 经 4 周培育变成Ⅴ期仔蟹后,即可分塘转入扣蟹培育阶段。仔蟹捕捞以冲水诱集捞取为主,起捕仔蟹经过筛选,分规格、分级和分塘放养。

第四节 扣蟹培育

扣蟹是指将Ⅴ期仔蟹培育到翌年的 3 月底,规格在 100~200只/千克的蟹,大小如纽扣,生产上称为扣蟹,也称为 1 龄蟹种。扣蟹的培育是河蟹养殖过程中最重要的环节。扣蟹阶段,河蟹蜕壳次数多,个体生长和群体增重都较快,个体生长差异也越来越大。该阶段的幼蟹对饲料要求比前期低,由于水量大,水质控制比较容易,但也存在许多问题,比如育成较大规格食用蟹当年上市问题,如何提高群体规格问题,如何防止或减少性早熟等问题。

适合培育 1 龄蟹种的水域一般有池塘、稻田和网围等。本节以池塘培育扣蟹为例进行介绍。

一、池塘培育扣蟹

1. 池塘建设

蟹池面积约 2000 米^2 为宜，蟹池布局原则上应有深水区、浅水区及陆地部分，栖息面要大，浅水陆地部分种植水草。目前各地建池的式样是长方形，四角略呈弧形，池周用不同光滑面材料如铝皮、塑料面板建成防逃墙。池周内离埂 1～2 米宽处挖环沟，开出的土筑埂、围埂坡比为 1：3～4，沟的宽度视池总面积而定。有时中间也开成"＋"或"＃"形沟，沟深 0.8～1 米。未开沟的面成为浅水区可种植茭白、水稻等水生经济作物。水面布有水草作为青饲料，水底设蟹穴（投放瓦、罐等）。普通养鱼池塘，池水过深和污泥过多，都不适宜培育幼蟹，应选择浅水养鱼池塘进行改造，或者选择低洼湿地、芦苇滩地开挖成专一的养幼蟹池塘。

要求水源条件好，水草资源比较丰富，水质无污染，以及排灌方便、通路通电等。养蟹池塘的面积最好相对集中，如每个池塘在 10 亩以上。池内开挖一条宽 5～10 米，深 1 米左右的环沟。环沟的边坡 1：1，环沟的面积约占滩面面积 15％～25％，环沟与堤埂距离 1～5 米，堤埂高 1 米左右，堤埂边坡 1：2，堤埂宽依据环沟的挖土量而定。每一排池塘应有独立的进排水渠道。每个池塘的进水口要略高，造成水落差，防止幼蟹顶水攀爬而逃。进水口下面的边坡要铺水泥板。整个环沟的底部要略向排水渠倾斜。池塘的保水性要好，滩面水深应能保持 30～50 厘米。

池周要建防逃设施，永久的培育池防逃设施，采用砖砌呈"厂"字形的防逃墙，一般高 0.6～0.7 米，也可根据实际情况选用玻璃、石棉板、塑料薄膜等材料。防逃设施的位置应埋设在靠近池顶的斜坡上，在池角的位置要埋成弧形，避免直角拐弯。架设防逃设施的时间一般选择在幼蟹生长到Ⅲ～Ⅴ期时进行安装。

2. 清塘布草

Ⅴ期仔蟹放养前 15 天进行清池消毒。每亩蟹种池用生石灰 75～100 千克溶化后全池泼洒。如果蟹种池为老养鱼池则必须经清淤晒塘后才能放养仔蟹。清塘方法是先排干池水，清除滩面和沟内的野杂鱼，然后严格检查岸边的克氏原螯虾洞穴，逐一将克氏原螯虾清除干净。同时把滩面上的旧堤埂和土堆铲平。药物清塘在沟内进行，一般每亩用生石灰 75 千克，或漂白粉 5 千克，化水后在沟内泼洒，要求杀灭野杂鱼等一切敌害生物。清塘后，准备移栽水草。可在 4 月中旬开始种植水草。池底撒播苦草种或移栽水草；塘埂内侧坡上栽水花生、水蕹菜。培育蟹种的池塘内保持一定量的浮萍。沟内水草要多，如果是投放的水草，一定要新鲜，散开投放，避免堆积腐烂。

3. 仔蟹放养

Ⅴ期仔蟹放养的时间应是常规蟹苗的放养时间，以 5 月底至 6 月中旬为宜。蟹苗放养前要求沟内水深不宜过深或过浅，50～70 厘米为宜。蟹苗放养密度控制在每亩 0.25 千克左右，约 4 万只。Ⅴ期仔蟹放养应首先打样确定规格，然后根据样本结果，称重、计数，每平方米放养 30～80 只。每只蟹种塘放养的Ⅴ期仔蟹要规格一致，避免大小参差不齐，一次放足。

4. 饲喂

水温和饲料种类对河蟹的摄食量有显著影响。河蟹幼蟹的摄食量随水温升高显著增加，河蟹对不同食物喜爱的摄食率不同，对动物性饵料比植物性饵料更喜食。Ⅴ期仔蟹放养期，水温升高，仔蟹生长速度加快，应减少动物饲料，一般不超过 30%，如果底栖生物丰富，仔蟹规格大的塘可以不喂动物性饲料，而以豆腐、面粉和水草为主食。饲养后期到 10 月，加喂小鱼、螺、蚌肉等动物饲料，以备越冬。在幼蟹快速生长期，为防止早熟，饲料投喂量在中期都应控制，日投喂量掌握 5% 以内。每日傍晚前投喂 1 次。将饲料均匀撒在塘的四周浅水带，并设两个食台以观察蟹的摄食情况，并随时调整。

根据喂养经验，在保证水草供应的基础上，养 1 千克幼蟹需要投喂 3～5 千克小麦。其中 75% 应集中在 7、8、9 月投喂，其余 25% 在 6 月和 10 月投喂。11 月份以后，由于水温急剧下降，只投少量精料。Ⅲ 期幼蟹以后最好不要投喂蛋白质含量高的颗粒饲料、鱼肉、螺蚬类等饵料。

5. 池塘管理

蟹苗下塘后，水位较浅，水温不高，加之大眼幼体和早期仔蟹也需要一定肥度的水，因此，只需 1 周加 1 次水，每次加水 10 厘米即可。变态为 Ⅴ 期幼蟹以后水温升高，经常加注新鲜水，一般 5～7 天加一次水，每次加水 10 厘米左右。在夏季高温季节，池水较肥，如遇到闷热天气，能够发现池内鱼类浮头，大量的幼蟹离开水面爬到水草上，造成幼蟹大量死亡。在加水或换水时，防止幼蟹攀爬跌水逃逸。因此，要避免在夜晚加水。如果需要向外排水，水泵周围要用密网围起来，避免逃逸幼蟹。

具体的管理要点为：第一，巡塘防逃防敌害；第二，保持水质良好，5～6 天换水一半，先排后灌，幼蟹蜕壳前加注新水，微流，促进同步蜕壳，减少互残，增加成活率，冬季加深水位；第三，定位投喂布局均匀，以第二天略有剩余为宜；第四，及时清除残饵、死蟹、蜕壳，定期消毒食场；第五，植物性饵料要充足，蟹的蜕壳阶段要适当增加动物饵料和蛋壳粉；第六，保护蜕壳后的软壳蟹，池塘中保持足够水草区。

6. 敌害预防

幼蟹期的敌害生物，在早期阶段主要是青蛙、蟾蜍和克氏原螯虾。后期主要是克氏原螯虾、老鼠和水鸟。克氏原螯虾的清除方法，一是清塘时不放过任何一个虾洞，二是平时一旦发现立即掏挖，三是用蛙肉在虾洞口钓。老鼠主要在夜晚攻击个体较大的上岸幼蟹，将其螯足和步足咬断，使其失去行动能力，然后吃掉蟹黄和蟹肉。老鼠的消灭办法是不定期使用鼠药，可以用螯虾拌药。

7. 幼蟹捕捞

幼蟹的捕捞方法有许多，各有优缺点，下面介绍两种捕捞幼蟹的方法。

(1) 诱捕法　具体操作方法是池水排干以后，在池内投放数个长 1 米，直径 30 厘米的黑色塑料袋或用稻草编织的草袋，袋口用草团或瓦片撑开，袋内堆放一些水草和河蟹喜食的小鱼虾或动物内脏做诱饵。诱饵最好经过蒸煮，使其香味浓郁，对扣蟹更有吸引力。晚上 8～9 点钟收集一次，凌晨 12 点收集一次，清晨 5 点再收集一次。蟹种较多可适当增加收集次数。一般 3～4 个晚上即可完成，单人便可操作。该法实施时间不能太迟，夜间气温低于 8℃以下时，蟹种一般不再出洞觅食，诱捕难以达到预期效果。夜间气温 8～15℃效果最佳。诱蟹入袋起捕蟹种，省时、省力、省费用，蟹种肢体完整无损伤，放养和暂养存活率高。

(2) 流水法　利用河蟹的逆水性，用木板或竹栏栅搭建与水平面成 30°～40°的斜台，底端置于池底，在斜台的顶端贴上 40～50 厘米尼龙薄膜使之垂直下垂，在薄膜的正下方固定 3 米×3 米的 20 目聚乙烯网箱。网箱的上缘内侧四周敷一层宽 40 厘米的塑料薄膜内衬，防止跌入网箱内的扣蟹外逃，斜台顶端用水泵沿斜面向下缓缓冲水。这样扣蟹沿斜台上爬到顶端后跌入网箱捕获。制作斜台的木板以 2 米×1.5 米为佳。此方法收集幼蟹省时、省力，但捕捞不彻底，只能达到 70％起捕率。

二、扣蟹培育技术要点

1. 培育塘口的准备

培育 1 龄蟹种的塘口，要求进排水方便、面积在 1～2 亩，长方形，河蟹大眼幼体进塘前要对塘口进行严格的修整，并用药物进行彻底的清塘，杀灭各种敌害，做好围栏防逃设施，防止敌害的进入；同时在培育池内培植一部分水草，如苦草、水花生等，水草面积占总面积的 30％～40％。培育塘口的水位一般在 60 厘米左右。

2. 河蟹大眼幼体苗种的选择

用来培育 1 龄蟹种的大眼幼体苗种必须是健壮无病、淡化程度适中的苗种，这是大眼幼体能否成功培育成 1 龄蟹种的关键所在。若大眼幼体苗种质量差、体质弱，则有全军覆没的危险。在大眼幼体苗种选择过程中，一般要对育苗的场地进行严格的考察；用来繁殖的亲蟹规格要在 150 克/只以上，繁育出的大眼幼体苗种色泽要一致、大小要整齐，活动能力要旺盛。这样的大眼幼体苗种才能培育出高质量的 1 龄蟹种。

3. 1 龄蟹种的培育

（1）大眼幼体的放养　大眼幼体苗种放养在常温下一般在 5 月以后，水温达到 20℃左右，放养密度一般为 0.5～1 千克/亩，在苗种放养的前几天，向培育池中投放红虫，并向池中泼洒豆浆培育水质，提供大眼幼体苗种充足的饵料。

（2）饵料投喂　大眼幼体苗种下塘后，每天按其体重的 150％～200％的量进行饵料的投喂，在培育的前期饵料要精、足，随着苗种生长发育至 V 期后，应根据情况逐步减少动物性饵料的比例，增加植物性饵料的比例。动物性饵料主要是鱼糜、鸡蛋等；植物性饵料主要是各种水草，如轮叶黑藻、浮萍、水花生等。

（3）换水　盐度是导致河蟹苗种性早熟的重要因素之一，在 1 龄蟹种的培育过程中经常换水，不仅可改善蟹种的生活环境，而且能降低水体中的盐度，从而减少 1 龄蟹种性早熟的比例，提高苗种培育的成功率。换水量一般在 10～15 天一次，每次换水量为 1/3～1/2。

（4）分级饲养　为控制 1 龄蟹种的性早熟比例，在蟹苗培育至 V 期幼蟹后，对其中个体较大的幼蟹将其捞出，集中专池进行培育，在饵料上对其加以控制，抑制其生长发育，从而达到控制其性早熟的目的。

（5）水质调节及病害防治 在1龄蟹种的培育过程中，定期生石灰与微生态制剂等水质、底质改良剂交替使用调控水体和防治疾病。每10～15天对培育塘口进行一次生石灰消毒，每亩用生石灰50千克，除调节水质外，还起到控制病原、杀灭病原的作用；使用生石灰后交替使用枯草芽孢杆菌、EM菌、光合细菌等微生态制剂调节水体。

对培养过程中发生的黑鳃病等病害，用二氧化氯等消毒剂及时进行预防与治疗，能达到较好的治疗效果，提高1龄蟹种培育的成活率。

三、扣蟹养殖实例

养殖实例（1）——江苏省常熟市扣蟹培育实例（2009年）

2009年常熟市古里镇某养殖场培育扣蟹获得高产丰收，每亩扣蟹产量225千克以上，规格100～120只/千克，每亩净利润9000多元。下面进行养殖实例介绍。

（一）池塘条件及放养前的准备

养殖场净面积80亩，平均分成9个池塘，每个长150米、宽40米、池深1.5米，用外河水进排水，南面进水，北面排水。两池之间筑一条小埂，小埂坡度1∶3；池塘底无漏洞，在塘边加50厘米高的防逃板，防止河蟹外逃和青蛙等敌害进入池中。

4月上旬开始清塘，将池塘加水至1.2米，每亩用100千克漂白粉带水清塘，杀死池中的所有生物，约一星期后放干池水，然后曝晒10天左右至池底开裂。4月底种草，选用伊乐藻、苦草、轮叶黑藻等4～5种河蟹喜食的水草扦插在离池边2米的池底，每平方米种4株。在距离池边1.5米的地方南北向两边排列种植水花生，水花生宽度为 4～4.5 米，并用竹竿和聚乙烯网线固定，覆盖率 60%左右，水花生种植前用漂白粉浸泡消毒，后放水 10～15 厘米，让水草开始生长。放苗前 3 天加水至 40～50 厘米，pH 值达 8.0 左右为最佳，然后每亩用 3 千克光合细菌和氨基酸肥水精肥水，培育轮虫，为蟹苗提供舒适的环境和适口的饵料。

（二）蟹苗的选择和放养

该场选用规格 125～175 克/只的太湖雄蟹作为父本，规格 100～125 克/只的阳澄湖雌蟹作为母本，到江苏如东进行土池培育大眼幼体，大眼幼体要求淡化 4 天以上，盐度降到 3‰以下，附肢健全，个体均匀，握在手心里成团后能迅速散开，蟹苗每千克 12 万～16 万只。放苗时间在 5 月 10 日左右，水温达 16℃，亩放 1.25～1.5 千克，放苗前把整个网箱放在池水中适应 2～3 分钟，起水后用手撒，所有池塘一次性全部放完，平游一天后沉入池底，2～3 天蜕变成一期幼蟹，直接用蛋白质含量 43%的 0S 开口料 75～100 克/亩对水泼洒，以后慢慢添加，以每天吃完无剩饵为宜，变成Ⅴ期幼蟹后开始喂 0 号料。

（三）养殖管理

1. 水质管理

每半个月用光合细菌调水一次，1 个月用一次氨基酸肥水精（有效成分：游离氨基酸），透明度在 35 厘米左右。水质的好坏和水草关系密切，所以在高温期间最好清除水中种植的 4～5 种水草，只保留水花生，防止水草浮起腐烂，恶化水质。或者定期下水检查水面下的水草，如果发现叶子发黄，应使用不影响河蟹生长的专用肥料，促进水草正常生长，如果水草长出水面，应及时把露出水面的水草割去，防止大风把水草连根吹起，导致水草腐烂，引起河蟹死亡。

2. 日常管理

平时要采用定点、定时和看情况相结合的办法注意观察，每天巡塘 3 次，投饵两次。早上 9 点的投喂量控制在 30%，下午 4 点半投喂量为 70%，从离池边 20 厘米至水花生处的水域多投放、中间少投放，适宜河蟹觅食，避免蟹吃蟹，一般在两小时内投完。6～7 月份亩投喂 3～3.5 千克饲料，8～9 月份每亩投 4～5 千克饲料，并且根据天气变化调整饵料量，天气闷热少吃少投，但是下雨天也要投喂，并且量和平时一样，投喂的饲料从开口料至扣蟹料始终用一种品牌，蛋白质含量在 40% 以上，并且全部用颗粒料投喂，不加其他食物。高温期间每天上午 4～10 点、下午 12～15 点用弥漫式微孔管在池底增氧，预防缺氧引起泛池。

3. 预防疾病

勤用微生态制剂，减少或阻碍病原菌的侵袭，保持水中生态平衡，注意微生态制剂禁止与抗生素、杀菌药或具有抗菌作用的中草药同时使用，并且注意其菌体活力和菌体数量，活菌体要达到 3 亿个/毫升以上。使用前需活化培养，使微生物迅速"复活"，活菌数量成倍增加，还能让其迅速适应池塘水质条件。V 期幼蟹后，每 15～20 天用二溴海因或二氧化氯等消毒剂定期消毒，进入 7 月份，每隔 20～25 天用纤虫净（有效成分：硫酸锌粉）全池泼洒，防止寄生虫和病菌。在巡塘时发现不明原因死亡的蟹，要及时送检，分析原因，对症下药。

（四）效益分析

扣蟹最早在第二年 1 月份出售，2 月份大量上市，2 月底结束干池。每亩产量 225 千克以上，规格 100～120 只/千克，毛利润 15750 元/亩，投资 6000 元/亩，每亩净利润 9000 多元，总利润 70 多万元。

（五）技术小结

1. 彻底清塘杀死池塘中的一切生物，包括上年池中遗留的扣蟹和致病因子等，防止它们将大眼幼体作为可口的饵料和减少发病率。

2. 水草种植对水质和蟹苗的成活率影响较大，一方面蟹苗在池中的蜕壳次数较多，水草为蟹苗蜕壳栖息提供良好安静的环境，另一方面水草的嫩芽又是蟹苗适口的饵料，草好水就好，所以养护好水草尤为重要。

3. 放养密度要达到 1.25～1.5 千克/亩，勤用微生态制剂调水和采用微孔式增氧。投喂蛋白质含量高的同一品牌颗粒料，不添加任何辅食。

养殖实例（2）——江西省余干县扣蟹培育实例（2006 年）

江西益人生态农业发展有限公司经营江西省余干县康垦内湖水面 12 万亩，精养鱼池 800 亩，2006 年土池养殖扣蟹 600 亩，生产规格 100～180 只/千克扣蟹 87000 千克，约 1100 万只，总产值 382.8 万元，利润 84.35 万元。立足生态养殖，池塘进行水草栽培和移植，建立适合扣蟹生长发育的人工生态系统，是扣蟹养殖成功的关键。

（一）生产情况

（1）池塘条件　生产基地为益人公司 2004 年下半年在长洲垸修建的 600 亩高标准精养鱼池，鱼池面积 10～20 亩，长方形，东西走向，池深 2 米。水、电、路三通。养殖用水来源于内湖，水质清新，达到国家二类水标准。

（2）防逃设置　生产基地共 42 个鱼池，各池均用宽 40 厘米的铝箔埋入地下 10 厘米围成防逃墙，由竹竿作支撑，每米 1 根，打入地下 30 厘米。进出水口用 40 目纱网围成 4 米围栏，上覆盖防逃塑料布。

（3）清塘、培水　5 月 10 日前后，将所有鱼池全部排干，曝晒一星期后，每亩用生石灰 150 千克化浆全池泼洒，清塘消毒。5 月 18 日前后，在各池修建暂养池，其大小为鱼池面积的 1/5，修建一条高 60 厘米、面宽 50 厘米小埂，并设置防逃网。暂养池内注水 30

厘米，每亩施腐熟有机肥 200 千克加碳铵、磷肥各 5 厘米培肥水质。各池移植少量水花生。

（4）蟹苗放养　蟹苗来源于上海崇明岛，5 月 28 日共运回规格 15 万～16 万只/千克蟹苗 587.5 千克，蟹苗经试水，缓苗、食盐水消毒后，放入草丛自行散开。每亩放养密度约 900 克。

（5）饲料　鲜鱼、冻鱼鱼糜、黄豆、豆粕、玉米粉、小麦、旱草等。共使用鲜、冻鱼 221.15 吨，黄豆 2.1 吨，豆粕 68.67 吨，菜粕 44.9 吨，玉米 54.6 吨，小麦 70 吨。

（6）投喂　放苗初期投喂豆浆、豆粕和少量鱼糜，一周以后，投喂豆粕、菜粕和鱼糜，7 月份主要投喂豆粕、菜粕，8 月至 9 月投喂豆粕、菜粕、玉米、小麦以及 30% 左右鱼糜，10 月份以植物性饲料为辅，鱼糜为主，占食料量的 60%。饲料投喂坚持"四看、四定"原则。饲料投喂量以蟹吃到八成饱为度。

（7）水质管理　养殖初期水深控制在 30～40 厘米，6 月中旬水深增加至 50～60 厘米，7 月上旬增至 70～80 厘米，7 月下旬增加到 1～1.2 米，8 月上旬以后水深保持在 1.5 米以上。透明度保持在 50 厘米以上，溶氧 5 毫克/升以上，水质过肥，要及时换水，一般是先抽出池水的 1/4～1/5，再加新水至原水位。每隔 15 天全池泼洒生石灰 1 次，用量为每亩 15 千克，调节池水 pH 值在 7.5～8.5 的范围。

（8）水草栽培和移植

①种植苦草。在 5 月中下旬，鱼池清塘消毒后，在非暂养区播种苦草，每亩用种量 75 克左右。具体方法是将苦草种子先晒种 1～2 天，然后浸种 12 小时，搓出果实内种子，用湿润细沙土均匀拌和后撒播全池，注水 10 厘米，4～5 天开始出芽，半个月内基本出齐，出苗率可达 90% 以上，6 月上旬加水至 20 厘米，中旬加水深至 30 厘米，此时池中苦草已覆盖池底 60%～70% 面积，撤围散苗。

②移植水花生、水浮莲。从外移植水花生、水浮莲要经消毒处

理后移入池塘，每亩移入量为 200～250 千克。

③池边种植空心菜，使其枝叶向水中蔓延。

（9）蟹病防治 坚持"预防为主，治疗为辅，无病早防，有病早治"的方针，采取蟹苗进池消毒，调节水质和生态防治等措施，7 月 28 日两口池蟹苗发现少量纤毛虫，用 0.7 毫克/升硫酸铜、硫酸亚铁合剂（5∶2）全池泼洒治疗，效果良好。其他池塘全部预防一次。没有发生大的蟹病危害情况。

2. 结果

10 月 30～31 日，随机抽取 21 号、28 号、34 号池用拖网捕蟹进行测算，育成扣蟹规格在 100～180 只/千克，亩均产量 145 千克左右，共育成扣蟹 87000 千克，约 1100 万只。早蟹苗不超过 5%。

3. 养殖分析

池塘土地培育扣蟹，从技术上必须把握以下 5 个重要环节，即：种草、密养、控饵、调水、降温，从管理上主要注意防逃。

（1）蟹苗养殖期间必须保持一池好草，做到池底苦草覆盖，水面水花生、水葫芦、浮萍等漂浮性植物较多，占水面 30% 以上，池边种满空心菜等绿色植物，起到供饵、净水、遮阴、降温等作用。

（2）以密度防性早熟，根据蟹苗生长发育的特点，适当的高密度有利于控制扣蟹生长速度，减少早熟比例。亩放养以 15 万～20 万只为宜。

（3）控制饵料组成比例与投饵量，有利于河蟹健康成长。即扣蟹养殖过程中总的动物性饵料比例应控制在 40% 以下，其季节分配为前期少量，中期不用，后期为主。河蟹贪食，因此要控制其食量，做到让其吃到八分饱即可，否则饵料过量一方面败坏水质，更主要的是河蟹生长过速，养成规模较大，早熟比例大大增加，造成得不偿失的后果。

（4）适时调节水质 河蟹喜清新洁净水质。在培好一池草进行生态调水的同时，要注意经常换水注水，使池水前肥后淡、前浅后深，保持透明度 50 厘米左右，溶解氧 5 毫克/升以上。每半月施用一次生石灰，使 pH 值基本稳定在 7.5～8.5。生石灰不可滥用，以免盐度过高，增加早熟风险。

（5）河蟹最适生长水温 25～28℃，高温季节要保持池水深度 1.5 米以上，经常换注水和添加水面池边水草数量，以利河蟹扣蟹躲藏与降低积温，确保扣蟹苗种整体质量。

第五章　河蟹大水面增养殖

随着经济建设的迅速发展，江湖闸坝大量建设，阻碍了河蟹的洄游通道，同时生态平衡的破坏和渔具、捕法的现代化，捕捞强度大大增加。与其他的洄游鱼类一样，具有洄游习性的河蟹自然资源严重下降。虽然近年来大力开展了河蟹的人工育苗和人工养殖，河蟹产量也逐年提高，但河蟹自然资源保护的重要性将更加突出。河蟹在长江资源的管理和保护，已成为一项十分紧迫的任务。

长江在不同时期，存在从蟹苗至成蟹的河蟹各阶段个体，河口虽有河蟹繁殖的条件，能出产蟹苗，却缺乏河蟹苗生长肥育的场所。同时，幼蟹虽然能在长江干流中生存，也因其饵料生物资源的不足，大大地限制了生长速度。所以，应尽可能地采集天然蟹苗和幼蟹资源，进行人工放流或增养殖，做到合理利用。重点保护的对象，是成熟的亲蟹和交配后的抱卵蟹，以及河口的河蟹产卵场。

第一节　河蟹的种质资源保护

一、天然蟹苗资源

长江中华绒螯蟹无论是个体本身的品质（色泽、肥满度等），还是其在增养殖中所呈现的生物、经济性状，都显著优于我国其他内陆水系（辽河、瓯江、闽江等）的河蟹种群。令人担忧的是，长江蟹这一宝贵自然资源的产出却每况愈下。在上海崇明县周围水域，往年每条船每潮水，可捕大眼幼体半千克左右，而1996年以后每条船每次潮水多的只能捕上几克，少的只有数十只，更有一无所获的。导致长江蟹资源濒危的原因有下列几点：一是酷渔滥捕，近年来，市场上商品蟹十分抢手，价格居高不下，致使一些捕捞者利欲熏心，无视渔业法规，只顾眼前利益，竞相使用灭绝性渔具、渔法进行超强度的捕捞，长江水系中的一些天然长江蟹尚未成年就被人们捕食；另有一些亲蟹，也在产卵之前被强行捕起。另一方面，河蟹身价的倍增而引起的"养蟹热"，使长江蟹苗供不应求，又加剧了长江蟹天然苗种捕捞强度的不断升级。二是水质污染随着化工、纺织、造纸、制革等工业生产发展，大量工业废水也造成了对蟹苗的危害。

二、河蟹蟹苗资源放流保护

河蟹的人工放流是人为地将蟹苗直接或间接地放养于湖泊、外荡、水库等天然水域中来增殖河蟹资源的一种措施。实践证明，蟹苗人工放流是一种投资少、见效快、收益高的增殖河蟹的有效方法。北京、天津、安徽、浙江、江苏、湖北、江西、广东、宁夏、新疆等地，都进行了蟹苗人工放流，对于保护河蟹资源、提高水域综合效益具有重要的意义。

放养蟹苗对水域要求并不高，除盐湖、温泉、受工业污染严重的水体，不能放养外，一般湖泊、港汉、江河、水库、池塘、稻田等均可。蟹苗人工放流重点是放养大水体，尤其是湖泊水草茂盛的水域效果更好。例如：1981 年，江苏省在太湖放养大眼幼体 9902千克，在回捕率仅 0.58% 的情况下，产量达 136.9 万千克，效益相当显著，但放养幼蟹和蟹种，成本较高，经济效益不及放大眼幼体。据统计，湖北省汉川县于 1988 年、1989 年分别在东湖和汉湖放养幼蟹 255 千克、307 千克，在回捕率高达 5.33% 和 11.08% 的情况下，产量也只有 1 万千克和 2.5 万千克，幼蟹成本比大眼幼体要高得多。因此，目前以幼蟹或蟹种进行人工放流，应改为投放大眼幼体来增加水域中河蟹的群体数量。

第二节　河蟹湖泊增养殖

河蟹人工放流增殖方法：河蟹自然繁殖、自然生长受到了各种环境条件变化的影响，天然产量很不稳定。通过人工放养河蟹苗后，补充了苗种资源，提高了河蟹产量，是一项有明显效果的增殖措施。

人工放流增殖的水域应选择水质清新、水中溶氧充沛、水草丰盛、饵料丰富、底质为淤泥的水体。水草茂密的湖泊比水草贫乏的湖泊更适合放流蟹苗，而湖泊又比江河、水库更适宜。

一、湖泊增养殖

在大水面放养时，为防止凶猛鱼类、蛙类和水禽的吞食，在放流蟹苗时，应选择水草丛生的地方投放，并尽可能使之均匀分布全湖。一般最好在上游，不要靠近出水口和抽水泵房，以免开闸放水或抽水时河蟹逃逸。最好在该处设置防逃网。蟹苗的放养密度，因水域条件而异，一般每公顷水面放蟹苗 3000 只（每亩 200 只）左右，回捕率在 1%～10%，多数可达 5%。在大水面放养一般不需要人工设施和投喂，成本低，河蟹生长快，质量也好。1980 年在滇池、1994 年在星云湖放养河蟹苗均获得成功。云南省的湖泊基本上都具备河蟹放流增殖的良好自然环境条件。但是，由于管理机制的问题，投资与受益不统一，使得这一优势无法发挥。如能解决好投资者的效益问题或政府投入后在税收上补回，则该工作在提高河蟹产量和质量上将具有重要意义。

河蟹增殖放流的实施，不仅修复保护了生态资源，而且为养大蟹工程提供了优质蟹种。同样的蟹苗，自然水域养出的扣蟹个头比稻田扣蟹大 3 倍左右。

1. 湖泊河蟹放流增殖的形式

湖泊是河蟹生长育肥的天然场所，江、浙流传着"阳澄湖清水大蟹"的说法。表明湖泊的水域生态条件非常适宜于河蟹生长，而且其肉质特别可口。我国目前湖泊增殖河蟹的方法大致有两种：①20世纪80年代初期发展起来的在湖泊人工放流蟹苗（大眼幼体）；②20世纪80年代初期兴起的在湖泊投放较大的蟹种。前者是以大、中型湖泊为主，靠天然饵料生长，回捕率1%～3%。后者的特点是以小型湖泊为主，通过辅助投喂人工饵料，促其生长，回捕率在20%～35%。

2. 放养密度

在选择湖泊放流增殖的主要依据是水质清新，水位比较稳定，溶氧充足，水生生物丰富，便于人工管理的浅水草型湖泊。丰富的水生植物有利于河蟹摄食、育肥和蜕壳生长。

河蟹增殖放养大眼幼体（蟹苗）的时间，大致是每年5月中、下旬至6月上、中旬。蟹种放养时间大致在11月下旬至翌年的3月下旬。蟹苗放流密度每亩放500～2500只（规格为500克河蟹有60～120只）。凡放蟹苗的，经15～16个月的生长，至翌年10月份，商品蟹个体规格达125～150克，大的达200克左右。凡放蟹种的，经7～10个月生长，商品蟹个体规格也可达100～150克。

3. 养殖管理

（1）在河蟹生长期间禁止在湖泊打捞水草，因为打捞水草除减少河蟹饵料资源外，更重要的是将在水草中摄食或蜕壳的蟹种连同水草捞起。

（2）防止进、出水口逃蟹，尤其在洪水季节，蟹种很容易随流动的湖水而逃逸。

（3）不能在养蟹的中、小湖泊沤麻。因为河蟹对沤麻的浸出物极其敏感，很容易造成蟹的死亡。

（4）养蟹的湖泊控制银鱼网、梅鲚网和白虾网下湖，因这些网具一般在河蟹生长季节下湖作业，极易造成河蟹伤亡。

（5）对水草量及底栖动物量减少的湖泊应投喂人工饵料，一般投喂谷物、螺、蚌肉等，投喂时间以傍晚为好，投喂季节应着重放在河蟹生长较快的 7～9 月份。

4. 河蟹的捕捞

湖泊捕蟹工具有蟹簖（迷魂阵）、单层刺网、撒网及蟹钓、蟹笼等，尤以前两种合理结合捕捞效果较好。捕捞时间长江中、下游以每年的 9 月下旬至 10 月下旬为好。开捕时间过早，河蟹成熟差，开捕时间太迟，河蟹已开始一年一度的生殖洄游，影响回捕率。河蟹在昼夜间有三个活动高峰；第 1 次为凌晨 4:30 时至 7:00 左右；第 2 次为傍晚的 16:00 至 20:00 左右；第 3 次为午夜的 22:00 至 24:00 左右。在活动高峰内捕蟹效果（单层刺网）最好，尤其是第一次高峰产量最高。可以说，合理利用河蟹昼夜活动规律是提高回捕率的重要手段。

二、湖泊放流蟹苗

湖泊放流蟹苗是将蟹苗由产苗地陆运或空运至养蟹湖泊并直接放入湖水中，第二年秋季从湖中捕捞成蟹的一种养蟹方式。这种方式大规模应用于人工增养殖河蟹初期的 20 世纪 70～80 年代。在发现崇明岛有较大的天然蟹苗资源后，由国家出资在长江中下游大型湖泊（如太湖、洪泽湖和梁子湖等）进行这项工作。目前除放天然蟹苗外，也放养人工繁殖的蟹苗。

（一）湖泊放流蟹苗增养殖特点

1. 生产时间较长

天然蟹苗 5 月底或 6 月初放养，至翌年 10 月前后长成成蟹，其生长时间为 16～18 个月。而投放 1 龄蟹种在湖泊的生长时间为 6～10 个月。

2. 直接投放

若投放蟹种，就需要从蟹苗到蟹种的中间培育阶段。蟹苗放流是将蟹苗直接投放到养殖水体，简化了蟹种培育的中间环节。

3. 成捕率较低

由于蟹苗阶段个体较小，生命力较弱。因此，在养殖水体受敌害生物侵袭的机会较多，加之在养殖水体生活时间长，蜕壳次数多，故成活率较低。据统计资料，我国大型湖泊蟹苗放流的回捕率一般为 1%～3%，少数为 5%，个别不足 1%。

4. 群体增生倍数大

据全国 1971～1982 年数据，大型湖泊每放流 1 千克蟹苗，约可捕捞成蟹 300～500 千克，产值为苗种投资的 20～30 倍。

（二）湖泊放流蟹苗主要技术措施

1. 选择最适水体

放流蟹苗的湖泊应选择水质清新、水草茂密、底栖动物丰富以及水质无污染的湖泊进行。要求水中的溶解氧含量较高，一般在 4 毫克/升以上，pH 7.5～8，水草覆盖率 50% 以上。

2. 建好防逃设施

河蟹逃逸能力极强。因此，在放蟹苗前要在进水口和出水口处建好防逃设施。尤其是要将湖泊原防鱼逃逸的设施进行合理改造，具体做法是根据河蟹的逃逸特性增加多道密网，在洪水季节到来前提高防逃网。

3. 确定合理密度

放养密度的确定是根据湖泊面积大小、饵料资源的丰歉以及蟹苗资源情况灵活掌握。一般百万公顷以上的大型湖泊，放养1500～4500 只/公顷；10 万公顷以上大中型湖泊，放养 4000～9000 只/公顷；1 万公顷以上的湖泊，放养 6000～20000 只/公顷；万亩以下的湖泊，放养 10000～30000 只/公顷。

4. 加强日常管理

合理保护和培植水草资源是湖泊养殖河蟹的主要技术内容。保护水草要在养蟹湖泊禁止下湖打捞水草，同时还要在放蟹密度上有所控制。培植水草资源是指在某些湖汊或浅水处人工种植苦草、轮叶黑藻等水草。保护底栖动物资源也非常重要，如螺蚌类是河蟹的喜食饵料，养蟹湖泊要禁止吸螺机等进湖作业。

5. 及时捕捞成蟹

河蟹是洄游性动物，一旦性腺成熟便很快地进行生殖洄游。因此，湖泊养蟹要在河蟹生殖洄游前及时捕捞。捕捞的时间要比传统捕捞时间有所提早，尽量安排在国庆节前进行为宜。渔具可采取蟹簖、地笼和刺网联合作业。

三、湖泊放流蟹种

湖泊放流蟹种增养殖是指春季或上年冬季在湖泊投放 1 龄蟹种，使蟹种经过 6~10 个月的生长育肥，于当年秋季成熟的增殖方式。这种增养殖方式始于 20 世纪 80 年代，由于养殖周期短、蟹种运输容易，适于各类中小型湖泊的开发利用特点，得到较快的发展。

1. 遵循生态学准则

一般来说，湖泊养蟹就是在湖泊养鱼的基础上，投放蟹种，进行湖泊鱼蟹混养，即养蟹是湖泊在原来的鱼类等水生生物中添入河蟹种群。这样从湖泊生态学角度来看，投放的蟹种与湖泊原有的水生生物品种之间必然存在着竞争与抑制、捕食与被食、共生与互利等种间关系。作为生产管理者，就面临着如何处理好这些种内或种间的各种关系，即如何搞好湖泊养蟹的生态学管理。

从宏观上来看，湖泊养蟹必须遵循和运用生态学的三大准则来进行管理，即生态学准则、生物学准则和经济学准则。第一，生态学准则，根据河蟹对环境的要求来考虑河蟹的放养数量、鱼类放养的品种和数量；第二，生物学准则，在放养时考虑是否存在着与河蟹食性相近或相同品种；第三，经济学准则，从经济商品质量角度来考虑与河蟹食性相同或相似的同水体养殖品种，在成为商品后经济价值与河蟹相比谁价值更高等。

水草和底栖动物，都是河蟹食谱中不可缺少的生物品种，水草同时又是河蟹栖息隐蔽的处所。草鱼是摄食水草为主的鱼类，鲤鱼利用底栖动物的能力很强，这样，河蟹与草鱼和鲤鱼就是一对食物方面的竞争对象。竞争的结果，具有个体大、食量大、性格相对较躁的草鱼占优势，而经济价值大的河蟹在竞争中占劣势，与鲤的竞争也是如此。河蟹在竞争处于劣势后，由于食物的不足，使生长育肥受到抑制，这就是种间关系的竞争与抑制。河蟹种内也存在着竞争关系，放养密度大，对食物的竞争程度也大，还会出现互相残杀现象。捕食与被食的关系及共生与互利的关系，在养蟹中也依然存在。

2. 根据食物链关系进行放养和投喂管理

研究表明：在养蟹的经济价值大于养鱼时，在放养中应根据食物链关系作适当调整，首先对于食物有上矛盾的草鱼、鲤鱼等鱼类进行控制放养，做到以蟹为主。当然，对于食物上没有矛盾或矛盾较小的鱼类，如鲢、鲫、鳊等往往对养蟹产生积极的作用。

即使调整食物链关系，在控制食性上有矛盾的鱼类放养的情况下，养蟹湖泊仍会出现食物缺乏的现象，尤其在生长旺季和围栏养蟹等集约化程度较高的养殖形式中。河蟹的代谢处于旺盛的状态下，在一定范围内进行外源性饲料的补充是较为有效的。曾在小型浅水草型湖泊进行连续几年养蟹试验，第二年即开始出现天然饵料的缺乏现象。于是，实行人工投喂外源植物性饲料、动物性饲料取得了较好的养殖效果。因此认为小型浅水草型湖泊养蟹在天然食物不足的情况下，实行人工投喂是有效的措施。对于围栏养蟹更是如此。

3. 保护湖泊生物资源，走持续发展之路

水草是草型湖泊水生生物的主要组成，它在养蟹湖泊生态中起着举足轻重的作用，它有利于河蟹的觅食、栖息、隐蔽、蜕壳生长等生命活动。一些小型水生动物依赖水草而生存，如旋纹螺和长角沼螺等完全是依附水草叶片上生活的动物，往往成为河蟹的活饵。还有一些黏性鱼卵黏附在水草叶片上，也能成为河蟹的美食。水草通过光合作用增加水中溶氧，黄丝草、眼子菜等水生植物在光合作用下，将游离子状态的钙在叶片上沉淀下来，当河蟹摄食这些水草时，实际就摄入了生长发育所必需的无机盐类。因此，对养蟹湖泊的水草保护极为重要。严格控制食量大的草食性鱼类以及蟹种的放养量，实际上也能起到保护水草植被的作用。而保护水草植被是发展湖泊养蟹的前提，也有利于维护水生生态平衡。在湖泊围栏养蟹和中小型湖泊养蟹中，保护水草植被的另一个重要措施就是实行间歇式养殖。就是对养蟹湖泊，根据水草植被和底栖动物的实际生物量，停止1~2年养蟹，以利于植被等生物资源的恢复。对于围栏养蟹来说，可实行放牧式养殖，像草原牧马放羊那样，按生产周期更换围栏养蟹场地。只有对水草植被等水生生物资源合理使用、合理保护，才能满足持续发展的要求，达到保护生态平衡的目的。

第三节　河蟹湖泊网围养殖

河蟹是洄游性水生甲壳动物，它在湖泊中不能繁衍后代，湖泊只是河蟹生长育肥的场所。养蟹时只有每年向湖中投放新一轮的河蟹种苗，才能使之成为湖中所谓的"群落"。进入湖泊的河蟹与其他水生生物一样，在整个生物学过程中，势必在不同程度上影响着本种和其他种类的生长，这种影响有直接和间接的，有暂时和永久的，有利的和有害的。如河蟹是杂食性，且食量较大，往往会对湖中某些水生生物的生长和繁衍带来较大影响，甚至是一定破坏性的。河蟹与其他生物一样，在生存中都依赖于周围的无生命物质和能量，同时，良好的食物和生态条件是河蟹获得正常生长的基本保证。它在湖泊中主要摄取的饵料生物有低等生物附着藻类，小型底栖动物，底生水草及其根和果实，螺蚌、小鱼虾和鱼类尸体。河蟹在湖中既是猎食者，又是被猎对象，它是肉食性鱼类（如青鱼和乌鱼）和鼠类的猎取对象。此外，同类之间还存在残食的现象。非生物因素中，尽管河蟹对氧气较为敏感，但一般湖泊的溶氧较为充足。溶解盐类中，水中的钙、磷对河蟹的蜕壳和生长显得尤为重要，河蟹通过水体交换，经鳃部吸取水中的钙、鳞。除蟹种阶段寄生蟹为害引起蟹奴病外，湖泊养蟹尚未发现更多疾病。

对于水草来说，河蟹往往将其咬断使之漂浮水面、岸边，可以说河蟹对水草的破坏性远远大于其摄取量，有些小型湖泊或大中型湖泊围拦中，由于放蟹量或放草食性鱼量过大，以至水草资源严重衰绝。因此，保护水草资源是养蟹湖泊持续利用的前提，也是搞好湖泊生态养殖管理的重要内容。

湖泊网围养蟹是在湖泊放流养蟹和网围养鱼基础上发展起来的养殖模式。利用湖泊大水体优越的生态环境、丰富的饵料资源与小水体集约化养殖方式相结合的一项养蟹技术，已发展出网围、低坝高栏、湖汊围栏养蟹等多种形式。网围养蟹优势在于可有计划、合理利用湖泊中丰富的水草、螺蚬资源作为饵料和良好的水质环境，与池塘养蟹相比较，网围中养出的蟹个体大、质量好。

一、水域选择和设施建造

1. 湖泊要求

湖泊要求水位稳定，适宜水深不超过 3.0 米，湖底平坦，有微流水，防洪能力强。要求沉水植物茂盛，底栖动物丰富，饵料生物资源丰富。水源充足、无污染。水质清新、无漂浮物，透明度大于50 厘米，水中溶氧大于 5 毫克/升，pH 值在 7.0 以上，正常水位在 80～150 厘米。枯水期养殖区水深 0.5 米以上。

选择养殖水域不影响周围农田灌溉、蓄水、排洪、船只航行，环境安静，交通便利。网围湖泊等人工养殖总面积在允许范围，而不致破坏湖泊整体水域生态。要避开行洪区，防止急流的冲击，避开主航道和河口，防止水流过快，引发河蟹逃逸。

2. 网围建设

网围面积以 1.33～2.00 公顷（20～30 亩）为宜，采用双层网结构，外层为保护网，内层为养殖区，两层网间距为 5 米，并在两层网中间设置"地笼网"，除可检查河蟹逃脱情况外，还具有防逃作用。内层网最上端内侧接一个"下"形倒挂网片或接宽为 20～30 厘米的塑料薄膜用于防逃，两层网的最下端固定并埋入湖底。网围用竹桩在外侧固定，竹桩间距为 1.5 米左右，网围高度为 2.5～3 米。新网围第 1 年养殖河蟹可不设暂养区，但第 2 年开始放养苗种前必须经过暂养，以保证养殖河蟹的回捕率和规格。暂养区为单网结构，上设倒网，下端固定埋入湖底，暂养区约占网围面积的 30%。

围拦高度随水位高低进行升降，应高出水面 1～1.5 米，拦网网目大小 2.5～3 厘米，尽量节省材料并以达到围拦区水体最高交换率和有效防逃为原则。拦网上端用小网片或塑料膜制成宽 40 厘米高呈 T 形的倒檐，防蟹由上部逃逸。用作饲料的沉水植物和螺、蚬、蚌等应来源于无污染的水域。

3. 防逃设施

与湖泊相连的河渠、涵闸应设置防逃设施。防逃设施通常采用竹木胶网结构的双层拦塞。船舶进出口拦塞应设置航道口。

4. 拦塞结构

水流较急的设置"弓"字形拦塞，水流平稳的设置"一"字形拦塞。每隔 2.0 米打入一根杉木桩，中间加入两根楠竹桩，入泥深度 1.0 米以上，桩高以超历史最高水位 1.0 米为准。打入的竹木桩用两道横木绞紧连接，形成篱笆状。每隔 10 米在"篱笆"的两侧用杉木或粗铁丝设置斜拉予以加固。

在"篱笆"的两侧设置拦网。拦网采用规格 3×7 网线、网目为 3.0 厘米的聚乙烯网片缝制，装置上下钢绳，下纲制配直径 10～15 厘米的石笼，内装直径 3～4 厘米的卵石，石笼沉入湖底踩入底泥中，每隔 5 米用带倒钩的竹签打入底泥固定石笼。水流较急的河口可加设底网，采用宽 2～3 米的网片，两端装置钢绳，一端与石笼缝接，网片平铺湖底，另一端用竹签固定或装置石笼踩入泥中。拦网高度以超历史最高水位 0.5～1 米为准，安装高度应高出水面 0.5 米，可预设"备用网"随水位增补。在河蟹敞苗前，应在拦塞拦网上端内侧缝一条宽 30 厘米的加厚塑料薄膜。

5. 航道口设置

航道口宽 10～15 米，中间不打竹木桩，两边各用 3～5 根粗杉木桩打入湖底绞成支架，拦网上纲绞缚在一根直径 6 毫米的钢筋上，钢筋一端依托一边的杉木桩支架，高出水面 30 厘米固定，并可以随着水位调整，末端往后延 10 米绞缚在水泥桩上，水泥桩倾斜打入湖底；另一端在航道口处连接直径 15 毫米的钢丝绳，钢丝绳连接葫芦滑轮，依托另一杉木支架，同样高出水面 30 厘米，钢丝绳末端往后连接手摇绞车。网片上安装适量小卵石袋负重，船只过往时放开绞车，通过后紧摇绞车拉起拦网。航道口应配置夜航指示灯。

二、苗种放养

1. 苗种选择

应选购长江蟹种，质量应体质健壮，爬行敏捷，附肢齐全，指节无损伤，无寄生虫附着；不得投放性早熟蟹种。规格整齐，以 100～300 只/千克为宜。使用聚乙烯密眼网袋，每袋装蟹种 5 千克左右，装入打孔泡沫箱或塑料水果篓中，每箱（篓）装 1～2 袋，箱（篓）之间不得相互挤压。蟹种运输应避开高温时段，用保温车运输。

2. 蟹种暂养

结合冬捕，清除围拦内的凶猛鱼类。在投放蟹苗的前两周，按20毫克/升浓度，在围拦区及外围500米范围内投放生石灰，改良围拦区域的底质和水质。

蟹苗投放前，先在水里浸泡2～3分钟，提出放置片刻，重复3次后，再用0.3毫克/升浓度聚维酮碘溶液浸泡20分钟后放入暂养围拦。以1万～1.5万只/亩为宜，并按20尾/亩配套放养鲢、鳙鱼种。时间为11月至次年3月，一次放足。从放养至5月中下旬。

以投放水草、螺蛳、河蚌、鱼类等鲜活饵料为主，亦可适投河蟹配合饲料，配合饲料应符合NY5072的规定。每天早、晚各一次；日投饵量：3月份按蟹重的2%左右，4～5月份为蟹重的3%～4%。每日投饵量：早上30%，宜6:00前投喂；傍晚70%，宜18:00后投喂。动、植物性饵料比为7:3。

3. 放养前的准备

蟹种放养前采用地笼、丝网等各种方法消灭网围中的野杂鱼类，同时，在暂养区要设置隐蔽物，以增加河蟹栖息、蜕壳的场所。蟹种暂养：以长江水系河蟹苗种培育的蟹种为好，蟹种规格100～200只/千克，亩放养量控制在350只左右，放养时间在3月中旬前后。放养应选择天气晴暖、水温较高时进行。放养时先将蟹种放在安全药液中浸泡约1分钟，取出放置5分钟后再放入水中浸泡2分钟，再取出放置10分钟，如此反复进行2～3次，待蟹种吸水后再放入暂养区中。

对防逃设施进行全面彻底的清查；清除笼、壕、籪等捕捞渔具；泼洒一次生石灰水，用量20毫克/升。5月中旬，选择水位平稳的晴天，将拦网沉入湖底，使蟹苗自行进入湖泊中。定期巡查拦塞，清除拦网上的附着物和周围漂浮物、杂草，割除拦网两边附近的水草，保持水体畅通，发现问题及时修复。密切注视天气和水位变化，适时调整拦网高度。

放养前采用网捕等方法进行一次彻底的清除大规格凶猛性、摄食底栖生物的鱼类。应清除较高的挺水植物和过多的浮叶植物。

4. 蟹种放养

蟹种放养时间，应选择在冬、春季 5~10℃时进行。一般在 12 月至翌年 4~5 月，此时正有大量 1 龄蟹种上市。另外，低温天气有利于提高运输成活率。但要避免冰冻和大风天气运输，避免幼蟹被风吹干。蟹种运回后，最好能放在暂养网箱内饲养一段时间，网箱内投放几层水草，每平方米放幼蟹 1 千克左右，待水温回升后再放入网围区内。

千万不能忽视清塘灭害。刚入池的蟹苗很弱小，如果清塘灭害不彻底，就会严重影响蟹苗的成活率。清塘工作一般在放蟹苗前 10~15 天进行，用生石灰或其他药物清除敌害，做到干净彻底。清塘一周后就可进水，进水时必须用 40~60 目筛绢布严格过滤，严禁敌害生物入池。放苗时注意：①水温温差小于 3℃，最好没有温差，放苗前一定要测好水温做到心中有数。②放养前一定要等清塘药物的毒性完全消失后方可，方法是：可用玻璃杯取一杯池水对着光线看，如发现有许多浮游动物，说明药效消失即可放苗。③蟹苗入池前最好先往蟹苗箱上淋些水。因经过长途运输的蟹苗鳃腔失去大部分水分，如果突然放入池中，会因吸水过急造成死亡，因此应先淋些水，等蟹鳃腔慢慢吸满水后再放入池中。

围拦养殖区应种植适宜水草，覆盖率达到 50%以上。苗种质量要求规格整齐，体质健壮，爬行敏捷，附肢齐全，指节无损伤，无寄生虫附着。放养时可用 3%~4%食盐水溶液浸泡 3~5 分钟消毒处理。放养苗种的规格为 60~120 只/千克，放养密度为 300~500 只/亩。

网围养蟹的形式多种多样。在鱼蟹的混养中，以蟹为主，可以增加一些鲫鱼和鲢鳙鱼；有的养殖户将网围区一分为二，一半养蟹，一半养鱼；也有养殖户用网箱养鱼，网围区里养蟹；还可以进行虾蟹混养，即在养蟹的基础上，在青虾的繁殖季节收购抱籽虾，放入网围区的草丛内，让其自繁自生。

比较好的放养方法是将早春三月的 1 龄蟹种，预先暂养在临近湖区池塘中 2 个月左右，此时的蟹种一般在池中经过 2 次蜕壳，规格明显增大，再放养至网围中。可以避免因网围中水温过低而使蟹种经受温差刺激，而且蟹种经过暂养后体质和觅食能力增强，适应大水面生活。

蟹种放养：网围中良好的水域环境和丰富的适口天然饵料是生态养殖河蟹成败的关键，在蟹种暂养阶段必须做好其余 70%水面的水草及底栖动物的移植和培育工作，直到形成一定的群体规模。一般在 6 月中下旬至 7 月初才能将蟹种从暂养区放入网围中，一种方法是用地笼网将蟹种从暂养区捕起，经计数后放入网围中，在基本掌握暂养成活率后拆除暂养区；另一种方法是不经计数直接拆除暂养区，将暂养区并入网围，其优点是操作简便、速度快，缺点是对网围中的蟹种数量难以计数。

三、饲料投喂

1. 饲料种类

植物性饲料有浮萍、水花生、苦菜、轮叶黑藻、马来眼子菜和南瓜、西瓜皮等各种蔬菜、豆饼、大豆、小麦、玉米等；动物性饲料有小鱼、小虾、蚕蛹、螺蚬、猪血以及畜禽内脏下脚料等。也可在网围中投放怀卵的螺蛳，让其生长繁殖后作为河蟹中后期的动物性饲料。配合饲料是根据河蟹不同生长阶段的营养需求由人工配制而成的专用饲料，应提倡使用。投喂量：网围水域第 1 年仅少量投喂就可以满足河蟹的生长需求，从第 2 年开始则必须有充足的饲料才行。3 月底至 4 月初，水温升高，河蟹开始全面摄食，4 月至 10 月是摄食旺季，特别是 9 月，河蟹摄食强度最大。一般上半年投喂全年总投喂量的 35%～40%，7～11 月投喂全年总量的 60%～65%。投喂量根据河蟹的重量决定，前期投喂河蟹总重量的 10%～

15%，后期投喂 5%～10%，并根据天气、水温、水质状况及摄食情况灵活掌握，合理调整。同时，网围中水草的数量是否保持稳定，也是判断饲料投喂量是否合理的重要指标。

在养殖成蟹水域中种植水生植物，一是作为河蟹天然优质的植物性饲料；二是为河蟹提供栖息和蜕壳的隐蔽场所，不容易被敌害发现，减少相互残杀；三是水生植物的光合作用，能增加水中溶氧量，并吸收水体中的有机质，防止水质营养化，可起到净化水质作用，保持水质清新，改善水体养殖环境；四是在高温季节水生植物能起到遮阴降温作用，有利河蟹生长。栽种水生植物品种不宜单一，要多样化，最好沉水植物、挺水植物及漂水植物相互结合，合理分布，以适合河蟹多方面的需求。沉水植物可选种苦草、轮叶黑藻、伊乐藻等，挺水植物如芦苇、茭白草等，漂浮植物如浮萍等。养蟹水域栽植水草面积宜占水面面积的 50%～60%。夏季 7～8 月是河蟹摄食水草的高峰期，应密切注意，既要保证河蟹的吃食利用，又要有较高的存储量。不够时要采取措施补足水草，但水草切忌捞入太多，腐败水草易引起水质恶化，诱发河蟹疾病。水草过多，尤其是类似伊乐藻的单一品种过多，极易引起底层水体不流动，而造成底层水变坏，应及时疏出水体通道，有利于进排水流动，改善蟹池水质，否则易发生黑鳃、水肿等疾病。

2. 饲料投喂方法

饲料投喂每天两次，投喂时间宜为 6:00～7:00 和 16:00～17:00。每日投饵量的分配为早上占 30%，傍晚占 70%。黄豆、玉米、小麦要煮熟后再投喂。养殖前期，动物性饲料和植物性饲料并重，中期以植物性饲料为主，后期多投喂动物性饲料，做到"两头精，中间青"。

饲料投喂宜根据季节、天气、水色与蟹摄食量而定。一般日投饵量 3～4 月份为蟹体重的 1%左右，5～7 月为 5%～8%，8～10月为 10%以上。幼蟹早期饵料宜为螺、蚌、小杂鱼和虾等。根据蟹不同生长发育阶段需要，宜合理搭配土豆、南瓜和玉米等饲料。投喂的水草，一次性定点投入，投喂量以第二天摄食完毕为宜。次日早晨，捞走未食完的残剩水草。投喂的螺、蚌、蚬等动物性饵料，应随到随喂，一次性多点投入。饲料投喂宜沿浅水区定点"一"字形摊放。

河蟹饲料的投喂是养蟹成败的关键措施之一。要做到合理的投喂技术，保证河蟹吃饱吃好，提高饲料利用率，节约成本，提高经济效益。在投喂河蟹时，应注意做到以下几点：

（1）定点投喂 饲料投放到固定的投喂点，不要随意更换，以便观察河蟹的摄食情况、投饲量，使河蟹养成定点摄食的习惯，减少浪费。

（2）饲料新鲜适口 螺蚌肉、野杂鱼等动物性饲料不应腐烂变质，人工制作的精饲料不可霉变发黄，山芋丝、南瓜片、水草等植物性饲料应鲜嫩爽口。幼蟹饲料要求细小柔软，成蟹饲料可做成团块状或长条状，力求大小适宜，便于河蟹摄食。粉状或碎饲料应采用面粉等黏合剂加水调制成一定的形状，再行投喂。

（3）饲料多样化 做到动物性饲料和植物性饲料合理搭配，营养全面。随着季节的变化不断调整饲料品种，避免饲料单一。

（4）饲料中可适量使用添加剂 为预防蟹病，一般用维生素等药物拌饲投喂，以防止河蟹细菌性疾病和肠道病的发生。蜕壳期间，在饲料中添加蜕壳素、蛋壳粉等物质，以促进河蟹快速蜕壳。

（5）投喂方法 蟹种放养后，因环境水温适宜，此时河蟹摄食量较大，所以要加大投饲量，主要投喂碾碎的活螺蚬、切碎的野杂鱼等，日投饲量占蟹种重的10%以上，连续投喂至6月底，保证早期河蟹生长蜕壳的营养需求。开始动物性饲料超量投喂1周，待蟹种适应网围环境，爬攀到网片上的河蟹明显减少后，再逐步调整投饲计划。由于网围区较大，为既保证放养蟹种有足够的饲料，又能降低投饲劳动强度，一般采用下午 16：00 左右投饲 1 次。在 7～8 月，水位降低时，水温升高，此阶段以投植物性饲料为主，主要为新上市的小麦、玉米，并时常补充从湖区捞割的新鲜水草，动、植物饲料比为 45：55。进入 9 月则主要投喂碾碎的螺蛳、新鲜野杂鱼，兼投新鲜水草，动、植物饲料比为 65：35。结合早、晚巡视及时捞出残剩饲料。饲料投喂要均匀地散洒在水草上，如投喂的是瓜果类要切成丝或片，麦类玉米应在水中浸泡一夜，第二天投喂。

（6）定期抽检　为及时掌握河蟹吃食、生长情况，应进行经常性抽检。根据抽检河蟹的个体大小、生长情况，及时调整投喂饲料的质量和数量。根据气候、水位变动、生长等情况适时调整投喂量，一般以当天能将投喂的饲料吃完为宜。阴雨、气压低的天气，或汛期水位上涨，或大批的河蟹蜕壳时应减少投饲或者不投饲。

四、水草种植

（一）栽培水草的意义

俗话说要想养好蟹，应先种好草。"蟹大小，多与少，看水草"，由此可见，水草很大程度上决定着河蟹的规格和产量，这是因为水草不仅是河蟹不可或缺的植物性饵料，并为河蟹的栖息、蜕壳、躲避敌害提供良好的场所，更重要的是水草在调节养殖塘水质，保持水质清新，改善水体溶氧状况上作用重大，然而目前许多养殖户由于水草栽种品种不合理，养殖过程中管理不善等问题，不但没有很好地利用水草的优势，反而因为水草存塘量过少、水草腐烂等使得池塘底质、水质恶化，河蟹缺氧甚至出现死亡现象。因此，在养蟹过程中栽植水草是一项不可缺少的技术措施。水草的作用主要有：

1. 为河蟹提供天然饵料

水草营养丰富，含有蛋白质、脂肪及纤维素等河蟹需要的营养物质，是河蟹喜食的天然饵料（不过从水草蛋白质、脂肪含量看，很难构成河蟹食物蛋白、脂肪的主要来源，因而必须依靠动物性食物）；水草茎叶中往往富含维生素 C、维生素 E 和维生素 B 等，这可以弥补投喂谷物和配合饲料多种维生素的不足；河蟹经常食用水草能够促进消化，保证胃肠功能的正常运转；与其他饵料相比，水草还具有鲜、嫩、脆的特点，便于取食，具有很强的适口性；此外，水草中还含有丰富的钙、磷和多种微量元素，其中钙的含量尤其突出，能够补充蟹体对矿物质的需求。水草还有利于浮游生物和昆虫、小鱼虾的繁衍，为河蟹提供天然饵料的作用。

2. 净化水质

河蟹喜欢在水草丰富、水质清新的环境中生活；在池中栽植水草，有洁净水质、吸收水中氨氮，减轻池水富营养化程度，增加透明度，调节 pH 值的作用。

3. 增加溶氧

通过水草的光合作用，增加水中溶解氧含量，为河蟹的健康生长提供良好的环境保障。相对稳定的水质是河蟹健康成长的重要保证。与鱼类相比，河蟹等甲壳动物对水质条件的要求更高些，它们对污染的水体反应比鱼类敏感得多。河蟹适宜在微碱性水中生长，酸性水中不利于河蟹蜕壳变态。池塘中栽植水草，不仅可在光合作用的过程中释放氧气，同时可吸收池中有害氨态氮、二氧化碳以及有机物质，对稳定水质起着重要作用。

4. 调节水温

养蟹池最适宜河蟹生长的水温是 20～28℃。水温低于 20℃ 或高于 28℃，都会使河蟹摄食量减少，活动变慢。若水温再有变化，河蟹多数就会潜入泥底或进入洞中穴居，影响生长。在池中栽植水草，夏天能够遮阳降温，保证河蟹生长在适宜的水温中，并能相应地延长其生长期，有效预防性早熟。

5. 隐蔽作用

河蟹只能在水中作短暂的游泳，平时均在水域底部爬行，特别是夜间，常常爬到各种浮叶植物上休息和嬉戏，因此水草是它们适宜的栖息场所。栽种水草，还可以减少河蟹相互格斗，是提高各期河蟹成活率的一项有力保证。更重要的是河蟹周期性蜕壳变态时，常附于水草的茎叶上，因此有助于它们蜕壳。蜕壳之后的软壳蟹需要几小时静伏不动的恢复期，待新壳渐渐硬化之后，才能开始爬行、游动和觅食。在此期间，如果没有水草作掩体，便会受到硬壳蟹和某些鱼类（如鲤鱼、草鱼、青鱼、乌鳢等）的攻击或残食。河蟹的生长靠蜕壳来完成。而河蟹蜕壳时喜欢在水位较浅、水体安静的地方进行。因为浅水水压较低，安静可避免惊扰，这样有利于河蟹顺利蜕壳。池中移栽水草正好能满足河蟹的这一要求，使河蟹在蜕壳时能够选择水草丛生的安宁环境。池中移栽水草还可以使河蟹平常遇到老鼠、水蛇等敌害时，容易逃脱，便于隐藏，免遭敌害的袭击。

6. 提高河蟹品质

池塘通过栽植水草，一方面能够使河蟹经常在水草上活动，另一方面又使水质净化，水中污物减少，使养成的河蟹体色光亮，利于品质的提高，保证较高的销售价格。

（二）水草的选择

河蟹养殖中常种植的水草有：金鱼藻、轮叶黑藻、苦草、伊乐藻。这四种水草都是沉水性植物，也是经过多年实践证明可用于养殖河蟹的水草良种。

1. 轮叶黑藻（又名节节草、温丝草）

（1）优点　喜高温、生长期长、适应性好、再生能力强，河蟹喜食，适合于光照充足的池塘及大水面播种或栽种。轮叶黑藻被河蟹夹断后能节节生根，生命力极强，不会败坏水质。

（2）种植和管理

①枝尖插植繁殖。轮叶黑藻属于"假根尖"植物，只有须状不

定根，在每年的 4～8 月，处于营养生长阶段，枝尖插植 3 天后就能生根，形成新的植株。

②营养体移栽繁殖。一般在谷雨前后，将池塘水排干，留底泥 10～15 厘米，将长至 15 厘米的轮叶黑藻切成长 8 厘米左右的段节，每亩按 30～50 千克均匀泼洒，使茎节部分浸入泥中，再将池塘水加至 15 厘米深。约 20 天后全池都覆盖着新生的轮叶黑藻，可将水加至 30 厘米，以后逐步加深池水，不使水草露出水面。移植初期应保持水质清新，不能干水，不宜使用化肥。

③整株种植。在每年的 5～8 月，天然水域中的轮叶黑藻已长成，长达 40～60 厘米，每亩蟹池一次放草 100～200 千克，一部分被蟹直接摄食，一部分生须根着泥存活。水质管理：白天水深，晚间水浅，减少河蟹食草量，促进须根生成。

2. 金鱼藻

(1) 优点：耐高温、蟹喜食、再生能力强；缺点：旺发易臭水。根据这一特点，金鱼藻更适合在大水面中栽培。而且水草旺发时，要适当把它稀疏，防止其过密后无法进行光合作用而出现死草臭水现象。

(2) 种植和管理　金鱼藻的栽培有以下几种方法：一是在每年 10 月份以后，待成蟹基本捕捞结束后，可从湖泊或河沟中捞出全草进行移栽。这个时候进行移栽，因为没有河蟹的破坏，基本不需要进行专门的保护。用草量一般为每亩 50～100 千克。二是每年 5 月份以后可捞新长的金鱼藻全草进行移栽。这时候移栽必须用围网隔开，防止水草随风漂走或被河蟹破坏。围网面积一般为 10～20 米² 放置 1 个，每亩 2～4 个，每亩草种量 100～200 千克。待水草落泥成活后可拆去围网。三是在河沟的一角设立水草培育区，专门培育金鱼藻。培育区内不放养任何草食性鱼类和河蟹。10 月进行移栽，到次年 4～5 月就可获得大量水草。每亩用草种量 50～100 千克，每年可收获鲜草 5000 千克左右，可供 25～50 亩水面用草。

（3）栽后管理　一是水位调节。金鱼藻一般栽在深水与浅水交汇处，水深不超过 2 米，最好控制在 1.5 米左右。二是水质调节。水清是水草生长的重要条件。水体浑浊，不宜水草生长，建议先用生石灰调节，将水调清，然后种草，发现水草上附着泥土等杂物，应用船从水草区划过，并用桨轻轻将水草的污物拨洗干净。三是除杂草。当水体中，特别是大沟中着生大量的水花生、菹草（又称狐尾草）时，应及时将它们清除，以防止影响金鱼藻等水草的生长。

3. 伊乐藻

（1）优点：发芽早，长势快，5℃以上即可生长，在寒冷的冬季能以营养体越冬，在早期其他水草还没有长起来的时候，只有伊乐藻能够为河蟹生长、栖息、蜕壳和避敌提供理想场所，伊乐藻植株鲜嫩，叶片柔嫩，适口性好，其营养价值明显高于苦草、轮叶黑藻，是河蟹喜食的优质饲料，特别是早春秋末生长旺盛、生物量高。缺点：不耐高温，而且生长旺盛。当水温达到 30℃时，基本停止生长，也容易臭水，因此这种水草的覆盖率应控制在 20% 以内，养殖户可以把它作为过渡性水草进行种植。

（2）种植和管理

①秋冬季或早春栽种 1 千克伊乐藻营养草茎，专门种草的池塘当年可产鲜草百吨左右。营养丰富。伊乐藻的干物质占 8.23%，粗蛋白质占 2.1%，粗脂肪占 0.19%，无氮浸出物占 2.5%，粗灰分占 1.52%，粗纤维占 1.9%。据试验，伊乐藻长得好的池塘，蟹生长好，病害少，品质佳。伊乐藻既可作为蟹的优质青饲料，又可作为蟹栖息、隐蔽和蜕壳的好场所，还有助于净化水质、增加溶氧。

②栽培伊乐藻采取茎栽插法，一般在冬春季进行。如冬季栽插须在成蟹捕捞后，抽干池水，让池底充分冻晒一段时间，再用生石灰、茶子饼等药物消毒后进行；春季栽插应事先将蟹种用网圈养在

一角，等水草长至 15 厘米时再放开，否则栽插成活后的嫩芽会被蟹种吃掉，或被蟹的前螯掐断，甚至连根拔起。栽插方法：将草截断成 10 厘米左右的茎，象插秧一样，一束束地插入有淤泥的池中，株行距为 20 厘米×20 厘米，栽插要预留一些空白带，作为日后蟹的活动空间，栽插初期保持 30 厘米深的水位，待水草长满全池后逐步加深池水。

4. 苦草

(1) 优点：蟹喜食、耐高温、不臭水，缺点：容易遭到破坏。特别是高温期给河蟹喂食改口季节，如果不注意保护，破坏十分严重。有些以苦草为主的养殖水体，在高温期不到一个星期苦草全部被蟹夹光，养殖户捞草都来不及。如捞草不及时的水体，甚至出现水质恶化，有的水体发臭，出现"臭绿莎"，继而引发河蟹大量死亡。

(2) 种植与管理

①苦草一般在清明前后种植，在水温回升至 15℃ 以上时播种，每亩（实际种植面积）播种苦草籽 100～150 克。精养塘直接种在田面上，播种前向池中加新水 3～5 厘米，最深不超过 20 厘米。大水面应种在浅滩处，水深不超过 1 米，以确保苦草能进行充分的光合作用。选择晴天晒种 1～2 天，然后浸种 12 小时，捞出后搓出果实内的种子。并清洗掉种子上的黏液，再用半干半湿的细土或细沙拌种全池撒播。搓揉后的果实其中还有很多种子未搓出，也撒入池中。

②种后管理。一是水位调节。苦草在水底蔓延的速度很快。为促进苦草分蘖，抑制叶片营养生长，6 月中旬以前池塘水位应控制在 20 厘米以下。6 月下旬水位加至 30 厘米左右，此时苦草已基本满塘。7 月中旬水深加至 60～80 厘米，8 月初可加至 100～120 厘米。二是加强饲料投喂。当正常水温达到 10℃ 以上时就要开始投喂一些配合饲料或动物性饲料，以防止苦草芽遭到破坏。当高温期到

来时,在饲料投喂方面不能直接改口,而是逐步地减少动物性饲料的投喂量,增加植物性饲料的投喂量,以让河蟹有一个适应过程。但是高温期间也不能全部停喂动物性饲料,而是逐步将动物性饲料的比例降至日投喂量的30%左右。这样,既可保证河蟹的正常营养需求,也可防止水草遭到过早破坏。三是设置暂养围网。这种方法适合在大水面中使用。将苦草种植区用围网拦起,待水草在池底的覆盖率达到60%以上时,拆除围网。同时,加强饲料的投喂。四是勤除杂草。每天巡塘时,只要发现水面上浮有被夹断的水草,就要把它捞走,以防止其腐烂败坏水质。

经实践证实蟹池中以种植轮叶黑藻为最佳。轮叶黑藻因每一枝节均能生根,俗有"节节草"之称,其再生能力特强,植株被河蟹夹断漂浮水面后能够重新生根而不会死亡,而且河蟹也喜爱采食。伊乐藻亦被生产实践证实是一个优良的养蟹水草品种。该品种生长期长,能再生,冬天亦不会枯萎。

(三)水草的合理搭配

水草在蟹池中的分布要求均匀,种类不能单一,种类要合理搭配。一般情况下,水草覆盖面积占蟹池的1/3~1/2。蟹池实行复合型水草种植(指水草品种至少在两种以上),不但河蟹品质得到明显提高,而且养殖产量平均增加20%以上。

①池塘或稻田养殖:在蟹池中种植水草应以沉水性植物(如轮叶黑藻、苦草、菹草、伊乐藻、金鱼藻等)为主,浮水性植物(如紫背浮萍、凤眼莲)为辅。种植面积控制在沉水性植物最大不超过2/3,浮水性植物的投放不要覆盖水面面积太大,一般只在池塘的浅水区域,种植面积不超过1/5,沉水性植物可选择伊乐藻、苦草、轮叶黑藻。利用伊乐藻发芽早、长势快的特点,把它作为过渡性水草,为河蟹早期生长提供一个栖息、蜕壳和避敌的理想场所。高温期到来时,要将伊乐藻草头割去,仅留根部以上10厘米左右,防止其死亡后腐烂变质臭水死蟹。这种水草的早期覆盖率应控制在

20％左右，高温期逐步淘汰。利用蟹喜食苦草的特点，把它作为河蟹的"零食"，以保证河蟹有充足的植物性饲料来源。这种水草的覆盖率应控制在20％～30％，而且为了长期给河蟹供应新鲜可口的"零食"，苦草要分期分批播种，错开生长期，防止遭河蟹一次性破坏。利用轮叶黑藻喜高温、蟹喜食、不易破坏的特点，把它作为池塘或稻田养殖类型的主打草进行种植。轮叶黑藻的覆盖率应控制在40％～50％，为河蟹的中后期生长提供一个避暑、栖息、蜕壳和避敌的理想场所。水草种植应距池边3～4米，水草间行株距1～2米。

②河沟或湖泊养殖：以金鱼藻或轮叶黑藻为主，以苦草、伊乐藻为辅。金鱼藻或轮叶黑藻一般种植在浅水与深水交汇处，水草覆盖率可控制在40％～50％。苦草一般种植在浅水处，覆盖率控制在10％左右。"光水塘"如果想在当年培育成草型养殖水体，可在早期种植一些伊乐藻，覆盖率控制在20％左右。高温期将伊乐藻草头割去，仅留根部以上10厘米左右，防止其死亡后腐烂变质臭水死蟹。不论哪种水草，都以不出水面、不影响风浪为好。

（四）栽培水草的方法

栽植水草可在蟹种放养前进行，也可在养殖过程中随时补栽。无论何种水草都要保证不能覆盖整个池面，至少留有池面的1/3作为河蟹自由活动的空间。栽植的水草应随取随栽，绝不能在岸上搁置过久，影响成活。蟹池水草，可因地制宜地采取下列几种栽植方法：

1. 栽插法

这种方法一般在蟹种放养之前进行。简便的方法是：首先浅灌池水，将轮叶黑藻、金鱼藻等带茎水草切成小段，长度15～20厘米，然后像插秧一样，均匀地插入池底。若池底坚硬，可事先疏松底泥；池底淤泥较多，可直接栽插。

栽培伊乐藻采取茎栽插法，一般在冬春季进行。如冬季栽插须在成蟹捕捞后，抽干池水，让池底充分冻晒一段时间，再用生石灰、茶子饼等药物消毒后进行；春季栽插应事先将蟹种用网圈养在池塘一角，等水草长至 15 厘米时再放开，否则栽插成活后的嫩芽能被蟹种吃掉，或被蟹的巨螯掐断，甚至连根拔起。栽插方法：将草截断成 10 厘米左右的茎，然后像插秧一样，一束束地插入有淤泥的池中，株行距为 20 厘米×20 厘米，栽插要预留一些空白带，作为日后蟹的活动空间，栽插初期池塘保持 30 厘米深的水位，待水草长满全池后逐步加深池水。

2. 抛入法

菱、睡莲等浮叶植物，可用软泥包紧后直接抛入池中，使其根或茎能生长在底泥中，叶能漂浮水面。每年的 3 月前后，也可在渠底或水沟中，挖取苦草的球茎，带泥抛入池中，让其生长，供河蟹食用。

3. 移栽法

茭白、慈姑等挺水植物应连根移栽，移栽时，应去掉伤叶及纤细劣质的秧苗，移栽位置可在池边的浅滩处。要求秧苗根部入水在 10～20 厘米。整个株数不能过多，每亩保持 30～50 棵即可，否则会大量占用水体，反而造成不良影响。

4. 培育法

青萍等浮叶植物，可根据需要随时捞取，也可在池中用竹竿、草绳等隔一角落，进行培育。只要水中保持一定的肥度，它们都可生长良好。水花生因生命力较强，应少量移栽，以补充其他水草不足之用。

5. 播种法

近年来最为常用的水草是苦草。苦草的栽植采用播种法，对于有少许淤泥的池塘最为适合。播种时水位控制在 15 厘米，先将苦草籽浸泡 1 天，再将泡软的果实揉碎，把果实里细小的种子搓出来，然后加入约 10 倍于种子量的细沙壤土，与种子拌匀后即可播种。播种时要将种子均匀地撒开。播种量为每公顷水面用种 1 千克（干重）。种子播种后要加强管理，使之尽快形成优势种群，提高苦草的成活率。

五、螺蛳放养

1. 放养螺蛳的意义

螺蛳的价格较低，来源广泛，蟹池中投放螺蛳可明显降低养殖成本、增加产量、改善品质，从而提高养殖户的经济效益。在成蟹养殖池中，适时适量投放活螺蛳，任其自然繁殖，能有效降低池塘中浮游生物含量，起到净化水质、维护水质清新的作用；螺蛳不但稚嫩鲜美，而且营养丰富，利用率较高，是河蟹最喜食的理想优质鲜活动物性饵料，所以又能为河蟹的整个生长过程，提供源源不断的、适口的，富含活性蛋白和多种活性物质的天然饵料，可促进河蟹快速生长，提高成蟹上市规格。但须提醒注意的是：螺蛳又是虫病菌或病毒的携带和传播者，因此，保健养螺又是健康养蟹的关键所在。

2. 选择螺蛳的注意事项

（1）选择螺蛳要求个体较大，贝壳面完整无破损，受惊时螺体能快速收回壳中，同时盖帽能有力地紧盖螺口，螺体无蚂蟥等寄生虫寄生。

（2）螺蛳壳要嫩光洁，壳坚硬不利于后期河蟹摄食。

（3）引进螺蛳不能在寒冷结冰天气，避免冻伤死亡，要选择气温相对高的晴好天气。

（4）引进螺蛳，避开血吸虫病易感染地区。

3. 螺蛳的放养

分三次放养，总量在 400～600 千克/亩。投放时应先将螺蛳洗净，先用聚维酮碘加水稀释或溶化后对螺体进行消毒杀灭螺蛳身上的细菌及原虫，然后把螺蛳放在复合芽孢杆菌或复合枯草芽孢杆菌

100倍的稀释液中浸泡1个晚上。投放螺蛳应以母螺蛳占多数为佳（田螺为雌雄异体，母螺左右两触角头相同，而雄螺左右两触角头不同，雌性个体大于雄性个体，一般1冬龄性成熟，卵胎生，繁殖季节为每年3～10月，分批产仔，每次20～50个，每个母螺年产仔100～200个）。

第一次放养：放苗后，投放螺蛳50～100千克/亩，量不宜太大，如果量大水质不易肥起来，就容易滋生青苔、泥皮等。

第二次放养：清明前后，也就是在4月到5月，投放200～250千克/亩，在循环沟里少放，尽量放在蟹塘中间生在水草的板田上。

第三次投放：6～7月放养100～150千克/亩。有条件的养殖户最好放养仔螺蛳，这样更能净化水质，利于水草的生长。到了6～7月螺蛳开始大量繁殖，仔螺蛳附着于池塘的水草上，仔螺蛳不但稚嫩鲜美，而且营养丰富，利用率很高，是河蟹最适口的饵料，正好适合河蟹旺长的需要。

六、疾病防治

网围养殖是在敞开式水域中进行，一般河蟹发病较难控制。所以必须坚持以防为主的原则。应做到不从蟹病高发区购买蟹种，有条件的最好自己培育蟹种。蟹种放养前进行药浴。每隔15～30天用浓度为15毫克/升的生石灰对水泼洒。每隔15～30天给河蟹内服药饵5天。保证饲料质量，合理科学投喂，减少因残饵腐败变质对网围水体环境的不利影响。对网围内的水草进行科学利用，水草覆盖率要保持合理，维护网围水域的生态平衡。

宜采用生态修复技术改善养殖水质，可使用生物改良剂调节养殖用水。6～8月，可每月泼洒一次生石灰浆，用量为15～20千克/亩。

七、日常管理

1. 常规管理

坚持早晚巡逻。白天主要观测水温、水质变化情况，傍晚和夜间主要观察河蟹活动、摄食情况，及时调整管理措施。定期检查、维修、加固防逃设施，特别是在汛期要加强检查，发现问题及时解决。加强护理软壳蟹，在河蟹蜕壳高峰，要给予适口高质量的饲料、提供良好的隐蔽环境，谨防敌害的侵袭。在成蟹上市季节加强看管，防逃防盗。10月后，河蟹逐步达到性成熟，可根据市场行情用地笼网诱捕，适时销售，还可以将成蟹在蟹箱中暂养然后销售。结合早晚投饵，察看蜕壳生长、病害、敌害情况，检查水质和拦塞等。根据水质状况，适时泼施生石灰，用量20毫克/升左右，一般在每月2～3次。适量投饵，及时清除残渣剩饵、生物尸体和围栏内外漂浮物。每周对拦塞进行一次潜水检查，发现破损及时修补。

2. 防逃

大水面湖泊养殖河蟹无法设置防逃设施，河蟹外逃造成很大的经济损失。河蟹外逃有一定的原因，如能正确掌握，同时采取适当措施，就可以大大减少损失。及时捕捞，防生理成熟外逃。河蟹具有在淡水中生活、长大，到通海的河口或浅海中进行繁殖的生活习性，每年秋季西风一响，性成熟的河蟹便纷纷离开平时生活的淡水水域到淡咸水中交配，入海产卵。即使不具备入海条件的大水面，因河蟹"生理成熟"的需要，也会盲目上岸逃跑。所以，要及时做好捕捞工作。提供充足饵料，防饵料不足外逃。河蟹食性很杂，但最爱吃动物性饵料，也吃食水草等植物性饵料。如果水体中投入苗种过多，天然饵料供不应求，就会出现河蟹因觅食逃走，因此投苗种时一定要对水域中的饵料资源加以分析，做到合理放养密度。提供良好环境，防环境不良外逃一般来说河蟹对水环境的适应能力很强，但超出忍受范围也会出现外逃。一是水质污染，溶氧量少，有害物质浓度大，河蟹被迫迁出；二是没有水草或水草太少。渔谚说"蟹大小，看水草"。水草对河蟹的重要性有三：第一是直接作为饵料；第二是间接提供饵料，如水草丰富处，小鱼虾、底栖动物多，易被蟹捕食；第三是能为蟹提供隐蔽、溶氧丰富、炎热时降温等良好的生活环境。

防逃措施：①投放苗种时，先放入网箱中或网围暂养数天，以适应新水环境，再开箱撤网让蟹进入湖中自由活动。②如没有或少有水草，要进行人工移植苦草、水花生等，还可用稻草、树枝叶等做些人工"蟹巢"，供蟹隐藏。设置灯源，防灯光诱发外逃。河蟹具有极强的趋光性，甚至可以达到不顾被捉的危险而向灯火处爬去。因此，大水面中的河蟹逃向周围村镇、厂矿、农舍方向的现象具有普遍性。在水域的中心水面上1米左右，设置数处强灯光，可以抵消外界灯火的引诱，如果光强时，不仅可以防逃，还可把爬上岸的蟹诱回。

同时需要做好：每天巡查网围区防逃设施是否完好。特别是蟹种放养后的前半个月，由于环境突变，幼蟹到处乱爬，最容易逃逸。9～10月份是河蟹生殖洄游季节，河蟹也要到处乱爬，钻攀逃逸。7～8月份是洪涝汛期和台风多发季节，要做好网围设施的加固工作，要备用一些网片、毛竹、石笼等材料，以便急用。网围内外两层及网围四角常年设置的地笼要坚持每天倒笼检查。如发现逃逸情况，及时检查采取措施。此外，还要将漂浮到拦网附近的水草及时捞掉，以利水体交换。

3. 蜕壳管理

为了保证河蟹顺利蜕壳和保护蜕壳后的软体蟹，禁止打捞围拦区的水草。一般4月放养的幼蟹在网围内蜕壳3次，蜕壳期间要保持环境安静，一般尽量不在网围内开动机械船只，以免惊动影响蜕壳。在河蟹蜕壳生长期，禁止在网围内打水草、放鸭和用网具捕捞作业。防止有机磷或菊酯类药物的污水进入水域，也不能在水域使用这类药物。此外，还要适量投喂优质饵料可增加未蜕壳和已蜕壳河蟹的食欲，增加能量积累，趋向集中蜕壳和促进生长。当水草覆盖率低于20%时，放置少量的水花生，为河蟹提供隐蔽场所，利于蜕壳。

4. 水草管理

网围区内水草过密，要割去一部分水草，形成2～5米的通道，每个通道间距20～30米，以利水体交换和管理船只通行。在高温季节，每半个月左右用生石灰水泼洒1次，每亩水面20千克左右。水草覆盖率低于20%时，要增放水花生等水草。每天检查食场，捞取残饵烂草、杂物和死蟹。

5. 捕捞

长江流域捕蟹季节一般在10～11月份，但由于湖泊网围养殖环境条件优越，河蟹生长快，性腺成熟较池塘早，生殖洄游也早，在9月份河蟹就开始爬网，所以开捕时间宜在9月20日，最迟9月底。由于这时温度较高，不利运输，价格也较低，可以捕大留小，把规格达到上市标准的河蟹捕捉上来，而起捕的成蟹中尚有部分蜕壳软蟹，所以从网围中捕捞的商品蟹均暂养于临近的池塘。成熟的硬壳蟹也可放到暂养网箱或竹箱内暂养。暂养网箱面积一般为5米²，可以暂养50千克左右的河蟹，等合适价格出售。

捕蟹工具可以采用地笼、张网、蟹簖、壕等渔具起捕河蟹。起捕时应做好分级筛选和暂养工作。剔除残次，雌雄分开。准备暂养围拦、池塘，将脱壳软蟹、瘦弱蟹和未成熟的蟹，进行暂养。成蟹经2小时以上的网箱暂养，装入聚乙烯密眼网袋内，每袋5千克，扎紧袋口，装入打孔泡沫箱中，加冰袋，不干胶密封，保温运输。

第四节　河蟹河沟养殖

根据河蟹适宜的生活环境和生长特性，利用河蟹的生长特点发展鱼蟹河沟混养无疑是提高河蟹养殖经济效益的一条有效途径。河沟养殖具有以下优点：不占用农田和池塘就可发展养蟹生产，水质清新、溶解氧充足、水流通畅，天然饵料丰富、河蟹生长速度快，河蟹个体和质量均好于池塘养的河蟹，养殖方法比较简便，利于推广等。

一、河沟条件

要选择与江河基本隔绝，河道内水体的交换、水位的控制主要靠机械来完成，水量充沛、水质清新无污染的河沟，常年平均水深保持在1～2米，河沟内水草丰盛，基本无船航行，土质最好是通气性能较好、利于水草生长和底栖动物繁殖的黏土或沙壤土，沟底淤泥厚度不超过0.2米。面积在45～150亩为宜。

二、拦隔、防逃及清野

河沟可谓四通八达，连通的面积可在几百亩以上，需进行拦隔才能养蟹。拦隔的面积以45～150亩为宜，面积太大时管理不方便。拦隔一般选择在水流平缓、河沟较窄处，水深在1.5米以内，底质平坦，最好是壤土底质的地方建拦隔装置。竹箔拦隔的优点是：结构简单，抗压强度大，易于清除水草和污物。缺点是：过水量少，制作费工时，使用寿命短，目前逐渐减少使用。聚乙烯网拦隔的优点是：过水量大，成本低，制作安装方便，使用年限长，清除水草等杂物方便，拦蟹效果好。

河沟养蟹放养密度不大，属粗放粗养。因养殖环境优越，饵料丰富，河蟹在完成生殖蜕壳前一般不上岸逃跑，所以河道两岸不用建防逃装置。实践证明，河蟹在适宜的水域环境中，一般很少外逃，但若遇到水草少、透明度低、鱼类多、放养量高、水流动频繁等情况，外逃的可能仍会存在。

拦隔建好后，必须对拦隔水域内的敌害生物（凶猛鱼类）进行清除。水面较大的河沟可用网具赶捕，一般河沟可利用流水的条件，从上游用药物进行清野。清野后7天药性消失，即可放蟹。

三、苗种投放

一般情况下，在每年的4～5月购回人工繁殖的Ⅴ期幼蟹，其大小规格为1千克2000只左右，每亩水面投放蟹种150～300只。河蟹对底栖动物和水草的摄食量很大，且对水草的根系破坏力很强。蟹种的放养密度应以既能充分利用资源，又不影响资源再生为原则。河沟养蟹的蟹种放养密度一般在不投喂饵料的情况下，每亩放养150只左右，如果采取补充投喂人工配合饲料的方法进行养殖，蟹种放养密度可增至每亩300只。蟹种放养的其他技术要求，参看池塘养殖蟹种。

套养鱼类。为充分利用养殖水体，应适当放养鱼类。鱼类的品种应以摄食浮游生物的鱼类为宜，如鲢、鳙等。鱼种规格每尾100克左右，鱼种放养数量每亩不超过50尾为宜。但要限制鲤、鲫等底层鱼类，禁止放养青鱼、鳜鱼、鲶鱼和乌鳢等底层肉食性鱼类，可以适当搭配一定量的草、鳊和鲂等草食性鱼类。限制底层肉食性鱼类是因为河蟹生活在水域底层，蜕壳期间易受底栖鱼类侵害。而青鱼等鱼类又与河蟹争夺食物。草食性鱼类虽然与河蟹同食水草，但所食部位不同，河蟹只能利用水草根部和下部茎叶，而草食性鱼类生活在水的中下层，摄食水草上部的茎和叶，在某种程度上两者互为补充。不过放养草食性鱼类的时间应推迟，与放养河蟹的时间错开。一般草食性鱼类在4～5月份水草长到一定高度时投放较好。

四、饲养管理

在正常情况下，河沟中的水草及底栖动物比较丰富，能够满足河蟹的生长摄食需要，不需要再投喂人工饵料。但应视养殖水域水草的数量，适当投放些水草及旱草，供河蟹摄食，为河蟹蜕壳以及保护蜕壳蟹创造有利条件。投放蟹种后的水域禁止放鸭和打捞水草。每亩放养密度超过 150 只时，应适量投喂些人工配合饲料，但 7 月份以前仍以天然饵料为主，辅以少量人工配合颗粒饲料，日投饵量为蟹体重的 $1\%\sim2\%$；进入 7 月份后应达到 5% 左右；8 月份为 8% 左右。并根据天气、水温及河蟹摄食情况及时调整投饵量。同时还应向养殖水域适当增投些水草、旱草及瓜菜类。

因河沟水面大而且鱼类放养密度较小，因此，水体的溶氧能满足河蟹的生长需求。水体的 pH 值应该保持在 $7\sim9$，如果水体的 pH 值偏低可使用生石灰进行调节，以防止河蟹生长过程中发生蜕壳不遂而死亡。经常巡查交界水面的拦网，一是要求拦网与外界的隔网必须严密无漏洞，防止河蟹从水边或沟底潜逃，最好在两层逆网之间加入隔拦；二是要求水面网片的附膜必须无破损，防止河蟹翻网而逃。

河沟养蟹的日常管理工作主要是防逃、防敌害和防偷盗。每天要检查拦隔网有无破损并及时修补；清除养殖水域及周围的水老鼠、老鼠、蛇、蛙类等河蟹的天敌。对偷盗主要是加强河沟看管，并积极宣传《渔业法》。

五、蜕壳管理

(一) 河蟹脱壳的分类

1. 生长蜕壳

(1) 正常蜕壳　河蟹的一生，从溞状幼体、大眼幼体、幼蟹到成蟹，要经历许多次蜕皮。幼体每蜕一次皮就变态一次，也就分为一期。从大眼幼体蜕皮变为第一期仔蟹始,以后每蜕皮一次壳它的体长、体重均作一次飞跃式的增加,从每只大眼体6~7毫克的体重逐渐增至250克的大蟹,至少需要蜕壳数十次,因此,河蟹蜕壳是贯穿整个生命的重要生理过程,是河蟹生长、发育的重要标志,每次蜕皮都是河蟹的生死大关。

(2)应激蜕壳(非正常蜕壳) 气候、环境的变化,用药、换水等都会刺激蜕壳。

河蟹完成一次蜕皮所需的时间约3~5分钟,通常个体愈小,蜕皮愈快,蜕壳后的新体身体柔软,活动能力很弱,无摄食与防御能力,1~2天后,随着新壳的逐渐硬化,才开始正常的活动。如果蜕壳过程发生故障,蜕壳时间就会延长,甚至因蜕壳不遂而死亡。蜕壳并不限于在水中进行。仔蟹、蟹种和成蟹蜕壳往往是离开原来的栖息隐藏场所,选择比较安静而可以隐藏的地方(通常潜伏在盛长水草的浅水里)进行。

2. 生殖蜕壳

9~10月中旬,黄壳蟹蜕变成青壳蟹就是生殖蜕壳。

(二)河蟹蜕壳与生长

1. 蜕壳次数

河蟹蜕壳是蜕去坚硬的外骨骼,使身体的体积和重量得以增加。蜕壳既是身体外部形态的变化(主要指幼体),也是内部错综复杂的生理活动,既是一次节律性生长,又是一场生理上的大变动。究竟河蟹一生蜕壳多少次,目前尚无统一说法。有人认为17次,也有人认为19次,还有人说是28~32次。究竟有多少次,目前有两点已统一:一是河蟹溞状幼体经过5期蜕皮蜕变为大眼幼体,大眼幼体经一次蜕皮蜕变为第一期幼蟹;二是河蟹在性腺发育到一定程度进入生殖前的生殖蜕壳,即一生中最后一次蜕壳。

2. 影响河蟹蜕壳的因素

从河蟹生命的全过程来,河蟹的生长速度或蜕皮间隔时间与所生活水温、饵料、生长阶段等有关。在长江口区的自然温度条件下，出膜的第一期溞状幼体要发育到大眼幼体，约需 30～40 天，而在人工育苗条件下，在水温 23℃左右、饵料丰富的情况下，第一期溞状幼体经过 20～30 天即可变成大眼幼体。当水温降低时发育时间则延迟。大眼幼体放养以后，在 20℃的水温条件下，3～5 天即可蜕皮一次变为第一期仔蟹，以后每间隔 5～7 天，可相继蜕皮发育成第二期、第三期仔蟹。随着身体的增大，蜕壳间隔的时间也会逐渐延长。饵料供应不足、水温下降、生态环境恶化也会影响河蟹的生长，即减少蜕皮的次数。因此，即使同一单位、同样条件繁殖同一批蟹苗，放养条件不同，到收获时往往会有很大的个体差异。河蟹蜕壳时表皮分泌一种酶，将几丁质溶解，同时使角质层破裂，个体钻了出来，并重新分泌外骨骼，而在新的外骨骼未完全硬化之前，个体得以增大体积。河蟹经过一次蜕皮后，体重和体宽均有较大的增大，在仔蟹阶段这种变化更为显著。幼蟹蜕壳一次，体长、体宽的变化也较大，例如，一只体宽 2.8 厘米、体长 2.5 厘米的幼蟹，蜕一次壳，体宽可增大到 3.5 厘米，体长可增大到 3.4 厘米。

3. 河蟹蜕壳过程

先在头胸甲与腹部交界处产生裂缝，蟹背不断隆起，裂缝不断加大，然后蟹体腹部后缩，肢体不断摆动，向中间收缩，这样最后一对步足先蜕出，接着腹部蜕出，然后螯足蜕出，从而完成蜕壳过程，新的蟹体摆脱旧壳的束缚，体形得以伸展、变大。河蟹在蜕去旧壳的同时，它的内部器官也都一一蜕去几丁质的旧皮。新蟹颜色黛黑，身体柔软，螯足绒毛粉红，习惯称之为"软壳蟹"。因此河蟹在蜕壳的进程中和刚蜕壳不久，尚无御敌能力，是生命中的危险时刻，养殖过程中一定要注意这一点，设法保护软壳蟹的安全。

4. 河蟹硬壳过程

分为 A、B、C、D 四个阶段。A 阶段是每次蜕壳后，蟹不进食，这个阶段时间较短，约占整个过程的 2％；B 阶段为新壳钙化变硬期，也不摄食，时间约占整个蜕壳过程的 8％；C 阶段外壳已经变硬，但早期仍在钙化中。这个阶段蟹恢复进食，其时间约占整个蜕壳过程的 71％；D 阶段是为下次蜕壳作准备的时间，出现钙的重新吸收，并分泌外层新壳。本阶段后期进食中断，开始大量摄取水分，其时间为整个过程的 10％，河蟹每蜕壳一次后体积和体重就得到增加，即蜕壳与生长有着密切关系。

（三）蜕壳难和壳软的原因

1. 蜕壳难原因

水质恶化，表现在旧壳仅蜕出一半或蜕出旧壳后身体反而缩小；长期饵料不足，成饥饿状态；饲料质量差，含钙低或原料质量低劣或变质；放养密度过大、密集残杀、互相干扰会延长蜕壳时间或脱不出而死亡；水温突变，低温阻碍蜕壳；药物影响：乱用抗生素，滥用消毒药，影响蜕壳或产生不正常现象；光照太强或水的透明度太大，水清到底；池水 pH 高和有机质的含量下降，水中和饲料钙磷含量偏低，缺少钙源，甲壳钙化不足蜕壳更难；纤毛虫等寄生虫寄生。

2. 软壳蟹的保护措施主要有

①为河蟹蜕壳提供良好的环境，给予其适宜的水温、隐蔽场所和充足的溶氧；增喂钙质和含蜕壳素的饵料；建池时留出一定面积的浅水区，供河蟹蜕壳；种植一些水花生、水浮莲等作为蜕壳场所。②放养密度合理，以免因密度过大而造成相互残杀。③放养规格尽量一致。④收取刚蜕壳的河蟹另池专养。

（四）安全蜕壳管理

1. 确定河蟹蜕壳的方法

（1）检查河蟹体色　蜕壳前河蟹体色深，呈黄褐色或黑褐色，步足硬，腹甲水锈（黄褐色）多。而蜕壳后，河蟹体色变淡，腹甲白色，无水锈，步足软。

（2）看河蟹规格大小（以放养相同规格的蟹种为前提） 蜕壳后壳长比蜕壳前增大20%，而体重比蜕壳前增长了近一倍。在生长检查时，捕出的群体中，如发现了体大、体色淡的河蟹，则表明河蟹已开始蜕壳了。

（3）看池塘蜕壳区和浅滩处是否有蜕壳后的空蟹壳 如发现有空壳，即表明河蟹已开始蜕壳了。

（4）检查河蟹吃食情况 河蟹在蜕壳前不吃食。如发现这几天投饵后，饵料的剩余量大大增加，如未检查出蟹苗，则表明河蟹即将蜕壳。

2. 蜕壳期间和蜕壳后应注意的问题

（1）蜕壳来临前，不仅要投维生素C和离子钙，力求同步蜕壳，而且必须增加动物性饵料的数量，使动物性饵料比例占投饵总量的1/2以上，保持饵料的喜食和充足，以避免残食软壳蟹。

（2）蜕壳期间，需保持水位稳定，一般不需换水。

（3）投饵区和蜕壳区必须严格分化，严禁在蜕壳区投放饵料，蜕壳区如水生植物少，应增投水生植物，并保持安静。

（4）清晨巡塘时，发现软壳蟹，可捡起放入水桶中暂养1~2小时，待河蟹吸水涨足，能自由爬动后，才放回原池。

（5）河蟹在蜕壳后蟹壳较软，需要稳定的环境，此时不能施肥、换水，饵料的投喂量也要减少，以观察为准。待蟹壳变硬，体能恢复后出来大量活动，沿田边寻食时，可以大量投饵，强化河蟹的营养，促进生长。

3. 扣蟹脱壳管理

在扣蟹养殖期间，由于群体蜕壳时间太长，对养殖不利，因而需采取措施，促进河蟹集中蜕壳。每次蜕壳来临前，动物性饵料需占50%以上。发现个别蟹种蜕壳，即每亩泼洒离子钙，同时适量移入水生植物等，以增加蟹种蜕壳所需的附着物。在蜕壳期间，一般不换水。

（五）"补钙"——河蟹养殖的过程中不可忽视的关键

1. 水草、藻类生长需要吸收钙、镁、磷等元素

钙是植物细胞壁的重要组成成分，缺钙会限制藻类的繁殖；镁是叶绿素的重要成分，各类藻类都需要镁。放苗前肥水，如水中（尤其是淡水养蟹）缺钙、镁、磷等元素，则藻类、水草难以生长繁殖，导致肥水困难或水草老化、腐败，因此肥水前或肥水时要先对池水进行"补钙"，传统的方法是先用白云石粉再肥水。活性钙、镁、磷不仅易被藻类、水草吸收转化，也容易被养殖对象吸收利用，有利于河蟹蜕壳、硬壳。

2. 水质和底质需要补钙

养殖生产用水要求有合适的硬度和合适的总碱度，因此水质和底质的养护和改良需要"补钙"。养殖用水的钙、镁含量合适，除了可以稳定水质和底质的 pH 值，增强水的缓冲能力，还能在一定程度上降低重金属的毒性，并能促进有益微生物的生长繁殖，加快有机物的分解矿化，从而加速植物营养物质的循环再生。

3. 河蟹的整个生长过程都需要"补钙"

钙是动物骨骼、甲壳、鳞片的重要组成部分，对蛋白质的合成与代谢，碳水化合物（糖类）的转化、细胞的通透性、染色体的结构与功能等均有重要影响。螃蟹等甲壳类动物的生长要通过不断的蜕壳和硬壳来完成，因此需要从水体和饲料中吸收大量的钙来满足生长需要，集约化的养殖方式又常使水体中矿物质盐的含量严重不足。而钙、磷吸收不足又会导致螃蟹的甲壳不能正常硬化，形成软壳病或者脱壳不遂，生长速度减慢，严重影响螃蟹的正常生长。

养殖高密度，水质高污染，钙元素匮乏，养殖对象蜕壳不遂，硬壳难的症状日益严重。而蜕壳不遂硬壳难又极易使病原菌侵入蟹体，导致病害发生。因此，补钙固壳，可以增强抗应激能力，是加固防御病毒入体影响健康养殖的"防火墙"。

河蟹生长与水体、饵料中的钙、磷关系密切。有关试验表明，

刚蜕壳的软壳蟹，体重比未蜕壳前增加30%～40%，这段时间多则1个小时，少者数分钟，依靠鳃吸收大量的水以及水中的无机盐类。在自然界的池塘或湖泊中，软壳蟹1～2天壳就变硬。如果放入蒸馏水中饲养软壳蟹，河蟹在水体中吸收钙离子的能力要比吸收配合饲料中钙和磷的能力强。河蟹蜕皮前夕要求壳中钙总量与体内钙的总量相等，同时河蟹体中的磷总量是壳中含磷的52.2倍。

警惕蜕壳后遗症。值得关注的是近年来，河蟹养殖出现的颤抖病、水肿病、软壳、蜕壳不遂、甲壳溃疡等病症，经研究发现均与河蟹蜕壳有密切的关系，有些病因就是蜕壳后遗症。

河蟹蜕壳需消耗比平时大几倍的溶氧，需消耗比平时多几倍的能量来增强活力，促进安全快速蜕壳。与此同时还应及时补充高活性好吸收的钙镁磷促进硬壳。但养殖高密度，水质高污染，溶氧偏低，能量不足，钙元素匮乏，钙质低下，在此情况下，河蟹开始蜕壳时，补充溶氧、钙、磷、能量非常必要。在补充溶氧时，尽量不要使用化学增氧剂，如：过碳酸钠、过硼酸钠、过氧化钙、过氧化氢或其他液态氧，以免刺激伤蟹，造成死蟹，河蟹蜕壳时，不能使用消毒剂，不宜使用微生物制剂。河蟹蜕壳时少量投料，甚至停料。恢复投料后，可在饲料中添加离子钙、维生素C等投喂。采用上述方法可有效防控蜕壳后遗症，有效控制颤抖病、水肿病以及其他细菌性和病毒性疾病的发生。

六、成蟹的捕捞

河蟹的捕捞上市时间主要是在每年的9月中旬，一般使用大量的定置网具（如笼网、虾网等）进行捕捞。9月中旬以后，河蟹的性腺逐渐成熟并开始进行生殖洄游。由于河沟的四周无法进行拦护，因此，一定要加大河沟内河蟹的捕捞力度，多设置虾关、笼网等捕蟹网具，还可采取摸、钓、光诱等方法捕捉。由于捕捞偏早，大部分河蟹不肥满，不耐运输、售价较低，应对其暂养强化育肥。

七、河沟养殖案例——皖北河蟹河沟生态养殖

河蟹是我国特有的名优水产品，特别是长江水系的河流湖泊是其生长栖息的优良场所，在此区域内生长的河蟹具有成蟹个大、肉嫩、味美等品质特点。河蟹养殖业也是我国独有的产业，安徽省作为河蟹养殖大省，河蟹主产区在沿江两岸的湖泊内。皖北地区渔业资源相对较少，水面以池塘、河沟为主，作为工业不发达地区，河沟水质好、生物资源丰富。皖北河蟹河沟自然生态养殖是介于河蟹增殖放流和河蟹养殖之间的一种河蟹生产模式，按照河蟹养殖的河沟拦网方式，但投放蟹苗后不投喂人工饵料，而是让河蟹摄取天然饵料生物，自然生长至起捕上市。流经皖北的北淝河、芡河均属淮河水系，经对这两河部分河段河蟹河沟自然生态养殖的试验，总结出适合皖北河蟹河沟自然生态养殖的技术方法，现介绍如下。

1. 自然生态条件

水质符合国家渔业水质标准，水源充足，无工业、农业及生活污染；淤泥厚度不超过 20 厘米，底部平坦，底栖生物丰富；长年水深保持在 1～3 米，风浪平缓，透明度大，远离航运要道与进排水口，最好有流速在 5～10 厘米/秒的微流水；水中种植的水生植物以河蟹喜食的沉水植物为主，水草覆盖率达 40%～60%。

2. 拦网设置

拦网材料宜使用聚乙烯网片 3 毫米×3 毫米网线，拦网顶端防逃材料用聚乙烯薄膜。拦网底部防逃材料宜用石笼，石笼为目大 2 厘米聚乙烯网片包装成圆筒形的网袋，圆筒直径为 10～15 厘米，内装直径 2～4 厘米的圆石子。周围支撑材料宜用毛竹，直径 8～12 厘米，长 5 米。捆绑材料宜选用聚乙烯绳和铁丝。拦网面积大小应根据水域环境条件统一规划布局和养殖投资能力等情况来确定，一般拦网养殖面积为 90～450 亩。采用双层防逃拦网，内拦网选用网目 2 厘米，为主要防逃设施，所拦水域为养殖区；外拦网选用网目

3厘米，为第2道防逃设施，用于检查河蟹外逃情况，阻拦漂浮物。内外网间距3～4米，拦网高度根据平常水深及汛期水位而定，一般要求在平常水位露出水面1.5米。在内拦网上可用檐网或用聚乙烯薄膜防逃。安装时应根据拦网区域形状，用毛竹打桩，竹桩间距2～3米，入土深度1.5米左右。将拦网的上、中、下纲牢牢绑在桩上，竹桩间隔分布于拦网内外两侧。石笼要求全部压入底泥中。

3. 蟹种放养

蟹种为长江水系中华绒螯蟹，规格为80～150只/千克，放养密度1800～2400只/公顷。放养前，将蟹种放入水中浸泡2～3分钟，冲去泡沫，提出放置片刻，再浸2分钟后提出，重复3次。待蟹种吸足水后，用3%的食盐水或10～20毫克/升高锰酸钾溶液浸浴30分钟左右进行消毒。一般在每年12月至翌年2月放养蟹种。

4. 日常管理

刚放养的河蟹对环境有一个适应过程。在投放的当天晚上，活动十分剧烈，有部分会爬出养殖区。因此，前3个晚上，必须在内外防逃拦网之间多放置几只地笼，回捕外逃河蟹。河蟹蜕壳期要保证拦网内有足够的水草，覆盖面不少于1/3；保持环境安静，防止敌害动物入侵和人为干扰。要及时清除腐烂的水草和各种漂浮物等；适时冲洗拦网，防止网眼堵塞，保证水体自然交换。要定期检查拦网的各部位设施，修补漏洞；大风天气或汛期，应加强管理；在内外拦网之间永久性放置地笼，经常检查地笼中有无逃出来的河蟹，以便及时采取措施。若拦网养殖区水草缺乏，或养殖过程中，由于河蟹摄食损害而大量减少时，应进行水草移植，补充水草，以保证河蟹具有足够的青饲料和隐蔽栖息的场所。可供移植的水草有苦草、轮叶黑藻、马来眼子菜和喜旱莲子草等。对于水生物资源日益减少的河段，可采用分段轮养的方法，即把一大段河沟分成若干小段，中间每隔一段当年进行养殖，第2年把当年未养殖的各段进行养殖，当年养殖的区域则让它自然恢复生态平衡。

5. 病害预防

拦网生态养殖不投药物，但要做好病害预防工作。为防止带入病原体而引起病害发生，要求在蟹种放养前对其进行消毒；捕杀影响河蟹生长、栖息、蜕壳和摄食的大型凶猛性鱼类、老鼠、水蛇等敌害动物。

6. 捕捞与上市

9月下旬开始，根据水温及市场情况将河蟹捕捞上市。捕捞工具可用地笼等渔具，捕捞上来的河蟹可放入河蟹专用暂养网箱（1.5米×1.5米×0.8米）中。网箱中暂养数量不宜过多，每只网箱放养量一般要求在50千克以下。同时，应积极组织销售或待价外销。

第六章　河蟹池塘生态养殖

池塘养殖商品河蟹，人工可控制养殖的全过程，回捕率较高，但出塘规格和肉质逊于大水体养河蟹。一般有池塘单养，以蟹为主，搭配一些鱼类和虾类；有鱼蟹混养，以鱼、虾为主，搭配一些蟹种；还有池塘暂养，这是从天然水体或其他池塘捕出未长足的绿蟹，由于其体瘦壳软，价格低廉，但其在暂养不再蜕壳，成活率较高，经2~3个月的饲养后蟹体肥壮，生殖腺饱满，上市价格较高。本章以池塘单养河蟹模式为主进行介绍。

一、场地选择

河蟹是一类底栖甲壳类动物，人工养殖时，有一系列特殊要求，养殖底质，宜选择无淤泥的黄色壤土为好。这种底质适宜培养"金爪黄毛、壳青脐白、肉嫩味鲜、水分少、卖相好"的商品蟹。河蟹养殖过程中，避免直接使用过冷的泉水、深井水、水库底层的水，若要使用，应先引入蓄水池中，通过升温和增氧再引入养殖池。

普通精养鱼池塘的特点是，形状像一个大水池，池水比较深，水肥，淤泥比较多，不适宜养蟹。养蟹的池塘应面积大且以滩面为主，池水比较浅，池内要有沟，滩面要有隐藏物。

要选择水源充足，水质清新，无污染，水草资源和动物性饵料比较丰富的湖区、滩荡和河网地区的池塘。池塘切忌渗漏，否则造成河蟹随渗漏挖洞逃逸。池塘还应进排水方便，交通便利，环境安静。

生态养殖河蟹，选择养殖基地时应充分考虑养殖池本身和周围环境潜在的危害，如工厂和其他养殖品种废弃物进入池塘，周围农田水中的药物及其他的污染物等。

二、池塘建设与改造

1. 池塘条件

池塘宜长方形，东西向长，池底坡比 1：3～1：4；池塘面积 2～10 亩，平均水深 1～2 米，塘埂坚实不漏水，埂面宽度 2.0～2.5 米，池底平坦，底质以黏土最好，黏壤土次之。池底淤泥厚度为 5～15 厘米。排灌方便，池塘的土壤符合国家 GB15618—1995《土壤环境质量标准》。

2. 水源水质要求

水源充足，无工业、农业及生活污染，水质符合农业部 NY5051—2001《无公害食品淡水养殖用水水质》，减少池水向外河的排放，避免养殖自身的污染。养殖期间，可保持水深 1.2～1.6 米。

3. 防逃设施

河蟹攀爬能力很强，在有角度的两壁上能支撑攀越，所以设置防逃设施。池塘四周要用铝皮、加厚薄膜或钙塑板做好防逃设施，材料埋入土中 20～30 厘米，高出埂面 50 厘米，每隔 50 厘米用木桩或竹桩支撑，四角做成圆角，防逃设施内留出 1～2 米的堤埂，池塘外围用聚乙烯网片包围，网高 1 米，以利防逃和检查。

4. 蟹沟和浅滩区

蟹池四周挖蟹沟，面积 30 亩以上的要挖"井"字蟹沟。蟹沟宽 3～5 米，深 0.8 米，最高水深 1.6 米，池中央为浅滩区，最高水深 0.8 米。

5. 进排水口

设置在池塘对角线上，进水口设在池塘的最高处，用双层、规格为 625 微米的筛网过滤。排水口在池塘的最低处，也用双层、规格为 625 微米的筛网包扎防逃。

三、放养准备

1. 池塘的清整消毒

在秋冬季排干池水，清除池塘表层 10 厘米以上淤泥，经冬季阳光曝晒。在蟹种放养前一个月，每亩用生石灰 70～100 千克，在水深 20 厘米时化浆后全池泼洒，随即均匀翻耕底泥，改善池底质和杀灭病原体。禁止使用五氯酚钠作为清塘剂。清塘以后的进水用 60 目规格的尼龙绢网袋过滤，防止野杂鱼类及其鱼卵进入池塘。

2. 种植水草

池塘中种植少量的水草，既可提供河蟹栖息、避敌的场所，起净化水质作用，还可作为部分青饲料来源，提高河蟹的成活率，促进蟹的生长。水草的品种以沉水的苦草、轮叶黑藻或伊乐藻和浮水的水花生相结合为好，水草的面积控制在水面总面积的 60% 左右，其中沉水植物占水草总面积的 2/3，漂浮植物占水草总面积的 1/3。

（1）水草种养方法

①苦草种植：在清明前后，池塘水位 20～30 厘米，每亩用草籽 50～150 克，播种前草籽先用水浸泡 1～2 天，然后用细泥拌匀，全池散播或条播，播种后一个月即可长成 5 厘米以上的幼草。

②伊乐草种植：在 3～4 月份，池塘水位 40 厘米，清塘消毒后移栽，数量 150～225 千克/亩，3～5 株一束扦插入泥中 3～5 厘米，泥上部分 15～20 厘米，栽种量占池塘面积 10%～20%。移栽时，水深略高于伊乐藻种为宜。5 月下旬至 6 月初，水草已形成优势时，用拖刀割去水草上部 30 厘米。

③轮叶黑藻在 3 月至 4 月移栽，数量 30 千克/亩；马来眼子菜在放种前移栽，数量 30～50 千克/亩；蕹菜（空心菜）在 3 月下旬至 4 月初播种，播种量 0.05～0.1 千克/亩，在岸坡水深线上 20～30 厘米处栽培，或 2 月中旬大棚育苗后移栽。青萍或芜萍等漂浮植

物在6月移入，覆盖率为池塘面积的5%左右。

④水花生的放养：在3～4月份，割取陆生水花生，在池塘四周离塘边1米处设置宽约2米的水草带。在生长旺季应割除过多的水草，以防缺氧和水质恶化。

（2）水草施肥　水草栽种前，施有机肥100千克/亩。视水草生长和水体情况用磷酸二氢钙或复合肥适当追肥。每次新池施肥2～3千克/亩，老池施肥3～4千克/亩。

3. 螺蛳放养

池塘底质中底栖生物量多少涉及该水域中河蟹喜食活饵料的量，这与河蟹生长速度及品质优劣关系密切。底栖生物种类很多，螺蛳是一种易获量大的品种优良底栖生物。放养螺蛳可吸附水中浮游生物和有机质，同时又可提供营养丰富的鲜活饵料。采用上述养殖方式，能显著提高产品质量，降低成本，增加收入。4月前后投放活螺蛳150～250千克/亩。6月至8月投放活螺蛳150～200千克/亩，全池均匀抛放。池塘放养的螺蛳应注意消毒处理，投放的活螺蛳用3%的食盐水浸浴3分钟消毒处理。

4. 设置"蟹种暂养区"

在放种前1周加注过滤的新水至0.6米深。蟹种放养的初期，在池塘的深水区，用网围拦一块面积占池塘总面积1/3～1/5的暂养区，将蟹种先放在暂养区培育到4月底至5月初，待池塘的水草生长覆盖率达50%～60%和螺蛳繁殖到一定的数量，撤除暂养区网片，再将蟹种放入池塘中。放蟹种前水草已形成一定优势，覆盖率在30%以上，可不设暂养区。

四、苗种放养

1. 蟹种来源

由直接采捕自长江天然蟹苗，或有关渔政行政主管部门批准的长江水系河蟹原良种场繁育的蟹苗培育而成的蟹种。由于气候、土壤条件的不同及运输等因素的影响，本地培育的蟹种其成活率、抗病性及生长能都明显好于外购的蟹种。因此，宜选择自己培育或本地培育的蟹种，尽量不买外地的蟹种。

2. 蟹种质量

蟹种的规格整齐，大小 100～150 只/千克，色泽光洁，体质健壮，爬行敏捷，附肢齐全，指节无损伤，无畸形、无寄生虫、无疾病。不能投放性早熟蟹种。蟹种用池水浸湿 2 分钟后取出 5 分钟，重复三次（俗称"回水"）。再用 3％的食盐水浸浴 3～5 分钟，或 10～20 毫克/升高锰酸钾浸浴 10 分钟。

3. 放养时间和密度

（1）河蟹放养时间　在长江流域，一般在 2 月中旬前，最迟不超过 3 月初。以初春放养更为适宜，放养水温 4～10℃应避开冰冻严寒期。放养密度 6000～9000 只/亩。河蟹应先放养在暂养区，如果池塘水草茂盛可直接放养。放养蟹种时由蟹种自行爬入池中为好。

（2）青虾种的放养　在五月中、下旬投放抱卵虾，抱卵虾选择卵粒呈黄绿色，无伤残，平均规格 4～6 厘米的优质虾、亩放 3 千克左右，直接放入塘中，亲虾下塘 2～3 天，亩施腐粪肥 100 千克，培育水质，仔虾孵出后 3～5 天，每亩用 1 千克黄豆浸泡磨浆去渣沿池边均匀泼洒，促其快速变成幼虾，这不但为河蟹提供为数众多的优质活饵，也为幸存者创造了更好的生活环境，达到蟹、虾双丰收的目的。

（3）鲢、鳙鱼种的放养　蟹池中搭养适量的鲢、鳙鱼种，可调节水质，减少蓝绿藻数量，增加池塘产出。每亩池塘放养一龄鲢、鳙鱼种 30～60 尾，鱼种规格为每千克 10～20 尾。

4. 放养模式

以河蟹为主，搭配适量青虾、鳙、鲢和鳜等，放种时间与河蟹基本同步，鳜鱼在 5～6 月放种。放养模式见表。

表6-1　　　　　　河蟹池塘生态养殖放养模式

种类	河蟹	青虾	鳊鱼	鲢鱼	鳜鱼
规格（只、尾/千克）	100～200	800～1200	2～3	2～3	≥5厘米体长
数量（只、尾/亩）	400～600	5000～7000	15～20	5～10	25～40

五、饲料投喂

1. 饲料种类

植物性饲料，一般包括豆饼、花生饼、玉米、小麦、地瓜、土豆和各种水草等。动物性饲料包括小杂鱼和螺蛳等。配合饲料是按照河蟹生长营养需要规定制成的颗粒饲料。

2. 河蟹配合饲料

颗粒饲料应按照河蟹生长的营养需要，符合农业部 NY5072—2002《无公害食品渔用配合饲料安全限量》的规定。所用原料应符合各类原料标准的规定，不得受潮、发霉、生虫、变质及受到石油、农药、有害金属等污染。所用添加剂应符合国家颁布的《饲料和饲料添加剂管理条例》和《饲料添加剂品种目录》。要求原料色泽一致，大小均匀，无霉变、结块、异味，无虫蛀。河蟹配合饲料的规格一般按河蟹生长阶段分为三类，蟹苗饲料、蟹种饲料和成蟹饲料。蟹苗饲料和蟹种饲料为细粒状或不规则细粒状，蟹苗饲料的粒径从0.10～0.60毫米，而蟹种饲料的粒径从0.60～1.6毫米。成蟹饲料一般为颗粒饲料，粒径从1.8～2.5毫米大小不等。河蟹配合饲料的主要营养成分要求如表6-2。

表6-2　　　　　　配合饲料主要营养成分

项目	粗蛋白质	粗脂肪	粗纤维	粗灰分	蛋氨酸	赖氨酸	总磷
蟹苗饲料（%）	≥45	≥6	≤3	≤15	≥0.80	≥2.20	≥1.5
蟹种饲料（%）	≥34	≥5	≤6	≤15	≥0.70	≥1.95	≥1.0
成蟹饲料（%）	≥30	≥4	≤7	≤15	≥0.65	≥1.80	≥1.0

3. 投饲原则

"四看"原则。看季节，6 月中旬前动、植物性饲料比为 60：40，6 月下旬至 8 月中旬为 45：55；8 月下旬至 10 月中旬为 65：35。看天气，晴天多投，阴雨天少投。看水色，透明度大于 50 厘米时可多投，少于 30 厘米时应少投，并及时换水。看摄食活动，发现过夜剩余饲料应减少投饲量。蜕壳时应增加投饲量。

"四定"原则。定时：每天两次，早晨 6：00 或 7：00，下午 4：00 或 5：00 各一次。定位：沿池边浅水区定点"一"字形摊放，每间隔 20 厘米设一点。定质：青、粗、精和配合饲料结合，确保新鲜适口。定量，按河蟹不同生长阶段和生长情况确定日投饲量。

投饲总原则"荤素搭配，两头精中间粗"，即在饲养前期（3～6 月），以投喂颗饵和鲜鱼块、螺蚬为主，同时摄食池塘中自然生长的水草。在饲养中期（7～8 月），正是高温天气，应减少动物性饲料投喂数量，增加水草，大小麦、玉米等植物性的投喂量，防止河蟹过早性成熟和消化道疾病的发生。在饲养后期（8 月下旬～11 月），以动物性饲料和颗粒饲料为主，满足河蟹后期生长和育肥所需，适当搭配少量植物性饲料。

4. 投喂方法

第一阶段：2 月下旬至 4 月，晴天时以新鲜小杂鱼煮熟后拌少量小麦粉成团块状，多点投喂。每天下午 5：00 投喂 1 次，日投饲量为蟹总体重的 1％～3％，或隔 2～3 天投蟹总体重的 3％～5％。采用全价配合饲料，按饲料说明书要求投饲。

第二阶段：5～6 月，以小杂鱼、螺蛳、河蚌等鲜活动物性饲料和全价颗粒饲料为主，搭配 20％～30％豆粕、玉米、小麦等，每天投喂 2 次。上午 8：00～9：00 在深水区投喂，占日投饲量的 30％，下午 5：00 至 6：00 在浅滩区投喂，占日投喂量的 70％。日投饲量从蟹总体重的 3% 逐渐增加到 8%。

第三阶段：7 月至 8 月中旬，以玉米、小麦、黄豆、蚕豆、水草、青萍等植物性饲料为主，搭配动物性饲料 40%～45%，玉米、小麦、黄豆和蚕豆要煮熟。每天投喂 2 次。日投喂量为蟹体重的 8%～10%。

第四阶段：8 月下旬至 9 月底，以动物性饲料为主，搭配植物性饲料 30%～40%，每天投喂 2 次，日投饲量为蟹总体重的 8%～10%。10 月初至 11 月上旬日投饲量从蟹总体重的 8%～10% 降至 5%。

第五阶段：11 月中旬以后，以投喂植物性饲料为主，每天投喂 1 次，日投喂量为蟹总体重的 1%～3%。

精饲料与鲜活饲料隔日或隔餐交替投喂，均匀投在浅水区，坚持每日检查吃食情况，以全部吃完为宜，不过量投喂。

六、病害防治

提倡应用健康养殖技术，以生态防病为主，药物治疗为辅，实行严格的清塘消毒、放养健康蟹种、保持池塘良好水质、投喂新鲜优质饲料等技术措施，可有效预防病害的发生。如果发生病害，应按农业部 NY5071—2002《无公害食品渔用药物使用准则》，使用国家允许的高效、低毒、副作用小的渔药。

七、日常管理

1. 水质管理

整个饲养期间，始终保持水质清新，溶氧丰富，生长最适温度为 26～30℃，透明度控制在 35～50 厘米，前期偏肥，后期偏瘦。水草的覆盖率达池塘面积 30%，以降低水温，保持河蟹良好生长的水环境。当池塘水质不良时，应及时换水或采取其他的措施改善水质。经常使用生石灰来调节水质，使池水呈微碱性，增加水中钙离子含量，促进河蟹脱壳生长。一般每亩每米水深每次用生石灰5～10千克，化浆后全池均匀泼洒，注意在高温季节减量或停用。施用复合生物制剂（EM菌、光合细菌等）可改善池塘水质，分解水中的有机物，降低氨氮、硫化氢等有毒物质的含量，保持良好的水质，特别在换水不便或高温季节效果更加明显。同时还可预防病害的发生。

2. 水深控制

蟹种放养时水深0.5～0.6米。5月水深控制在0.5～1.2米，6月至8月水深在1.2～1.6米，9月至11月水深降至1米左右。换水时应先排后灌。换入水水温与蟹池水温基本接近时进行。4月至6月每2周换1次，7月至8月，每5天换1次，每次换水量10～15厘米；9月至10月每周1次，每次换水20～30厘米。

3. pH值调节

pH值控制在7.5～8.5。4月至6月，每个月用生石灰10千克/亩兑水均匀泼洒；7月至9月，每20天泼洒1次。

4. 溶解氧保持在5毫克/升以上

养殖期间，掌握脱壳规律，脱壳高峰期前1周换水、消毒，在饲料中添加适量脱壳素、磷酸二氢钙和维生素C等。脱壳高峰期避免外用药泼洒、施肥，减少投饵量，保持环境安静。

5. 每天早晚各巡塘1次

观察水质、河蟹吃食及活动情况，检查防逃设施等，发现问题及时处理。在养殖过程中，定期每月抽样一次进行生长测定，记录好生产日志。

八、捕捞与暂养

（一）捕捞

池塘养蟹的捕捞是生产中不可忽略的环节之一。河蟹的习性给捕捞带来了不少困难，一是穴居的习性，使在捕捞上增加难度；二是池底爬行，使其在与捕捞水层中游泳的鱼类有区别；三是若捕捞时间迟就易逃逸，而捕捞过早性腺尚未成熟；四是残剩在池中河蟹由于性腺已成熟，至翌年 4～5 月自然死去，造成经济损失；五是干池捕捉易发生折断步足外，还往往使蟹鳃腔中聚集淤泥，离水后死亡。

一般情况，池塘养河蟹的捕捞时间要适当提前，在成熟蟹的比例达到80％开始捕捞，捕捞后采取室内暂养或竹笼暂养等措施。一般在 10 月捕捞为好，若延迟至 10 月底至 11 月上旬，河蟹由于成熟性腺躁动，沿防逃墙乱爬，除易逃窜外也会给老鼠等敌害提供可乘之机。以下介绍几种池塘养蟹的捕捞方法。

1. 流水捕捞法

在捕捞前，在池出水口安一个网篓类的渔具，打开出水口，使水流动，河蟹即随池水爬到篓中。应注意两点：第一，一次放水捕不尽，应将池水放至 0.2～0.3 米深时再加水，然后再放水，如此反复多次；第二，池水放尽后，河蟹在洞穴都露出来后，在傍晚爬上岸至防逃墙边，这时可人工捕捉。

2. 灯光诱捕法

在蟹池四角安装电灯，在灯下设置 1 只缸或陷阱，下午将池水放出一部分，使蟹洞穴暴露出来，晚上河蟹将集中在灯光处爬行而进入缸中，达到诱捕的目的。

3. 丝网捕捉法

将单层丝网设置在蟹池之中，一般按河蟹昼夜活动规律，将凌晨、傍晚和午夜作为重点下网收网时间。

4. 簖箔捕捞法

若蟹池面积较大，可在池的出水方向设置簖箔或带有网袋的张网。最好是与流水结合起来进行，当水流动时，河蟹随流水进入簖箔或袋网之中。

池塘捕蟹除忌用干池法外，还忌用拖网捕捞。因拖网不易捕到河蟹，即使捕捉到部分蟹其步足也易为折断，影响河蟹品质。另外，最好将上述方法综合使用，提高捕捞效果。

(二) 暂养

成蟹暂养是河蟹生产经营中的一个重要环节。我国地域辽阔，每年从 9 月份开始，自北向南，河蟹陆续进入成熟期，并开始生殖洄游。由于个体存在着差异，导致河蟹成熟不完全同步，如果等到所有河蟹都成熟再捕捞，势必有相当数量的河蟹逃走。所以捕捞应在河蟹未完全成熟时进行。暂养对于河沟等大水面养殖河蟹尤为必要。由于河蟹捕捞的季节性很强，并且前期捕捞的成蟹尚未完全成熟，肥满度差，所以还需要经过暂养，进行强化饲养，使其达到蟹体肥壮，性腺饱满，体重肉实。

1. 池塘暂养

池塘暂养适合于较长时间的暂养，是目前成蟹暂养的主要方式之一。

(1) 池塘条件　暂养河蟹的池塘面积不宜过大，以 3 亩左右为宜。面积过大捕捞困难，面积过小池塘水质不易控制。暂养池应有深水区和浅水区，深水区水深应达到 1.5 米以上。暂养池应靠近水源，水质良好，进排水方便，池底平坦、淤泥厚度不超过 10 厘米，进排水口需用铁丝网防逃，池塘四周必须有牢固可靠的防逃装置。

(2) 暂养规格、质量及放养　暂养密度以每亩 250～300 千克为宜。为提高暂养成活率，应将雌雄河蟹分开暂养。规格应在每只 100 克以上。并达到肢体完整无伤病，爬行快捷。放养时，将河蟹放在池坡上，让其自行爬入池中，同时剔除伤、残、弱蟹。

(3) 饲养管理

①投饲：暂养期间应投喂动物蛋白含量较高的人工配合饲料为主，辅以投喂水草、青菜等青饲料。人工配合饲料的日投饵量：暂养前期为蟹体重的 5% 左右，暂养中后期为 1.5%～2%。饵料应沿

池边均匀投放，若傍晚投放的饵料，次日清晨已全部吃完，则白天应再少量投喂一次。水温高时应适当增加投饵，水温低时则只在向阳面投放饵料。只要河蟹摄食，就应坚持投喂。以基本无剩饵为度，避免浪费饵料，污染水质。

②水质：由于暂养池河蟹密度大，代谢物多，池水容易恶化，应定期换水。一般每周换水一次，换水量为池水的1/3。暂养期间应注意保持池水清新，溶解氧充足。如遇池水缺氧、水质恶化时，应及时更换池水。同时每半月全池施一次生石灰，每亩15千克，化成浆后全池泼洒。

③防逃：成蟹暂养池的防逃工作尤为重要。河蟹因生理的需求要洄回大海，逃跑欲望强烈。成蟹暂养池的防逃装置必须牢固，而且高度应达到60厘米。同时必须每天检查防逃装置有无破洞，并及时修补，严防河蟹逃走。

④防敌害：成蟹暂养阶段的敌害主要是老鼠和水老鼠。因成蟹经常上岸寻隙逃跑，所以常在防逃装置基部聚集，极易被鼠类吞食。暂养河蟹时应重点做好防鼠害工作。

2. 水泥池暂养

室内池每平方米可暂养成蟹3～5千克。室外池每平方米可暂养成蟹1～1.5千克。雌雄成蟹应分池暂养。水温在8℃以上时，每天投喂人工配合饲料。投饵量视摄食情况而定，以不剩饵为原则。同时还应适量投喂水草、青菜叶等青绿饲料。暂养初期有时气温较高，一定要注意水质变化，保持微流水环境或每2天换水一次，以保持水质清新。

3. 竹笼暂养

暂养的竹笼用竹篾编成鼓形，高40厘米，上口直径20厘米，笼中腰直径60厘米，底直径40厘米，孔眼2～3厘米。每笼可暂养成蟹20～25只。雌雄要分笼暂养。将笼盖盖严，悬吊在水面较宽阔，最好有微流水，水质清新无污染的水域，固定在事先准备好的木桩上。竹笼入水 1~1.5 米，笼底离底泥 20 厘米以上。每天定时、定量投喂人工配合颗粒饲料和青菜叶等。此方法起捕方便，成活率较高，但操作时需人工较多，适合个人小批量暂养。

第七章 河蟹稻田综合种养

　　稻田综合种养河蟹是一项新兴的水产养殖业，又是一种集约经营的方式，是将种植业和养殖业进行有机结合的一种新型养殖方式，具有稻蟹互利的生态意义。河蟹为稻田除去杂草、害虫，增加了蓄水量。河蟹的爬行运动和摄取底栖动物的行为，起到稻田松土中耕的作用。河蟹的排泄物含有丰富的氮、磷、钙等营养成分，是稻田优质的肥料，可使水稻少施1次肥料。而稻田土质松软，溶氧充足，水温适宜，营养盐类充足，为河蟹生长提供了良好的生态环境和丰富的饵料生物。稻田养河蟹具有投资少、管理方便、经济效益高等特点。一般投放蟹苗，饲养16～17个月，亩产成蟹可达50～80千克。如果投放幼蟹养1年，亩产成蟹可达50～70千克，亩产值达万元以上。

　　据研究，连续3年养蟹的稻田，耕层0～15厘米的土壤有机质提高1倍左右。可见，稻、蟹共生的结构模式，具有显著的经济效益、社会效益、生态效益。城市、郊区发展稻田综合种养河蟹养殖，对于服务"菜篮子"工程和农村脱贫致富，都将起到积极的作用。

　　但稻田作为养蟹水体，有其一系列不同于池塘和湖泊水体的特点。稻田水位较浅，一般只有3～7厘米，深处也不过15厘米左右，而且水位的升降变化是根据水稻不同发育阶段的需要而变化。这对养蟹既有利的一面，也有不利的一面。由于稻田水浅，水温受气温影响较大。在夏季，有时水温可达41℃，以下午15:00最高，而河蟹成蟹适宜的生长水温条件为10～30℃，高于35℃时河蟹摄食能力明显减弱，甚至昏迷并逐渐死亡。稻田的水生生物与池塘不同，浮游生物无论在种类和数量上均比池塘少，底栖动物种类和数量均比池塘多，丝状藻类及水生维管束植物远比池塘多。能够提供大量的动物植物饵料，满足河蟹对营养的需要。总而言之，稻田作为养蟹的水体，需要针对河蟹的生活习性进行相应的改造。

一、田间地段的选择及改造

养蟹的稻田，应选择水源丰富，水质清新无污染，进、排水方便，保水性好的单季稻田，前茬作物一经收割离田，要及时搞好规划和整修。稻田土质保水、保肥，雨季不淹，旱季不干。面积依养殖方式、规格而定。用于培育扣蟹的稻田面积 10～15 亩，养殖成蟹的稻田面积 10～20 亩为宜。田块四周应开阔向阳，无树木遮蔽。有条件的最好选用熟沤田，这样的田块保水性能好，容易创造适合河蟹养殖的良好环境，促进稻蟹共生，实现稻蟹双赢。

1. 开沟作畦

养蟹沟通常由环形沟、田间沟和暂养池三部分构成。环形沟一般在稻田的四周离田埂 2～3 米处开挖，沟宽为 3～4 米，沟深为 0.8～1.2 米，坡比 1∶2，环形沟面积占大田面积的 20%左右；田间沟又称洼沟，出现在田块中央，其形状呈"井"字形，面积可视整个田块大小而定，其沟宽为 1.0～2.0 米，沟深为 30～40 厘米，田间沟与环沟相通，为河蟹爬进稻田栖息、觅食、隐蔽提供便利；在稻田的一端或一角开挖深 0.8～1.0 米，面积约 60～100 米^{2}的暂养池用作暂养蟹种和成蟹。有条件的可利用田头自然沟、塘改建成河蟹的暂养池，也可利用稻田的进排水渠改造而成。环形沟、田间沟和暂养池的总面积不超过稻田面积的 30%。

2. 人造蟹洞

为避免河蟹掘穴造成水沟淤塞，在水沟沟坡离畦面 25 厘米处，每间隔 40 厘米左右，用直径 12～15 厘米的扁圆形棍棒，戳成与畦面成 15°斜角，深 20～30 厘米的洞穴，供河蟹隐蔽穴居。为防止河蟹相互格斗致残，两坡间的洞穴以交错设置为宜。

3. 清田消毒

田块整修结束后，每亩用生石灰 30～35 千克，化水后，全田泼洒，以杀灭敌害，预防病菌蔓延。

4. 田块的改造

养蟹稻田要求水源充足，进、排水方便，水质清新，田四周筑宽 1.3～1.5 米、高 0.8 米的田埂并夯实，可用开挖田间沟的土堆筑，加宽加固田埂，并要分层压实夯牢，筑埂的大块土需粉碎，不能在埂中留有缝隙，造成漏水逃蟹。田埂上围起高 0.75～0.80 米的钙塑板，或其他光滑的材料均可，用毛竹固定，稻田内开沟，使稻田成"田"字形的小块，沟宽 0.8～1.2 米、深 0.6 米，沟内种植水葫芦、浮萍等，每块稻田设 1～2 个食台。

养蟹稻田应单独建设进水渠道，也可直接用水泵将水抽入田中。排水渠道可利用农田原有的排水渠，用铁丝网封好进排水口，网眼大小根据河蟹个体大小确定。管道与田埂之间应用水泥混凝土浇灌封实，不能有缝隙，否则，进排水时如有细微水流，都会引起蟹的逃逸。

5. 设置暂养池

暂养池主要用来培育 V 期、暂养蟹种和收获商品蟹的小型池，通常在田的一端开挖，池长 10～15 米，深 1 米，宽 2～4 米。有条件的地方，可将田头的蓄水沟、进排水渠等水体利用起来，作为稻田养蟹的暂养池用，以增大养蟹的水域空间，做到少挖或不挖农田。

二、防逃设施

河蟹善逃，因此必须筑好防逃设施。具体方法是：沿田岸挖深沟，用砖砌或安装薄水泥板平田岸。根据田块大小，在田里挖"井"字形或"十"字形的蟹沟。蟹沟一般宽 50 厘米，深 80 厘米，同时也可挖几个 1.5～2 米见方，深 80 厘米的蟹溜。防逃措施是稻田养蟹成败的关键，也是资金投放的重点。因此，防逃材料既要牢固耐用，又要求经济实惠。通常四周田埂要用水泥板或砖块砌成两面光滑的防逃墙，墙高 0.5 米，墙基下埋 0.2 米左右，墙体三面脱空，没有条件的地方，也可在田岸上每隔 2 米打一根小木桩，将油毛毡竖着铺开，用铅丝或木条将油毛毡固定在木桩上。还有一种做法是在稻田四周砌一条高 1 米以上，内面光滑的围墙，基部进水口 4 个，离水面 60 厘米以上处，用 1 条 15 厘米宽的硬塑料薄板，弯成弓形插入即可。此法具有成本低、防逃性好的特点。进、出水口要用铁丝网围拦，做到内可防蟹逃之患，外可防敌害进田。

三、排灌水设施

通常养蟹稻田用水应与其他农田用水分开，单独建设进水渠道。选用直径 0.4 米的水泥涵管连接砌成进水渠，或用其他材料建进水渠，将水引入田中。如稻田靠近河边，也可直接用水泵将水抽入田中。而排水渠道则可利用农田原有的排水渠。

进排水渠闸门处的地基要压实夯牢，不留缝隙，闸门要用较密的铁丝网封好，以防河蟹逃跑和敌害生物进入。从而做到灌得进，排得出，水位易于控制，安全可靠。在布局上，进水渠水口应设在稻田的西部或西北部，排水口则应建在稻田的东部或东南部。目前用来发展稻田养蟹的田块，有一部分为麦稻两熟田，由于种麦降水的需要，田中地下挖有暗沟，在利用这种田块养蟹时要用石灰浆土将暗沟沿口堵实，以防蟹逃逸。

四、暂养消毒

按养殖稻田面积的 10%～20% 修建扣蟹暂养池。5 月中、下旬将暂养池注入新水，放苗前两周用生石灰消毒，用量为 75～100 千克/（亩·米），或使用生石灰干法清塘，用量为 50～75 千克/亩

（池底留水 6～10 厘米深度的水），待药性消失后，将蟹种用 20 克/米³高锰酸钾浸浴 5～10 分钟，或用 3％食盐水浸浴 3～5 分钟后放入暂养池，放养密度 3000～5000 只/亩；暂养期间日投喂量为蟹体重的 3％～5％，根据水温和摄食情况随时调整；7～10 天换水一次，换水后用15～20 克/米³生石灰，或用生物制剂调节水质。暂养池内应设隐蔽物或移植水草。

5 月中、下旬，在水稻秧苗缓青后，排出田内老水，灌注新水，将暂养池中的扣蟹放入田中。放养密度视具体条件而定，一般为 500～600 只/亩。放养前用20 克/米³高锰酸钾浸浴 5～10 分钟，或用 3％食盐水浸浴 3～5 分钟。

五、稻田养蟹模式

稻田养蟹模式很多，有培育蟹种的，有养商品蟹，还有鱼虾蟹混养。

1. 稻田培育蟹种

蟹苗一般在 5 月上旬至 6 月上旬放养，每亩稻田放优质蟹苗 0.3～0.5 千克。先在暂养池或养蟹沟内用网围一块小水体，彻底清池消毒，待毒性消失后，施足基肥，培养基础饵料，适时放苗，投喂鱼糜加鸡蛋制成的鱼浆，每天喂 3～5 次，通过精心饲养管理，待育成Ⅴ期幼蟹；秧苗栽插返青成活后，再撤去网围，稻田中加水，让Ⅴ期幼蟹直接进入稻田中觅食生长。稻田培育蟹种，一般亩产可达 30～50 千克，高的可达 80 千克，是发展稻田养蟹解决蟹种来源的重要途径。

2. 稻田鱼蟹混养

鱼种、蟹种放养前，要对养蟹沟、田间沟和暂养池彻底清池消毒，待毒性消失后，施足基肥，培肥水质。鱼种、蟹种要求在 12 月份至翌年的 2～3 月份进行放养，先在暂养池或养蟹沟内暂养，搞好冬季饲养管理，待秧苗栽插成活后，再将稻田田间水位加深，让鱼和蟹进入稻田生长育肥。通常每亩稻田可放规格为 80～120只/千克的蟹种 3 千克，1 龄大规格鱼种 10～15 千克，经过 8～10个月的精心饲养，年底每亩可产商品蟹 10 千克以上，鱼 50 千克以上。

3. 稻田主养河蟹

充分利用稻田水域的优越生态条件，实行以养蟹为主，蟹稻结合，是当前提高稻田养殖经济效益的有效途径。稻田养蟹为主有三个方面的要求：一是稻田田间工程建设标准要求较高，养蟹水域占稻田面积的 20％以上，排灌水系配套；二是蟹种基础要好，不仅数量、规格满足需要，而且蟹种供应与商品蟹养殖配套；三是稻田养蟹的饲养管理技术水平要求较高。实行稻田养蟹为主，蟹种放养规格为 80～120 只/千克，放养量一般以每平方米 1 只安排，蟹种的放养量与商品蟹亩产量直接相关。蟹种的放养时间仍为 12 月至翌年的 2～3 月份，先在稻田暂养池中进行暂养，强化饲养管理，待秧苗栽插好后再加深稻田水位，让蟹进入稻田生长。亩产从 30 千克到 60 千克。

六、饲养管理

1. 稻田养蟹的水稻管理

水稻选用茎秆坚硬、株形紧凑、叶片窄直、耐深水、耐肥、抗倒伏和病虫害、米质优良、产量高的品种。水稻栽培采用常规方法或大垄双行、边行加密的种植方式。大垄双行两垄分别间隔 20 厘米和 40 厘米，边行加密，即在距边沟 1 米内 40 厘米垄间加植六穴，沟外距埝埂 0.6 米内每平方米加插 10 穴。施用有机肥或生物肥，不用或少用化肥。可采用测土配制生态肥，在旋地前施入总量的 80％～85％，余量在分蘖期和孕穗期少量多次施入。

（1）施肥　以有机肥为主，以减少对河蟹的毒害，另一方面有些有机肥还可作河蟹的饲料。在施足基肥情况下，通常以饼粕作追肥为佳，尽可能减少追肥次数，尤其要减少化肥的追施次数和数量。确需用化肥作追肥时，宜用尿素，每次亩用量控制在 7.5～10 千克。最好不施过磷酸钙和碳酸氢铵，因这两种化肥对蟹种有影响，应慎重使用。

（2）水质管理　养蟹的稻田，需经常保持畦面有 3～5 厘米深的水，不任意改变水位或脱水烤田，确需烤田时，只能将水位降至畦面无水层止，分次进行轻烤田，防止水体过小而影响河蟹的正常蜕皮生长。

（3）病虫害防治　河蟹尤其是蟹苗对农药比较敏感，所以凡养蟹的稻田，在选用抗病虫害水稻品种的前提下，应尽量避免使用农药，也要注意不可让周围农田的药剂水流入。如必须使用农药时，应选择高效低毒的农药。可采用三种办法施药：一是选用乐果、杀虫脒、叶蝉散、稻瘟净、井冈霉素等对河蟹毒性低的农药；二是准确掌握水稻病虫发生时间及其规律，对症下药，或选择几种农药混合喷施，进行兼治，扩大防治对象，以减少用药次数；三是用药方法要喷施，施药时应先灌水，改药液泼洒为喷雾，改高容量粗喷雾为低容量细喷雾或弥雾。尽量减少农药散落地表水面，施药后结合换水，进行 1 次套灌，确保田间水体清新，避免农药污染造成蟹死亡。另外采取隔日喷施。用药后要加强观察，发现河蟹有回避反应（出洞乱爬），应及时换水。

2. 稻田养蟹中河蟹的饲养管理

（1）种植水草　水稻播种或定植后，水沟水面要及时种植细绿萍、水葫芦、水浮莲等水生植物，供河蟹作青饵料，也可供河蟹活动和栖息的场所。

（2）蟹种放养　6 月上旬，向田中进水 30 厘米深，插秧 1～2 天后，将规格为每千克 100～200 只、体质健壮、肢体完整的蟹种放入田中，放养量每亩 2000～2400 只。放养时要均匀，防止局部蟹种过密而互相格斗致残，影响成活率。

（3）投喂饵料　河蟹以蚯蚓、螺蚬、低值贝类、小鱼、虾等饵料为主，搭配畜禽饲用的高质量混合饵料，或玉米、小麦、南瓜丝、谷类等植物性饵料。每天投饵量为河蟹总体重的5%～8%，并视田间剩饵的多少再确定翌日的投饵数量和品种。投饵定时在下午傍晚为好，定位于水沟岸边上，或投喂在预设的食台上。河蟹每增重0.5千克，需精饵料1千克。坚持"四定"投饵。日投喂2次，早、晚各1次，沿环沟"一"字形摊放，每隔1米左右设一投饵点。投饵应青、粗、精料结合，确保新鲜适口，其中动物性饵料占40%，粗料占25%，青料占35%，日投饵量为蟹体重的5%～10%。配合颗粒饲料的日投饵为蟹体重的3%～5%。每日的投饵量为早上占30%，傍晚占70%。每天的实际投饵量视摄食、天气情况增减。建议投喂配合饲料或全价颗粒饲料。

（4）充分利用稻田水域的优越生态条件，放养大规格蟹种，并适当加大放养量，实行以养蟹为主，蟹鱼稻结合，是当前提高稻田养殖经济效益的有效途径。

选择自育或在本地培育的规格整齐、体表鲜亮、体质健壮、附肢齐全、爬行敏捷、无伤无病的1龄蟹种，规格为50～80只/千克，放养密度控制在500～600只/亩。放养前将蟹种放入3%的食盐水中（不含碘）浸洗消毒3～5分钟，以消灭蟹体上的寄生虫和致病菌，提高放养的成活率。蟹种的放养时间仍以12月份至翌年的3月份为主，先在稻田暂养池中进行暂养，强化饲养管理，待稻苗栽插成活后再加深田水，让蟹进入稻田栖息、觅食、生长。蟹种放养后半个月，在养蟹沟内套放花白鲢鱼种各10～15尾/亩。5月中上旬套放5厘米以上的鳜鱼种5～8尾/亩。

河蟹为杂食性水生经济动物，尤喜食动物性饵料。因而在饵料组合和准备上，应坚持"荤素搭配，精青结合"的原则，在充分利用稻田天然饵料的同时，多渠道落实人工饵料来源。具体应掌握以下几个环节：

一是要充分发挥稻田的水、光、热、气的资源优势，培养好河蟹的天然饵料。蟹苗、蟹种放养前，要采取施足基肥培育基础饵料的措施，培养大批枝角类、桡足类及底栖生物，为蟹苗、蟹种下塘提供充足的优质适口饵料。4、5月份每亩稻田还可投放200～400千克螺蛳让其自然增殖，作为河蟹的优质动物饵料，还可放一部分抱籽虾、怀卵的鲫鱼等，让其繁苗供作河蟹的饵料。

二是要按照渔时季节变化和河蟹的不同生长发育阶段，搞好饵料组合，科学的投喂。一般3～4月份蟹种刚放入蟹沟或蟹苗刚放养时，由于气温、水温偏低，饵料的投喂应以精料为主，采取少量多次的投喂方法，使河蟹吃饱吃好。蟹苗的饵料还要加工鱼糜、豆饼浆、麦麸糊等投喂。7～9月份为河蟹的摄食高峰，也是河蟹增大身体、增加体重的关键时期，饵料的组合应以青料为主，多投喂一些水草、南瓜、山芋等，适当增喂一些小鱼小虾。饵料要求量足质优，新鲜适口。10月份是河蟹的生殖洄游季节，并准备越冬，需要积累大量营养物质，因而饵料的投喂又应以动物性饲料为主，使河蟹大量摄食，达到既要增重保膘，又便于贮存、运输和销售的目的，以提高养殖效益。从全年河蟹饵料需求量的分配来看，上半年（2～6月份）投喂量应占全年总量的30%～35%，下半年（7～10月份）应占全年总量的65%～70%。从而做到突出重点，保证需要，合理分配，提高饵料的报酬。

三是要根据河蟹昼伏夜出的生活习性，实行科学投饵。河蟹的日投饵量随着河蟹个体长大而逐步增加。一般从蟹苗放养到Ⅴ期幼蟹的育成，鲜活饵料的日投饵量可按河蟹体重的100%～150%来统筹，每天可投喂3～5次；Ⅴ期幼蟹到蟹种阶段（80～120只/千克），鲜活饵料的日投饵量为河蟹体重的8%～10%，日投饵2～3次；从蟹种到商品蟹阶段，鲜活饵料日投饵量为河蟹体重的5%～8%，如果投喂配合饲料，日投饵量为河蟹体重的1.5%～3%。日投饵2次。饵料的投喂方法应坚持定时、定质、定量、多点均匀投喂。并根据季节、天气、水质变化以及河蟹吃食情况，适时适量调整饵料的投喂量。饵料的投喂应以傍晚一次为主，一般傍晚一次投喂量应占全天投喂量的 $60\%\sim70\%$，上午一次投喂量占 $30\%\sim40\%$。饲料的投喂要求做到新鲜、适口、营养齐全，不用腐败变质的饵料。当利用稻田培育蟹种时，为了使蟹种的出池规格能控制在 $80\sim120$ 只/千克范围内，在饵料的投喂和管理上，应根据蟹种的生长和活动情况；多投植物性饲料，根据蟹种生长规格及自然饲料情况等，适当少投饵或不投饵。

（5）水质调节　养蟹稻田每 $3\sim5$ 天换 1 次水，盛夏高温期每天换 1 次水，换水放在每天上午 10：00 左右，每次换水量为田间规定水体的 $1/3\sim1/2$。水位要保持离水稻畦面 15 厘米。换水时水温温差不能大于 3℃，还要防止急水冲灌进田，影响河蟹生长。

（6）水位调整　养蟹稻田水位水质的管理，既要服务河蟹生长的需求，又要服从于水稻生长要求干干湿湿的环境。因而在水质的管理上，要把握好以下三个方面。

①根据季节变化来调整水位。$4\sim5$ 月份，蟹种放养之初，为提高水温，养蟹沟内水深通常保持在 $0.8\sim1.0$ 米即可；6 月中旬水稻栽插期间，可将养蟹沟水深提高至与稻田持平；7 月份水稻返青至拔节前，可将养蟹沟内水位提高到 1.5 米，稻田保持 $3\sim5$ 厘米水深，让河蟹进入稻田觅食；8 月份水稻拔节后，可提高到最大水位，稻田保持 10 厘米的水深；水稻收割前再将水位逐步降低直至田面露出，准备收割水稻。

②根据天气、水质变化来调整水位。河蟹生长要求池水溶氧充足，水质清新。为达到这一要求，应坚持定期换水。通常 $4\sim6$ 月份，每 $10\sim15$ 天换水一次，每次换水 $1/5$；$7\sim9$ 月份高温季节，每周换水 $1\sim2$ 次，每次换水 $1/3$；10 月份后每 $15\sim20$ 天换水 1 次，每次换水 $1/4\sim1/3$。平时还要加强观测，水位过浅要及时加水，水质过浓要换新鲜水。换水时水位要保持相对稳定，可采取边

排边灌的方法。换水时间可选择在 10:00~11:00，待河水水温与稻田水温基本接近时再进行，温差不宜过大。

③根据水稻烤田、治虫要求来调控水位。水稻生长中期，为使空气进入土壤，阳光照射田面，增强根系活力，同时也为杀菌增温需要烤田。通常养蟹的稻田采取轻烤的办法，将水位降至田面露出水面即可。烤田时间要短，烤田结束随即将水加至原来的水位。再就是水稻生长过程中需要喷药治虫，喷洒农药后，要及时更换新鲜水，从而为水稻、河蟹的生长提供一个良好的生态环境。

（7）河蟹病害防治与补钙　河蟹一般不易生病，但在水质恶化、过肥、饲养管理不当等情况下也容易发生疾病。为了提高河蟹的活力，增强体质，投喂的饲料要新鲜可口，精、粗饲料合理搭配，营养全面，发现污染物及残饵应立即捞除，不让受污染的水进田，同时保持田水呈微流状态，并定期改善水质，每隔 10 天将生石灰按 15~20 克/米^3 水体均匀泼洒，保证田水清鲜。此外，要注意用药量，消毒、追肥、喷药过后要注意立即排换田水。稻田追肥宜采用少量多次的投放方式，以防用药不当而引起河蟹疾病的发生。人工养蟹的病虫害主要有寄生虫病、蜕壳不遂症、细菌性疾病等。当发生河蟹蜕壳不遂症时，可注意增加田水含钙量，将生石灰按 15~20 克/米^3 水体均匀泼洒，同时注意提高饲料的质量和适口性，为河蟹蜕壳营造适宜的外部环境。发生寄生虫病，用硫酸铜和硫酸亚铁（比例 5:2）合剂按 0.7 克/米^3 水体全池泼洒。细菌性疾病，可在饲料中适当掺拌大蒜投喂，以提高河蟹的抵抗力。

采取多种方法消灭敌害。河蟹的敌害主要有水老鼠、水蛇、青蛙、蟾蜍、水鸟、水蜈蚣以及部分凶猛的肉食性鱼类等。除对养蟹沟、暂养池彻底清塘消毒外，平时发现敌害时要及时捕捉清除，进排水口也要用密网封好，严防敌害进入。

（8）五查五定　养殖期间要坚持每天巡塘检查 1~2 次。查有无剩饵，定当天投饵品种和数量；查水质水体，定换水时间和换水量；查防逃设施是否牢靠，定维修加固措施；查有无敌害，定防范办法；查有无病蟹和死蟹，定防治挽救措施。

3. 稻田养蟹水稻收割后的管理

水稻在 10 月下旬或 11 月收割离田后，为延长河蟹养殖期，通常水沟内仍保持九成满的水位，以满足河蟹对水体条件的要求。适量投饲，做好防逃，按市场需要起捕，捕蟹通常在夜间，先放干沟内水，等多数河蟹爬出洞穴，借灯光捕捉，捕后再放水，如此反复捕捉 3 个夜晚，大部分可捕净。

4. 稻田养蟹的捕捉

9 月末至 10 月初在水稻收割前起捕，可采用先加水后排水，在出水口设网捕捉、晚上灯光诱捕、蟹沟内地笼捕捉等多种方法捕捉。总的原则是宜早不宜迟，以防突然降温结冻，增加河蟹的捕捞难度，特别是利用稻田培育蟹种的。捕捉的成蟹经网箱暂养后销售或经消毒处理后放入越冬池中越冬。捕捉的成蟹应放入设置在水质较好的池塘或水渠中带有盖网的网箱中暂养 2 小时以上，经吐泥滤脏后才能销售。暂养区用潜水泵抽水循环。暂养后的成蟹分规格，分雌、雄包装，保温运输至市场销售。

七、稻田养蟹注意问题

1. 在田间工程设计时进水口处开挖深 1.2 米（坡比 1：1.25）左右的暂养池，占稻田面积的 8%～10%，以利幼蟹对环境的适应和强化培育提高上市规格和成活率。

2. 秧苗活棵后再将幼蟹放入稻田，减少秧苗被幼蟹踩踏而浮出水面或倒伏。稻田消毒后，及时在环沟移栽水草如苦草、轮叶黑藻等（暂养池因季节早水温低可放水花生），为蟹创造适宜的生态环境。随着河蟹摄食量的增加，稻田及沟系水草将逐渐减少，需要人工增放浮萍，外河水草等植物性饵料，保证稻田中水生植物丰富，减少蟹对秧苗的危害。稻田蟹养殖沟系水草覆盖面积 30% 左右，不超过 50%。

3. 稻田基肥要足，应以腐熟有机肥（饼肥 200～300 千克）为主，在插秧前一次施入耕作层内，达到长效目的，以避免追肥过多对水质影响大，造成水体缺氧。禁用对蟹有害的化肥（如氨水和碳酸氢氨），施肥应避开河蟹大量蜕壳期。水稻必须使用药物时，在施药前田间加水至 20 厘米，喷药后及时换水，避免药害。

4. 晒田宜轻烤，不完全脱水，水位降低至田面露出即可，而且时间要短。发现河蟹异常即注水，最好在河蟹进入稻田前先烤一次田。稻田水位过浅或水质过肥要及时注换水。稻田加水一般宜在上午 10:00～11:00，外河水温与稻田水温接近时进行，边排边灌，做到缓进缓排，温差不大，水位相对稳定。

第八章　河蟹的病害防治

第一节　河蟹疾病发生原因

大水面放流河蟹，河蟹生病较少见。近几年来，随着河蟹养殖业不断发展，养殖规模和密度不断扩大，水质容易恶化，饲料投喂质和量控制均有难度，病害发生越来越多，越来越严重。

一、池塘条件

不少养蟹专业户利用旧鱼池养蟹，这种池底腐殖质多，硫化氢含量高，清池消毒不彻底，进排水不配套，这种池塘若不改造，养殖河蟹易发病。

二、体质和品质退化因素

体质是河蟹病害发生的内因，不同体质的河蟹抗病能力不一样，体质好的河蟹，对细菌、病毒的免疫力和抵抗力强，发病率低。因此，选购蟹苗时要选择体质健壮、无病、无伤的蟹苗放养，剔除背部、腹部、步足有黄黑斑点以及肝胰腺变色的蟹苗。

南北的品种交错养殖：各种水系的品种在全国市场到处流动出售，各品种对不同水系的地理环境及特点适应性较差，改变了生态环境，引起了各种疾病发生，如早熟、上岸不下水、个体差异显著等都表现出来。

三、池塘水质因素

1. 养殖水质空间因素

养殖水体是河蟹活动场所,俗话说"宽水养大鱼",即明确地表明了水体空间小时,会抑制其生长和发育,体质也变弱。水体空间小,病原体的活动空间也小,就会增加其感染的机会。空间实际上与养殖水域面积的大小和水位的深浅有关。空间小,水位浅,池塘抗衡自然因素能力弱,从而直接影响河蟹的健康。但河蟹养殖也并非水面越大、越深就越好,一般面积为 10 亩,高温季节水深能达到 1.5 米即可。

2. 水质因素

水质较差,水源不好。不少精养池塘无天然水源,而引入水水质也很差,很少有新鲜水换入,加上平时大量投饵,水质偏酸,溶氧量低,造成水质恶化,大量有害细菌及原生动物滋长,使河蟹患病不蜕壳。

水温:河蟹适宜生长水温在 22～28℃,超过 32℃,摄食受到严重影响,体质变弱,易被病菌感染。水温过高河蟹易形成钻泥、厌食、上岸等高温综合征,高温季节的中午河蟹在水草上蜕壳时,还很容易造成蜕壳不遂死亡。

pH 值:河蟹适宜 pH 值一般在 7.5～8.5,当 pH 值低于 7 时,致病微生物繁殖速度加快,同时,血液载氧能力下降,造成机体缺氧,体质减弱,因而容易患病。当 pH 值高于 9.0 时,易使河蟹鳃破坏,形成灰鳃、黑鳃,从而发病死亡。

溶解氧:河蟹溶解氧一般要求在 5 毫克/升以上,当低于 3 毫克/升时,其食欲减退,消化率降低,体质变弱,容易发病,还会出现上岸不下水现象。其他:氨氮、亚硝酸盐是致病菌繁育的温床,它们含量高时,河蟹就会发病。另外,非离子氨和硫化氢对河蟹有直接的毒害作用。

底质因素:底质包括土壤和淤泥两部分。淤泥是由生物残骸、残饵、粪便、各种有机碎屑以及无机盐、黏土等组成,长期不清淤,池底有机物含量增高,在池底逐渐形成一层黑色淤泥,在低氧条件下发酵分解，放出大量有毒有害物质，同时耗氧。实践证明，常年容易发生疾病的蟹池，经过清淤后，发病率即可明显下降。

四、人为因素

1. 放养密度过大

一般每亩放 200 只/千克的蟹苗 500～600 只为宜，有的农户每亩放养已经超过 1200 只，增大了河蟹发病的概率。

2. 大量投喂饵料造成饵料浪费、败坏水质

投饵要坚持"四定"投饵原则，同时结合池塘实际和天气情况灵活掌握，不能千篇一律。部分蟹农不论天气是晴是雨、气压是高是低、池塘当天是否用药或泼洒生石灰以及池塘水质状况等，投饵量只增不减，造成饵料浪费、败坏水质。

3. 饵料投喂不科学

河蟹养殖，饵料是关键，在养殖过程中，要严格把饵料质量关，按前期精、中期粗、后期精为原则。如果人工饵料中营养不全，缺少钙质，长期投喂会使河蟹得软壳病或甲壳钙化成空洞，如缺少维生素 C，河蟹会生黑鳃病。如饵料投喂不足，河蟹不但自相残杀，而且小蟹长时间吃不到饵料变成懒蟹，但是饵料投喂量过大，残剩过多，会使水质败坏，生态失衡使蟹生病。所以饵料的品种、质量等是否科学，会直接影响河蟹的生长和蜕壳。目前不少养殖专业户简单地以糠皮、饼类投喂，或有时又投喂大量小杂鱼、烂虾等，结果生病频繁，这都是不科学的。

4. 使用含大量病原体的水源或水质恶化的水源

随着河蟹养殖的发展，养殖区域不断扩大，由于养蟹户大都是自发的，缺少统一管理，养殖区内进、排水沟渠严重被水花生、淤泥堵塞，高温季节尤为明显。沟渠内水发红、发黑，甚至发臭，蟹池内不加水还好，加这种水后河蟹反而会发生死亡现象。

5. 防病治病不及时，用药不对症

目前大部分养蟹专业户，对河蟹的防病治病不重视，总认为养蟹的技术性不强，凭一两年的养殖经验就大面积养殖，河蟹有病不防治，严重时才四处求治与购药，病入膏肓哪能一治就好，所以平时病害防治不能放松。

6. 扣蟹种蟹捕捞后暂养时间太长

在数月内高密度贮蓄等待出售，以及出售地点长短不等，大部分辽蟹与长江水系蟹交错出售养殖，使蟹种严重受伤，一般表面看不出，实际脚尖处被擦破发黑，待4～5月份水温升高时细菌等病原菌感染，有时不能蜕壳，有的成为败血症，死亡率多达90%以上。

7. 水草及隐蔽物不足

河蟹养殖池中，应该有40%～50%的水草或隐蔽物覆盖水面，平时饵料不足时，水草可作为辅助饵料，蜕壳时可作为蜕壳场所和防敌场所，特别在炎热的南方，池水较浅，水温会急速上升，河蟹长时间处在高温水中（水温28℃以上时），会提早成熟。为此在广东、福建一带，如果河蟹养殖按其生理生态、管理得当时，生长期长，饲养一年，应该个体长得又大又好。可根据调查结果，养殖者成功不多，早熟和黑壳病、长毛病很多。如进行科学管理，河蟹就长得很好。

第二节 河蟹疾病种类

近年来人们发现河蟹的病害主要有细菌性疾病、真菌性疾病、寄生虫病等，还有一些河蟹的生物敌害，现根据河蟹在繁殖、生长过程中发生的疾病特征介绍如下。

一、病毒性疾病

主要为颤抖病，又称环爪病、抖抖病，主要是由病毒感染引起河蟹的步足颤抖、环爪的疾病。该病是近两年大面积发生的最严重疾病，发病特征是十足环起不能伸展，并发出阵阵抖动，病蟹整个身体不能动弹、无丝毫爬动能力，不久就死亡。该病发病率高，死亡速度快。

1. 流行

无论是池塘、稻田、还是网围、网栏养蟹，从3月到11月均有发生，尤其是夏秋两季最为流行；从蟹种到成蟹均患病；发病率和死亡率都很高，尤其是饲养管理不善、水环境差的地方，有的地区发病率高达90％以上，死亡率在70％以上，发病严重的水体甚至绝产。

2. 病症

最典型的症状为步足颤抖、环爪、爪尖着地、腹部离开地面甚至蟹体倒立。病蟹反应迟钝，行动缓慢，螯足的握力减弱，蜕壳困难，吃食减少以至不吃食；鳃排列不整齐、呈浅棕色或黑色，肝胰脏呈淡黄色。

3. 防治

第一天全池泼洒二溴海因或溴氯海因和蟹宁，隔天再泼洒一次。第四天全池泼洒聚维酮碘，同时饲料中添加恩诺沙星和"三黄粉"以及复合维生素C、维生素E。恩诺沙星休药期500度日，即25℃温度时为20天。

二、细菌性疾病

（一）腹水病

是由嗜水气单胞菌、拟态弧菌和副溶血弧菌等感染引起的危害很大的疾病，病蟹的背甲里有大量腹水。

1. 流行

全国各养蟹地区均有发生，1龄幼蟹至成蟹均受害，在长江流域于5～11月均有发生，以7～9月为严重，发病率和死亡率都很高，严重的池塘甚至绝产。池中未种水草或水草很少，水质恶化的池塘发病尤为严重。

2. 病症

早期没有明显症状，严重时病蟹行动迟缓，多数爬至岸边或水草上，不吃食，轻压腹部，病蟹口吐黄水；打开背甲时有大量腹水，肝脏发生严重病变，坏死、萎缩，呈淡黄色或灰白色；鳃丝缺损，呈灰褐色或黑色；折断步足时有大量水流出；肠内没有食物，有大量淡黄色黏液。染该病的河蟹蟹壳，起初发黄，并有许多白色、褐色斑块，迎阳光观察时，蟹壳边缘黄而透明，蟹脐黄而呈乳白色，肠道无粪便，肛门外翻发红，轻压肠道有黏稠透明液体流出。不吃食，行动迟缓，常栖息于水边，无逃避能力。剥开壳，体内无食物，消瘦无肉，并伴有腹水存在，发病蟹大部分死于靠岸边浅水处

3. 防治

内服氟苯尼考和复合维生素 C、维生素 E，同时泼洒二溴海因或溴氯海因。

（二）细菌性烂鳃病

由细菌感染引起的河蟹鳃发炎、溃烂的疾病。

1. 流行

全国各养殖地区都有发生，尤其当管理不善，水质、底质较差的情况下发病较多，严重时可引起死亡。

2. 病症

疾病早期没有明显症状。严重时河蟹反应迟钝，吃食减少或不吃食，爬在浅水处或水草上，有的上岸。鳃丝肿胀，呈灰白色，变脆，严重时鳃丝尖端溃烂脱落。

3. 防治

内服恩诺沙星，并使用聚维酮碘或溴氯海因等消毒剂。

（三）甲壳附肢溃疡病

1. 病因

细菌感染引起。

2. 病症

病蟹腹部及附肢腐烂，肛门红肿，甲壳被侵蚀成洞，可见肌肉，摄食量下降，最终无法蜕壳而死亡。

3. 防治

内服恩诺沙星，并配合使用二溴海因或溴氯海因等消毒剂。

（四）肝坏死

该病死亡率很高，经初步统计，死亡率仅次于环腿病，其特征是：肝脏呈灰色如臭豆腐样、有的呈黄色如坏鸡蛋黄样；有的呈深黄色如橙色、肝脏消失、肝脏分解呈豆渣样，镜检呈油滴等等现象。得病后有的河蟹能坚持5～10天慢慢死亡，有的2小时急性死亡。

1. 病因

细菌感染，饵料霉变和底质污染并发引起。

2. 病症

肝呈灰白色，有的呈黄色，有的呈深黄色，一般伴有烂鳃。

3. 防治

内服恩诺沙星以及复合维生素C、维生素E，连喂5～7天。

（五）肠炎病

1. 病因

细菌感染引起。

2. 病症

发病初期体色发白，病蟹摄食减少，肠道发炎无粪便，有黄色黏液流出，有时肝、肾、鳃也会发生病变，有时表现出胃溃疡且口吐黄水。

3. 防治

内服氟苯尼考，并配合使用二溴海因或溴氯海因等消毒剂。

三、真菌性疾病

主要为水霉病，是由于蟹体表受伤后，水霉侵入引起的疾病。

1. 流行

水霉在淡水水域中广泛存在，对水温的适应范围很广，5～26℃均可以生长繁殖，凡是受伤的河蟹均可被感染，但是未受伤的不会感染，

严重感染时也会引起死亡，尤其是继发细菌感染时。

2. 病症

疾病早期没有明显症状。疾病严重时，可见病体行动缓慢、反应迟钝，体表有大量灰白色棉毛物，诊断时应与纤毛虫病区分。

3. 防治

（1）发病时可用二溴海因治疗，每米水深，10％含量使用20克/亩。

（2）用食盐水3％～5％，浸洗病蟹5分钟，并用碘酒5％涂抹患处。

四、寄生虫病

（一）固着类纤毛虫病

是由聚缩虫、累枝虫、钟虫、单缩虫等固着类纤毛虫寄生引起的疾病。

1. 流行

主要发生在夏季，全国各地都有发生，尤以对幼体的危害为大。少量固着时，经蜕壳、换水后可痊愈，一般危害不大。但当水中有机质含量多、换水量少时，固着类纤毛虫大量繁殖，充满鳃、附肢、眼及体表各处，在水中溶氧低时，引起大量死亡，残存的河蟹的商品价值也会大大降低。

2. 病症

固着类纤毛虫少量固着时，外表没有明显症状。当大量固着时，河蟹体表有许多绒毛状物，反应迟钝，行动缓慢，不能蜕皮；将病蟹提起时，附肢吊垂，螯足不夹人；手摸体表和附肢有油腻感。

3. 防治

全池泼洒硫酸锌粉，并配合使用聚维酮碘等消毒剂。

（二）原生动物引起长毛病

水质呈富营养化，水不能流动，相对静止，有机质多，水透明度小于25厘米，某些水草死亡腐烂，纤毛虫、聚缩虫等原生动物以有性与无性繁殖同时进行大量繁衍，吸附在蟹的甲壳、口器等全身上下，结果使全身长成厚厚的一层毛状物，污泥及泥土微粒覆盖于毛状物上，整个蟹呈灰黄色或土灰色，用手摸其壳，表层很滑，污物很难刮除。此时池水水色呈乳白色，蟹吃不了食，栖息于进水口或流水处，严重时不能及时蜕壳，结果染病而死亡。

防治方法：蟹池平均水深1米，每亩可用500克纤虫净等杀虫剂兑水全池泼洒。

（三）蟹奴

蟹奴寄生引起蟹脐蜕落，蟹肉发臭症。染病的河蟹腹脐甲壳水肿，蟹奴寄生虫似蛆一般堆积在腹脐与背甲连接处，吸收河蟹腹中的营养，使腹张开不能复原盖合，病蟹不吃食，不生长，切肢再生能力丧失而死亡。

防治方法：①选择苗种时将蟹奴剔除，用消毒液浸泡。②放养前严格清池，用漂白粉等药物杀灭池中蟹奴。③定期检查蟹体，发现病蟹用0.7毫克/升硫酸铜、硫酸亚铁合剂泼洒。④蟹池内混养少量黑鱼，控制蟹奴幼虫。

五、蜕壳障碍性疾病

黑壳病病蟹壳呈灰黑色，坚硬钙化、不吃食、爬上岸边的无水处撑起十足、腹部悬空、不吐泡沫、蜕不下壳。用小刀敲背壳，能打出一个空洞，空洞不外流体液，内已长出新的软壳。初患病时，病蟹爬上岸边离水面10～20厘米处停立，一有动静立即逃回水中。患病严重时则行动呆滞，不能逃回水中，不久便死于岸边。这种病大部分发生在夏天高温季节的精养池塘中，在进食量大，生长旺盛时，饵料中营养不全，缺乏钙及维生素C造成外壳钙化，内部新壳形成缺钙，不正常蜕壳而死亡。

防治方法：①找出病因，对症下药进行治疗。②用生石灰10～15克/亩兑水泼洒，每周一次。③饲料中添加蟹壳粉、蛋壳粉或贝壳粉，增加动物性饲料比重。④保证池塘中有足够水草。

六、敌害生物的防治

（一）鱼类

在天然水域中，对河蟹危害最大的鱼类是底层的肉食性鱼类，如乌鳢、鲶鱼和黄颡鱼等。在人工养殖鱼类中，鲤、鲫、罗非鱼、鳊、草鱼等会捕食幼蟹和软壳蟹，或者和河蟹争夺饵料，均不同程度地对河蟹的生存和正常生长构成威胁。

池塘养殖河蟹时，无论是培育幼蟹、蟹种，还是养殖成蟹，都必须认真做好清塘消毒工作。将池中的鱼类捕净后，用药物彻底清塘消毒，以杀死池中的野杂鱼和敌害生物。池塘进、排水时，一定要严格过滤，防止鱼类进入养蟹水域。投放水草时，一定要冲洗干净，将附着在上面的野杂鱼卵彻底冲洗掉后方可投喂。

利用天然水域进行河蟹养殖时，如围拦养蟹、河沟养蟹，应先将养殖水域中的各种鱼类彻底清除后方能放养。

池塘鱼蟹混养，应特别注意，不能放养乌鳢、鲶、斑点叉尾鲫、罗非鱼等鱼类。对放养的其他鱼类，应定时、定量、定质、定位投饵驯化，使它们集中上浮摄食，并让其吃饱，避免和河蟹争食。

（二）蛙类

青蛙和蟾蜍对河蟹的危害主要是在幼蟹和蟹种培育阶段。当幼蟹爬上岸觅食或聚集在岸边湿土上或爬行到漂浮性水生植物上时，常被青蛙吞食。

在幼蟹培育阶段和蟹种培育阶段，应在养殖水域的防逃装置外侧建一道防蛙装置。即用网将养殖区域围起来，高度达 80 厘米以上，使青蛙和蟾蜍无法进入养殖区内。对养殖区内剩余的蛙类，可在夜间用手电照射，人工捕捉并移到其他稻田中。在养殖水域中发现蛙卵块及蝌蚪，要随时捞出，置于岸上暴晒。

（三）鼠类

鼠类在河蟹养殖生产中的危害主要有两个方面。一是直接捕食河蟹，二是掏垮池埂、咬破网箱，引起漏水逃蟹。

危害较严重的鼠类是个体较大的褐家鼠，不但能吞食上岸觅食的幼蟹，还捕食在浅水中蜕壳的河蟹，并且咬死咬伤的数量更多。水老鼠捕食河蟹比老鼠更凶猛，即使是十分强壮、甲壳坚硬的成蟹，也往往被水老鼠咬穿背甲，将内脏吃光。水老鼠还具有潜水能力，能将设在离岸边数十米远的网箱咬破，钻进去吃幼蟹。

鼠类危害时间主要在夜间。集中在两个阶段，第一是幼蟹和蟹种刚投放的一周内，养殖水域缺乏饵料、河蟹上岸觅食时，水质恶化，河蟹大批上岸外逃时；第二是每年 9 月份以后，完成最后一次蜕壳的河蟹进行生殖洄游时。河蟹在夜晚上岸后，大都集中在防逃装置基部，一旦被老鼠发现，即会引来大群老鼠捕食。

幼蟹或蟹种放养前，结合药物清塘消毒进行灭鼠。采取堵塞鼠洞，用鼠夹、鼠笼、电猫等器械捕捉、药饵诱杀等方法进行灭鼠。幼蟹放养后，不可用药饵灭鼠，以防毒死河蟹，可采用器械捕鼠。

在养殖期间，一方面捕鼠，另一方面要注意观察水质变化情况，防止池水缺氧及水质恶化，同时投饵要均匀，尤其要增加投放青饲料及漂浮性水生植物。这样就可大大减少河蟹上岸的次数，以减少老鼠对河蟹的伤害。

（四）蛇类

水蛇及陆地上许多蛇，都是较凶猛的肉食性动物，常于夜间出来捕食幼蟹及软壳蟹，是河蟹的天敌。在河蟹放养前，结合药物清塘消毒，使用硫黄粉，可将蛇驱赶出养殖水域。其方法：每亩池塘用硫黄粉 1.5 千克，分两次使用，每次各一半。第一次将硫黄粉撒在池埂四周，药失效后用余下的药再撒一次即可。稻田养蟹用药量每亩用硫黄粉 2 千克。先用总量的 1/4 沿养蟹沟边撒，再将剩余的硫黄粉分成两份，分别撒于田中和田埂四周。这样不但可以驱赶水中及附近的蛇类，而且还可防止蛇类进入养殖区。

（五）鸟类

部分水鸟如翠鸟、鹭鸶等常啄食河蟹，幼蟹和软壳蟹最易受到伤害而死亡。预防鸟类的方法：一是人为喊叫驱赶；二是在池中扎草人驱赶；三是用鼠夹捕捉。用鼠夹捕捉的方法是：在蟹池中竖立一根木桩，木桩露出水面约 50 厘米，在木桩顶端固定木底根的老鼠夹一只，并将鼠夹上放置诱饵的装置改成为一块 4 厘米×3 厘米的薄铁片。每当水鸟飞到蟹池摄食时，必先要停在木桩上观察"猎物"，当它啄起河蟹后，也会到木桩上停歇，一踏到薄铁片，就会被夹住，可将其取下，再捕捉第 2 只鸟。

（六）水蜈蚣

水蜈蚣俗称水夹子。有一对钳形大颚，对蟹苗和幼蟹危害较大。放养蟹苗前必须用药物彻底清塘消毒。注水时用 40 目筛绢网严密过滤。如果池中发现水蜈蚣，可用灯诱集，用小捞网捕捉。

七、河蟹繁殖期间的几种疾病特征

1. 抱籽亲蟹的掉卵

抱籽亲蟹在升温催熟过程中发育的卵不断掉落，有时亲蟹自食其卵，这使抱卵率大受损失，这是水环境因子中的 pH 值及重金属离子污染和水温等引起。自食是因缺乏适口的饵料及微量元素钙和维生素 C 引起的。

2. 溞状幼体Ⅰ～Ⅱ期变态时

幼体不能开口进食，发生第一次大量死亡，这主要是引用的老化水，投喂的藻类也不适口，并有部分溞状幼体变态畸形等引起死亡。

3. 溞状幼体向Ⅳ～Ⅴ期变态时

发生第二次大批死亡。这主要池底残饵增多，霉菌快速生长，氨氮、亚硝酸盐、硫化氢等有害物质发生，pH 值升高，原生动物中的聚缩虫、纤毛虫生长增快，这引起死亡。

4. 溞状Ⅴ期变大眼幼体

变态不过来，第三次大批死亡，这时细菌中的弧气单胞菌大量发生，这是超标使用抗生素，产生耐药性，以及饵料质量不佳等导致死亡。

5. 大眼幼体第 3～4 天淡化过程中死亡

主要是用饵料不适，细菌肠炎发生，对快速淡化水不适应，有的使用深井水不经过暴晒增氧等措施直接使用而引起死亡。

6. 大眼幼体出售前的大批死亡

这主要是不少单位为提高产量大量使用大型卤虫和淡水冷冻水溞及人工加工的配合饲料不当等引起的死亡。

7. 幼蟹（豆蟹）Ⅰ～Ⅴ期时

爬上岸不下水症：目前发病死亡率最高的是Ⅰ期蜕皮后向Ⅱ期幼蟹过渡时，在水中不吃食，爬上岸边及水草上不下水，如泼下水

后，便会立即死于水中，现在已在全国各地普遍发生，死亡率高达
95%，经调查这主要是鳃丝感染细菌性疾病，蜕皮时未蜕下鳃丝旧
皮，另外鳃丝长有纤毛虫、pH 值忽高忽低、淡化速度过快等因素，
造成 I 期幼蟹生病而死亡。

第九章　河蟹的运输

　　远距离运输河蟹需用竹篓或柳条筐作装运工具。先在笼或筐中垫放浸湿的稀眼草包，然后按只分层放入河蟹，力求蟹体放平、紧凑，放置好后将包口扎紧，扣上盖，防止河蟹在包内爬动。运输距离短的，也可用木桶或铁皮桶作装运工具，其大小以装 40～50 千克河蟹为限。装运时桶底不应有积水，装好后加盖有孔木盖，以利通气。

　　由于河蟹是靠鳃来呼吸水中氧气的，所以运输中必须保持河蟹身体湿润。起运前用清净河水泼洒装运工具，使草包及包内河蟹处于潮湿环境。装卸时应注意轻放，禁止抛掷与挤压。运输途中要用湿草盖住笼、筐的上方，两侧和迎风面不要被风吹、日晒。运输1～2日中转时，要抽查笼、筐内河蟹的存活情况，发现蟹体干燥，应及时淋水，如死蟹较多则要立即倒筐，拣出死蟹，以防蔓延。一般在气温 20℃左右时，能维持 1 个星期不死或很少死亡。

　　无论是长途还是短途运输，商品蟹运到销售地区后，要立即打开包装袋出售，如确实无法及时销售，应将蟹散放于水泥池或大桶内，最好采取淋水保持蟹体潮湿。切忌将大批河蟹集中静养于有水容器中，防止因密度过高，水中缺氧导致河蟹大批窒息死亡。

第一节　蟹苗的运输

　　当大眼幼体经过淡化，到变仔蟹前期，需要从淡化池运到养殖地点。

一、蟹苗出池前的淡化

当池内第 V 期溞状幼体 80%变态成为大眼幼体时，成为大眼幼体 1 日龄，等到 3~4 日龄时，就对育苗池的水体进行淡化，每日降低盐度 5‰~10‰，使最终池水盐度降到 5‰以下，以使蟹苗适应淡水生活。淡化时，将原池的海水排掉部分，再注入淡水，用海水比重计换算成盐度，依次逐日淡化。随着大眼幼体日龄的增加，对淡水的适应力也增强。一般 5~6 日龄的大眼幼体，在淡水中能很好地生存。

淡化的目的，在于使蟹苗从海水的环境转向淡水环境的生活，逐渐调节体内渗透压与外界的平衡，使之过渡到淡水中生活。当淡化池水时，同时逐步降低池水温度，室内水泥培育池每日降 1~2℃，直至与外界水温一致为止，这样还有利于运输。

人工繁殖的河蟹苗，必须经过淡化后，方能出售与放养。没有经过淡化的蟹苗，如马上放入淡水池，由于环境盐度的突变，体内渗透压与外界失去平衡，很快会造成蟹苗部分或大量死亡，必须引起足够的重视。

二、暂养锻炼

大眼幼体出池前，在原池还要进行暂养锻炼，目的使出池蟹苗更"老练"，不仅能游泳，而且还能爬行，提高蟹苗的成活率。蟹苗准备放养到淡水水域去之前，尚须经过暂养锻炼阶段。刚完成蜕皮变态的大眼幼体，由海水环境一下子进入淡水，半小时即麻醉，其后死亡。但随着其日龄的增加，对淡水的适应力明显增强。1~2日龄的大眼幼体从 28‰盐度海水环境进入淡水池，24 小时后的成活率只有 10%~30%。但 3~4 日龄的大眼幼体进入淡水后，24 小时的成活率可达 60%~80%以上。5~6 日龄的大眼幼体（每千克14 万~20 万只的个体），进入淡水后成活率达 95%以上。因此，为了提高大眼幼体的放养成活率，出池蟹苗一定要经过暂养和池水渐渐淡化的过程。

三、蟹苗出池

第Ⅴ期溞状幼体蜕皮 1 次，即成为大眼幼体，这时着手淡化池水，并逐渐降低水温。当池中 80％左右的溞状幼体变为大眼幼体时，即为出池的最好时机，当大眼幼体变为幼蟹时，就不易起捕。

培育池中的蟹苗，采用捞海网或聚乙烯网布制成的网目 2 毫米大小的大拉网，捕法有以下几种：

1. 白天用捞海网捞取

利用蟹苗喜集群，喜岸边的习性，在土池选择上风一角，用捞海网不断搅动池水，造成一定方向的水流，可以捕到大量蟹苗。

2. 晚上灯光诱捕

利用蟹苗喜光的习性，用 100～200 瓦电灯光，用捞海网在光区抄捞。

3. 大拉网捕苗

它与鱼苗发塘中捕捞"夏花"一样进行捞取，起捕率可达 90％以上。

4. 水泥培育池

可在排水孔放水出苗，用集苗箱收集。留下的在晚上用灯光法诱捕干净。

四、蟹苗质量好坏的鉴别

1. 看色泽

好的蟹苗体色呈淡黄色，差的为乳白色，体色发黑表明蟹苗已老化。

2. 看个体大小

好的蟹苗个体大，规格整齐，每千克 14 万～20 万只。差的蟹苗个体较小，一般每千克在 24 万～28 万只。

3. 看活动状况

好的蟹苗活动力强，反应灵敏，用手捏成团，松手后马上散开，垂直放入水中，立即朝旁边游去，离水后迅速爬行，反之则为质差苗。

五、人工繁殖蟹苗的运输

人工繁殖的蟹苗，均来自沿海自然海水的育苗场（厂）和内陆人工配置的海水育苗场。一般在 4 月下旬 5 月初至 6 月上旬（分两批育苗），人工繁殖的蟹苗，是在人为管理的育苗池中育成，并没有经过大自然的考验，因此必须在育苗池经过 3 天左右的暂养锻炼和淡化处理后才能运输。

人工繁殖蟹苗短距离运输，用蟹苗箱装运，每箱可装 0.5～1 千克。长距离运输采用尼龙袋充氧法比较理想，用 10 千克容量的尼龙袋，袋中装 1/5 量的淡水，内放 1 毫克/升氟苯尼考，再放些水草，盛 0.1～0.15 千克的蟹苗，充氧后将袋口扎紧，不能漏水、漏气。如中间夹放冰袋降温更好，将尼龙袋放入纸板箱内，用包装带捆扎牢，采用汽车、火车、轮船、飞机运输均可。

六、蟹苗箱运输

蟹苗箱运输是蟹苗运输的主要方法。蟹苗箱为层叠式，上下之间必须严密，刚好扣住不留空隙，一般每箱叠放 5～7 只，每只苗箱框架长 50 厘米、宽 30 厘米、高 8～10 厘米，苗箱较长的两个侧面框要有长方形窗孔。框底及窗孔均用目径为 0.1～0.2 厘米的塑料窗纱或聚乙烯网布绷紧钉牢，每叠苗箱还需有上下盖，运输时同叠苗箱捆扎牢固。每只苗箱装苗量根据路途远近和气温高低而定。一般气温 22～26℃时，行程时间在 24 小时左右，每只箱装苗 0.5 千克左右。短途低温运输时可适量增加，但密度不能太大。苗弱时数量要减少。

　　装箱前先将苗箱在水中浸湿洗净，再把蟹苗均匀放入箱底，如果水太多，蟹苗粘连时，可将苗箱稍微倾斜，流去多余的积水，用手指轻轻地把蟹苗挑松后叠装起运。如有杂质必须拣出，尤其要清除死亡蟹苗或其他水生动物的尸体，以免尸体腐败后引起蟹苗连锁死亡。蟹苗的日龄期要整齐，防止自相残杀。即将蜕壳的高龄期大眼幼体运输成活率低，只能短距离运输。运输的苗箱要以湿布或麻袋片包好。

　　为了保证高温季节长途运输蟹苗的成活率，可在蟹苗箱上增设降温设施，即在蟹苗箱最下层增加一只普通木箱，内置人造冰块或冰冻矿泉水，冰块用塑料袋装好系牢，放入苗箱最下层，将箱盖封紧，用绳系牢，上车运输。采用这种方法经16小时运输，蟹苗成活率达90%以上。

　　运输途中，温度变化不宜超过3~5℃，运输宜在夜间进行，尽可能避开中午高温，途中要防晒、防风、防雨，运输车辆最好用箱式货车，如果用卡车运输，需加泡沫箱。在运输时间长、气温高、发现蟹苗干燥时，应及时喷淋清洁的江河水，以蟹苗保持湿润且包装物不淋水为宜。

第二节　蟹种运输

　　仔蟹用于培育幼蟹，一般放养规格为Ⅲ期~Ⅴ期，每千克约6000~20000只。有的养殖户放养时间迟些，规格稍大，每千克1500~3000只。在正常情况下，以6~7月投放的多，天然蟹苗养成仔蟹一般会稍迟一些。因此，仔蟹的运输多在气温较高的条件下进行。要保证较高的成活率，必须做好各项准备工作。仔蟹的体重比蟹苗增加了许多倍，适应能力也比蟹苗强，一般仔蟹运输的成活率比运输蟹苗高。但是，由于气温高，运输时千万不能粗心大意，以免发生仔蟹死亡事故。

一、运输方式

仔蟹运输通常使用的运输工具是蟹苗箱。在25℃以上的气温条件下，要考虑采取降温措施。可以用网衣将蟹苗箱分隔出1/4～1/3空间放置人造冰块，带冰的重量可根据运输距离的远近和气温的高低确定，冰块需用塑料薄膜包起来。另外的2/3～3/4的空间里，先在箱底铺设新鲜的、清洗干净的水草，如轮叶黑藻、苦草、小茨藻等，也可放置水葫芦、水花生，供仔蟹附着，水草可以起到保持潮湿的作用。每箱可根据运输距离的长短，装仔蟹0.5～1千克。可将数只装有仔蟹的蟹苗箱叠加在一起，最上面加盖，捆紧。叠加时，要使冰块位置分层交叉，这样捆起来整体不会倾斜，以免运输途中翻倒，上下箱内的温度也可互相调节，保持均衡一致。

二、运输方法

运输过程中，要关好交通工具的门窗，避免阳光照射，防止风吹降温，加快水分蒸发，尽可能的缓解冰块融化，如运输距离较长，要加带冰块，及时添加。仔蟹运达放养目的地后，要将冰块取出。仔蟹在交通工具内放置一段时间。等到蟹苗箱内外温度接近时，再向水里投放。

如有条件，可使用空调车运输仔蟹，将车内温度控制在18～20℃，不需带冰，仔蟹装运量也相应增加。

幼蟹运输必须掌握低温（5～10℃）、通气、潮湿和防止幼蟹活动四个技术关键。具体方法是先将待运幼蟹放在竹编的蟹笼内（或可密封的网箱内），置于河流或湖泊的微流水中，经4～6小时吊养，待其肠道粪便排空后，再将幼蟹放入浸湿的蒲包内，蟹背向上，一般每蒲包装幼蟹15千克左右，然后扎紧，放入大小相同的竹筐内即可运输。在气温5～10℃时运输，只要保持通气、潮湿的环境，24 小时不必开包查看，运输成活率均达 95％以上。

三、运输注意事项

1. 严格分级

收购或收获的河蟹，首要工作就是分清等级。一是大小要分开，把河蟹按不同规格分开运输，成活率高。二是强弱要分开。蟹壳蟹腿坚硬的蟹要与壳腿有一定弹性的（俗称弹簧腿）以及软壳蟹分开，壳腿坚硬的生命力强，适于较长时间的运输。

2. 搞好包装

分等级以后准备运输的河蟹，必须认真包装好。目前多采用塑料筐或泡沫箱包装法。盘锦光合水产有限公司每年春季发往内蒙古自治区、吉林、黑龙江以及南方的扣蟹，秋季从上述地区运回的成蟹均采用塑料筐或泡沫箱的包装方法，经过 24 小时以内的运输，扣蟹运输成活率在 99％以上，成蟹在 90％以上。

（1）塑料筐运输。塑料筐一般规格为 60 厘米×40 厘米×30 厘米，上下筐摞在一起，把河蟹用聚乙烯网袋装好，以河蟹放入筐中不被挤压为宜。河蟹装袋时，网袋内装有铁皮筒，放入河蟹时不能太快，给河蟹翻身的机会，让河蟹的腹部朝下，装筐时也要腹部朝下，扎紧袋口，以防蟹爬动，最好采用箱式货车运输，如果采用普通卡车做好防风防晒、防雨淋的工作，一般在四周用草帘子盖好，再用篷布密封。

（2）泡沫箱运输。市场销售的泡沫箱有很多规格，装运时根据需要选择箱的规格，装运前要在泡沫箱的侧面扎几个孔，保持箱内外空气流通，以防河蟹缺氧死亡。把河蟹用聚乙烯网袋装好放入箱中，以既能充分利用箱体空间又不挤压河蟹为宜，把箱盖盖上，再用透明胶带封好。用火车和飞机运输一般采用此种方法。

3. 管理

　　包装好的河蟹马上运输，时间不能拖得太长，越快越好。

　　使河蟹处在湿润的环境中，必要时喷上一些清洁的水，以包装物不淋水为宜，切忌直接往河蟹袋中浇水。如果用筐运输，蟹袋最好盖一层水草。

　　如果在气温较高时运输，应加冰块或冰冻的矿泉水，冰块用塑料袋包好系紧，放在装运箱的底部。如果冬季低温运输，包装工具最好采用保温箱。

第三节　商品蟹和亲蟹的运输

一、商品蟹挑选与分类

　　包装前，首先将捕获的河蟹按体质强弱、大小及内销与外销、长距离与短距离运输进行分类，其程序是"一看""二试""三过秤"。

　　一看：将河蟹散放于一定大小的容器中，用眼看，首先筛选出初步合格的蟹放到另一个容器中。

　　二试：用手抓住第一次选出的河蟹第五足，一方面试试重量，另一方面看河蟹是否能一伸一缩上下活动，如果觉得河蟹重量不够，上下活动不到位，或慢慢伸缩，则这种河蟹不能长途运输；再把抓住的河蟹放到平坦的玻璃板上，河蟹如果横着迅速爬行，说明体质好，可以长途运输；如果原地爬行，或向前爬动，说明体质差，不能长途运输。

　　三过秤：河蟹质量好坏，不必扒开甲壳看，只需用秤称一下重量，如果内部质量差，卵黄积累不多，这种河蟹甲壳虽大，但质量不好，肥度不到位，不能长途运输。

二、商品蟹包装

河蟹包装，是影响运输成活率的重要环节，其要求如下：

1. 包装工具

有竹笼、柳条筐、竹筐、塑料筐、铁丝制成的工具，不管选用什么工具，要注意工具与工具之间不能相压，不能直接压到河蟹身上。

2. 包装方法

将选好的河蟹一层层放入筐内码好，使河蟹背向上，腹部朝下，码放平整、紧凑，筐边的河蟹头部向上，背部朝外，一筐中必须装满，筐的底下放一块浸水的草包，筐最上一层压草包，装好后用盖子盖紧。捆牢，不让河蟹在筐内爬动。短途临时运输时可用草包、麻袋、网袋装运，但仍需层层压紧，不让其爬行，到目的地，如暂不出售，需在10小时内洒水或浸泡水3～5分钟。

三、商品蟹运输

1. 浸水

包装好的河蟹，开始运输前将蟹与筐一同浸入干净新鲜大水面的淡水中数分钟，注意切不能将筐浸在较小的缸或桶的容器中，避免河蟹因缺氧致死。

2. 装运

不管选用何种运输工具，运输时都需要注意以下几点。第一，通风。不宜让风直接吹到筐中的蟹，但一定要通风，保证充足的氧气流动。第二，不晒太阳。在运输中，不能被太阳直接曝晒。第三，不能被雨淋。运输中，不能让暴雨直接打在筐上，尽管河蟹喜欢水，如直接被暴雨淋透，河蟹会死亡。气温超过25℃时，每隔10小时将筐中的蟹浸入干净河水中5～10分钟，再继续运输，如无大河，可把蟹筐倒立，让蟹底板朝上，用喷水壶连喷水数次，不能将筐浸入水缸或盆桶中。第四，不能野蛮装卸。上下筐时，注意轻拿轻放，不得抛掷或挤压。随到随交换，不得耽搁时间或拖延交接手续。

四、亲蟹的运输

当选择和暂养亲蟹的工作基本完成时，就要作运输准备。运输工具用蟹笼较好，蟹笼用毛竹做成，呈鼓形，高约 40 厘米，笼腰直径 60 厘米，底直径 40 厘米。笼的孔眼大小以使蟹不能外逃为度。运输前，先在笼内衬以潮湿的蒲包，再把蟹轻轻放入蒲包内，扎紧蒲包，使蟹不能爬动，以减少蟹脚脱落及体力的消耗。在运输途中，防止日晒、风吹、雨淋，使亲蟹处于潮湿的环境之中，运输在夜间进行为好，要快装、快运。经 1 天左右的长途运输，成活率可达 95％以上。

图书在版编目（CIP）数据

河蟹生态养殖 / 廖伏初，何志刚，丁德明主编. -- 长沙 : 湖南科学技术出版社，2018.1

ISBN 978-7-5357-9571-7

Ⅰ. ①河… Ⅱ. ①廖… ②何… ③丁… Ⅲ. ①中华绒螯蟹－淡水养殖 Ⅳ. ①S966.16

中国版本图书馆 CIP 数据核字(2017)第 247712 号

HEXIE SHENGTAI YANGZHI
河蟹生态养殖

主　编：廖伏初　何志刚　丁德明
责任编辑：李　丹
出版发行：湖南科学技术出版社
社　　址：长沙市湘雅路 276 号
　　　　　http://www.hnstp.com
印　　刷：湖南长沙科伦彩印文化用品有限公司
　　　　　（印装质量问题请直接与本厂联系）
厂　　址：长沙市雨花区石马路 60 号
邮　　编：410007
版　　次：2018 年 1 月第 1 版
印　　次：2018 年 1 月第 1 次印刷
开　　本：850mm×1168mm　1/32
印　　张：9
字　　数：223000
书　　号：ISBN 978-7-5357-9571-7
定　　价：28.00 元